技能大赛实战丛书

网络搭建与应用赛项技能实训指南

陆　沁　温建京　张　鹏　主　编

张文库　刘红梅　刘　易　包　楠　副主编

邓志良　韩立凡　主　审

電子工業出版社

Publishing House of Electronics Industry

北京・BEIJING

内 容 简 介

本书将校企合作、产教融合人才培养模式融入实训技能教学工作之中，以项目教学和任务案例实训为主线，以工作真实场景为设计依据。本书的内容特点：从职业岗位技能需求角度，深入、全面介绍了交换机、路由器、防火墙和无线设备的原理、参数；从实际工作应用角度，将一个完整的大型工程分解成为多个实训项目，从实训目的、背景描述、实训拓扑、需求分析、数据规划、实训原理、实训步骤、赛点链接、易错分析等方面展开讲解，并结合全国职业院校技能大赛网络搭建与应用（中职组）赛项赛题进行了细致的解读。

本书内容讲解透彻，具有较强的实用性，适合作为职业院校及培训机构的实训教材和参考用书，也可作为参加全国职业院校技能大赛“网络搭建与应用”赛项的教师和学生的指导用书。

图书在版编目（CIP）数据

网络搭建与应用赛项技能实训指南 / 陆沁，温建京，张鹏主编. —北京：电子工业出版社，2022.2

ISBN 978-7-121-42885-2

Ⅰ. ①网… Ⅱ. ①陆… ②温… ③张… Ⅲ. ①计算机网络—中等专业学校—教材 Ⅳ. ①TP393

中国版本图书馆 CIP 数据核字（2022）第 021998 号

责任编辑：杨　波
印　　刷：涿州市京南印刷厂
装　　订：涿州市京南印刷厂
出版发行：电子工业出版社
　　　　　北京市海淀区万寿路 173 信箱　邮编　100036
开　　本：880×1 230　1/16　印张：17.75　字数：408.96 千字
版　　次：2022 年 2 月第 1 版
印　　次：2022 年 9 月第 2 次印刷
定　　价：68.00 元

凡所购买电子工业出版社图书有缺损问题，请向购买书店调换。若书店售缺，请与本社发行部联系，联系及邮购电话：（010）88254888，88258888。

质量投诉请发邮件至 zlts@phei.com.cn，盗版侵权举报请发邮件至 dbqq@phei.com.cn。

本书咨询联系方式：（010）88254584，yangbo@phei.com.cn。

序 言

电子工业出版社组编的《网络搭建与应用赛项技能实训指南》，是一本依托多年的网络搭建与应用赛项实战经验，在各方的积极努力下，经过历次大赛检验，而形成的具有网络企业行业特性、符合该岗位网络系统应用技能需求的书。该书秉持面向职业、强化实践能力培养的职教特色，在风格上力求文字精练、图表精细、结构统一、版式明快；在设计上依托企业项目优势，紧扣产品及系统技能岗位需求，结合专业学生学习特性，由浅入深，细致合理；在内容上注重将知识点融入实训子项目中，通过实训任务展开，提出任务、分析任务、解决问题，将知识与技能有机融合。该书设计合理、结构得当、内容丰富，适合用于对各类学生进行网络搭建与应用赛项专项技能的培养和训练。

一、编写背景

1．大赛背景要求。全国职业院校技能大赛中职组“网络搭建与应用”赛项具有办赛时间长、受益学生多、岗课赛证融通的特点。十多年来，该赛项在校、省（地、市）、国的三级举办下成为中职参与学校数量最多的赛事，大量赛获奖学生成为企事业核心技术能手，众多指导教师与竞赛共成长，成为专业建设的中坚力量。网络赛项践行岗课赛证综合育人，竞赛内容对接岗位内容，覆盖国家教学标准中的计算机网络专业核心课程，融通“下一代互联网（IPv6）搭建与运维”“网络系统软件应用与服务”1+X 职业技能等级证书。本书的实训项目，对计算机网络专业核心课程的技能训练提供了有益指导参考，体现了信息技术类专业教学发展方向。

2．资源转化需求。本书的编写，落实了全国职业院校技能大赛“以赛促教、以赛促学、以赛促建”的目的，把竞赛成果转化为教学资源，服务职业学校专业建设及教学改革，惠及更多学生、教师，为培养更多的高素质、高技能人才提供了现实途径。

二、本书特色

本书以项目教学和任务案例实训为主线，内容来源于企业工程实践，以工作真实场景为背景，从职业岗位技能需求角度，深入、全面介绍了交换机、路由器、防火墙和无线设备的原理、参数，从实际工作应用角度，将一个完整的大型工程分解成为多个实训项目，同时结合全国职业院校技能大赛网络搭建与应用（中职组）赛项赛题进行了细致解读。

三、职业面向

本书以立德树人为根本，立足推进“三全育人”、深化“三教改革”，根据行业企业的网络业务背景、技术应用环境和实际工程应用与架构分析要求，针对中职生职业面向的系统集成、系统应用、网络工程、网络安全等岗位而编写。

希望本书能为培养德技兼修的高素质技术技能人才培养提供经验，在搭建职业教育人才成长“立交桥”，支撑经济社会发展中发挥一定的作用，为国家的新基建领域贡献一份力。

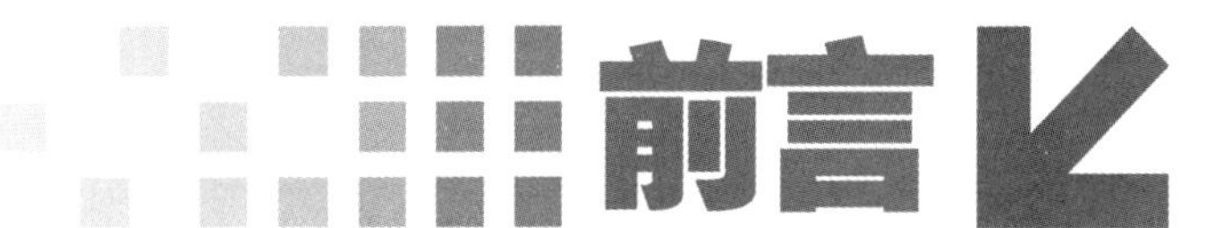

本书将校企合作、产教融合人才培养模式融入实训技能教学工作之中，内容来源于企业工程实践，为了便于教学和比赛训练进行了适当调整，使项目更具完整性、实用性、综合性，覆盖了初、中级路由、交换及安全，服务器配置及应用的知识点和技能点。

本书由两篇内容组成：第一篇主要介绍网络搭建与安全部署，包括虚拟交换框架 VSF、VLAN、MAC Notification、端口隔离功能操作、端口环路检测功能、交换机端口捆绑 Port Channel、PBR、上行链路保护协议 ULPP、DHCP 服务器&中继、DHCP Snooping、网络流量监控协议 sFlow、VLAN 访问映射表 VLAN-ACL、网管协议 SNMP、多链路 PPP（Multilink PPP）、服务质量（QoS）、端口备份、AP 注册、无线认证和接入、无线安全、限时策略、网络地址转换（NAT）、攻击防护、网络行为控制、L2TP VPN、OSPF 路由协议、RIP 路由协议、BGP 路由协议、IPSec 加密技术、路由重发布和路由引入控制相关配置技术；第二篇主要介绍服务器配置及应用，包括云平台安装与部署中的云平台基础设置和创建虚拟主机，Windows 操作系统中的 AD 域迁移和只读域设置、子域/委派域/转发器、iSCSI 存储、iSCSI 的 MPIO、Web 服务器、CA 实现 HTTPS 访问、HTTPS 故障转移集群、DFS 服务和 WDS 服务器，Linux 操作系统部分中的域名解析服务 BIND、NIS 与 NFS 服务、FTPS 服务、Samba 服务、PXE 和 DHCP、Apache/MySQL 与 SSL 的结合、邮件服务、JSP+Tomcat 运行环境和 iptables 防火墙等系统部署技术。

本书内容讲解透彻，具有较强的实用性，适合作为职业院校及培训机构的实训教材和参考用书，也可作为参加全国职业院校技能大赛“网络搭建与应用”赛项的教师和学生的指导用书。

本书在编写过程中，得到神州数码网络集团的技术支持，内容参阅了一些书籍和互联网上的资料，在此，谨向北京神州数码云科信息技术有限公司、相关书籍和资料的作者表示感谢！由于编者水平有限，书中难免存在不当和疏漏之处，敬请读者批评指正。本书编者联系方式：luqinqinlu@126.com。

编　者

第一篇　网络搭建及安全部署

第二篇　服务器配置及应用

第一篇　网络搭建及安全部署

总体背景介绍

达通集团是一家电脑配件生产、销售的一体化公司，经过多年的努力与发展，已具一定的规模，旗下有分公司，分别负责电脑配件生产、销售、售后维修等相关业务。

达通集团需要建设一个企业信息系统，以管理信息为主体，连接生产、研发、销售、行政、人事、财务等子系统，是面向公司的日常业务、立足生产、服务社会、辅助领导决策的计算机信息网络系统。达通集团北京总部现有员工 200 多人，计划 3 年内增加到 500 人左右；总部设有人事行政部、财务商务部、产品研发部、技术支持部等部门；分部现有员工 50 多人，设有销售管理部、技术支持部等部门。

全网采用 RIP、OSPF、BGP 等多种路由协议，公司规模在 2018 年快速增长，业务数据量和公司访问量增长巨大。为了更好地管理数据、提供服务，达通集团决定建立自己的小型数据中心及业务服务平台，以达到快速、可靠交换数据，以及增强业务部署弹性的目的。

总体网络拓扑

总体网络拓扑如图 1-1 所示。

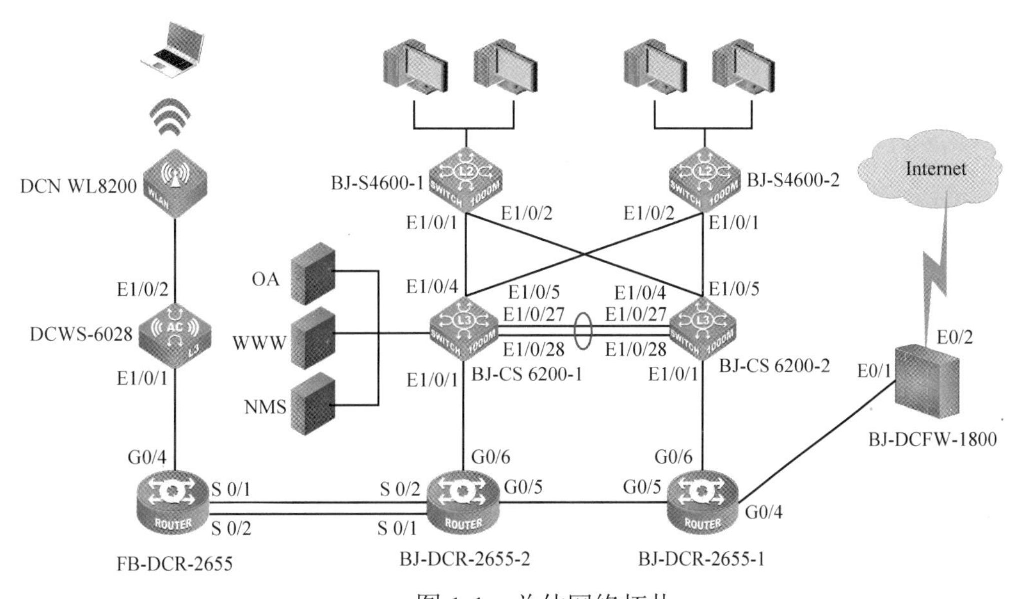

图 1-1　总体网络拓扑

拓扑说明

达通集团园区网总部分为五个部门，分别为人事行政部、财务商务部、产品研发部、技术支持部以及服务器管理部，每个部门既相互独立，又能通过三层互通，分部设有销售管理部、技术支持部等部门，分部与总部之间通过路由设备互联，设备之间采用 RIP、OSPF、BGP 等多种路由协议进行组网，为保护企业网络数据安全，园区以高性能防火墙作为出口设备连接到互联网。

项目分析

达通集团园区网项目中，整体网络设计为接入、核心、出口方案；接入层部署 S4600 系列二层交换机，核心层部署 CS6200 系列核心交换机，出口层部署 DCR-2655 系列路由器以及 DCFW-1800 系列防火墙，园区无线部分采用 DCWS-6028 系列无线控制器以及 DCN WL8200 系列无线接入点。

1. 接入交换机与核心交换机通过 Eth-Trunk 组网保证可靠性。

2. 每个部门业务划分到一个 VLAN 中，部门间的业务在核心交换机上三层互通。

3. 接入交换机通过端口隔离功能提高网络安全性；通过端口环路检测功能防止出现网络异常波动；通过 DHCP Snooping 功能防止用户私设 DHCP 服务器。

4. 核心交换机之间通过 VSF 虚拟化技术实现高可靠性；通过 VLAN-ACL 使管理员能够更加方便地管理网络；通过策略路由实现对流量的精细化管理。

5. 园区交换机通过配置 SNMP 协议实现设备一体化管理。

6. 路由器通过 QoS 保证在链路拥塞时关键业务的优先访问；通过 MultiLink PPP 协议提供链路的备份功能。

7. 无线控制器通过配置用户隔离及动态黑名单保证无线安全；通过配置限时策略来保证员工工作的合规性。

8. 园区出口防火墙开启安全防护功能保证内网安全；启用 L2TP VPN 功能，方便外出人员处理公司业务。

总体地址规划

总部业务及管理：192.168.0.0/24～192.168.127.0/24

分部业务及管理：192.168.128.0/24～192.168.135.0/24

全网互联地址：192.168.254.0/24

全网 loopback 地址：192.168.255.0/24

实训 1　虚拟交换框架 VSF 配置

实训目的

通过本实训，读者可以掌握如下技能：

1．了解 VSF 的工作原理、运行机制；

2．熟练掌握交换机 VSF 的配置、LACP MAD、BFD MAD 多 Active 检测配置。

背景描述

与传统的 L2/L3 网络设计相比（例如 MSTP+VRRP），VSF 提供了多项显著优势。通过交换机 VSF 技术，可以实现网络高可靠性和网络大数据量转发，同时简化配置和管理。达通集团北京总部计划采用 VSF 技术实现总部两台核心交换机 BJ-CS 6200-28X-EI 虚拟化部署。

实训拓扑

实训拓扑如图 1-1-1 所示。

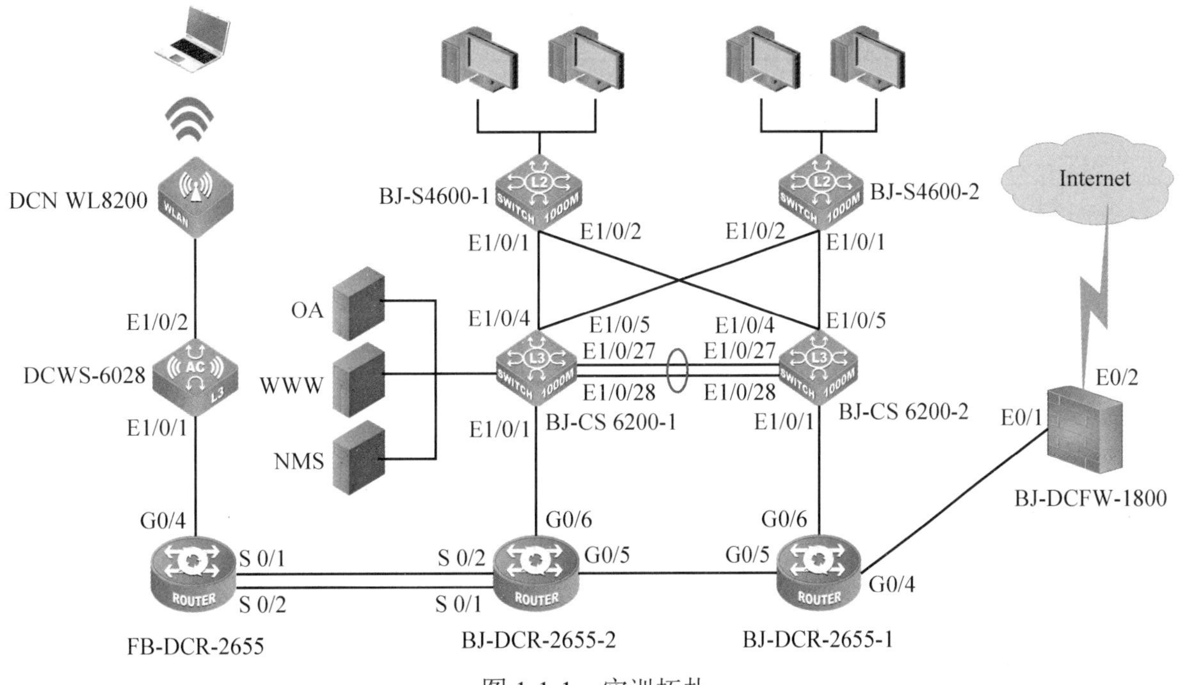

图 1-1-1　实训拓扑

需求分析

总部两台核心交换机 BJ-CS 6200-28X-EI 交换机 VSF 物理端口之间的对应关系见表 1-1-1。

表 1-1-1　对应关系

设备名称	端　口	设备名称	端　口
BJ-CS 6200-1	E1/0/27	BJ-CS 6200-2	E1/0/27
BJ-CS 6200-1	E1/0/28	BJ-CS 6200-2	E1/0/28

BFD MAD IP 地址规划见表 1-1-2。

表 1-1-2　BFD MAD IP 地址规划

设备名称	VLAN 号	IP 地址
BJ-CS 6200-1	VLAN4094	1.1.1.1
BJ-CS 6200-2	VLAN4094	1.1.1.2

按照上述需求，实现总部两台核心交换机 BJ-CS 6200-28X-EI 交换机 VSF 配置。

数据规划

在配置之前，需按照表 1-1-3 准备好数据信息。

表 1-1-3　数据信息

交换机名称	VSF 成员命名	VSF-聚合组端口	VSF 域	VSF 优先级
BJ-CS 6200-1	SW-Core	E1/0/27-28	5	32
BJ-CS 6200-2	保持默认	E1/0/27-28	5	16

实训原理

VSF 就是将多台设备通过 VSF 端口连接起来形成一台虚拟的逻辑设备。用户对这台虚拟设备进行管理，来实现对虚拟设备中所有物理设备的管理。传统的园区和数据中心网络是使用多层网络拓扑结构设计的，这些网络类型有以下缺点：

- 网络和服务器复杂，从而导致运营效率低、运营开支高。
- 无状态的网络级故障切换会延长应用恢复时间和业务中断时间。
- 使用率低下的资源降低了投资回报率（ROI），提高了资本开支。

为了解决这些问题，出现了 VSF 技术，将多台支持 VSF 的设备组合为单一虚拟交换机。在 VSF 中，这两个交换机中的管理引擎的数据面板和交换阵列能同时激活。VSF 成员通过 VSF 链路连接。通过 VSF 技术，可以实现网络高可靠性和网络大数据量转发，同时简化网络管理。

- 高可靠性：VSF 系统两台成员交换机之间冗余备份，同时利用链路聚合功能实现跨设备的链路冗余备份。
- 强大的网络扩展能力：通过组建 VSF 增加交换机，从而轻松地扩展端口数、带宽和处理能力。
- 简化配置和管理：VSF 建立后，两台物理设备虚拟成为一台设备，用户只需登录一台成员交换机即可对 VSF 系统中的所有成员交换机进行统一配置和管理。接入设备直接连接到虚拟设备。这个简化后的组网不再需要使用 STP、VRRP 协议，简化了网络配置。同时，依靠跨设备的链路聚合，在成员出现故障时不再依赖 MSTP、VRRP 等协议的收敛，提高了可靠性。

补充 VSF 基本概念

（1）角色：

VSF 中每台设备都称为成员设备。成员设备按照功能不同可分为三种角色，Master：VSF 的主成员，负责管理整个 VSF；Standby Master：VSF 的备份成员，作为 Master 的备份设备运行，当 Master 出现故障时，系统由 Standby Master 自动接替原 Master 的工作；Slave：VSF 中除 Master 和 Standby Master 的成员设备。Master、Standby Master 和 Slave 均由角色选举产生。一个 VSF 中同时只能存在一台 Master、一台 Standby Master，其他成员设备都是 Slave。

（2）VSF 端口：

一种专用于 VSF 的逻辑接口，分为 vsf-port1 和 vsf-port2，需要和 VSF 物理端口绑定之后才能生效。

（3）VSF 物理端口：

即设备上可以用于 VSF 连接的物理端口。VSF 物理端口可能是 VSF 专用接口、以太网接口或者光口（设备上哪些端口可用作 VSF 物理端口与设备的型号有关，请以设备的实际情况为准）。通常情况下，以太网接口和光口负责向网络中转发业务报文，当它们与 VSF 端口绑定后就作为 VSF 物理端口，用于成员设备之间转发报文，可转发的报文包括 VSF 相关协商报文以及需要跨成员设备转发的业务报文。

（4）VSF 合并：

两个 VSF 各自已经稳定运行，通过物理连接和必要的配置形成一个 VSF，这个过程称为 VSF 合并（merge）。

（5）VSF 分裂：

一个 VSF 形成后，由于 VSF 链路故障，导致 VSF 中两个相邻成员设备物理上不连通，一个 VSF 变成两个 VSF，这个过程称为 VSF 分裂（split）。

（6）成员优先级：

成员优先级是成员设备的一个属性，主要用于角色选举过程中确定成员设备的角色。

优先级越高，当选为 Master 的可能性越大。设备的缺省优先级均为 1，如果想让某台设备当选为 Master，则在组建 VSF 前，可以通过命令行手工提高该设备的成员优先级。

补充 LACP MAD 检测介绍

LACP MAD 是基于 LACP 的动态聚合方式，VSF 的每个成员设备都至少有一个端口和中间设备连接。

注意：中间设备必须为达通集团支持 LACP 扩展功能的设备。

LACP MAD 检测是通过扩展 LACP 协议报文内容实现的，在 LACP 协议报文的扩展字段中定义一个新的 TLV（Type Length Value），该 TLV 用于交互 VSF 的 ActiveID。对于 VSF 系统来说，ActiveID 的值是唯一的，用 VSF 中 Master 设备的成员编号来表示。使能 LACP MAD 检测后，成员设备通过 LACP 协议报文和其他成员设备交互 ActiveID 信息。

当 VSF 正常运行时，所有成员设备发送的 LACP 协议报文中的 ActiveID 值相同，没有发生多 Active 冲突；当 VSF 分裂形成两个 VSF 时，不同 VSF 中的成员设备发送的 LACP 协议报文中的 ActiveID 值不同，从而检测到多 Active 冲突。

补充 BFD MAD 检测介绍

BFD MAD 检测的拓扑搭建比 LACP 简单，但是一旦某个 VLAN 被选定用于 BFD MAD 检测，该 VLAN 以及 VLAN 中的端口都将作为 BFD MAD 的专有 VLAN 和端口。

搭建方法：在 Member1 上选定一个端口，在 Member2 上选定一个端口，在两者之间连一根线，如图 1-1-2 所示。

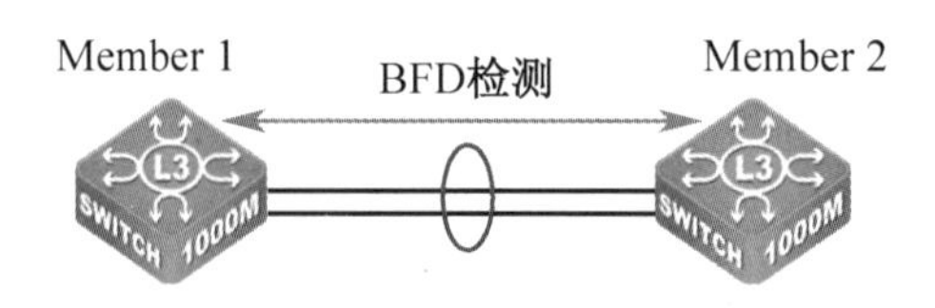

图 1-1-2　搭建图示

实训步骤

1．配置思路：首先进行更改设备名称等基础配置，然后完成对 VSF 各基本参数的配置，同时对两台交换机进行 VSF 模式的切换。

2．操作步骤：

（1）设备命名（BJ-CS 6200-1、BJ-CS 6200-2）：

```
BJ-CS 6200-28X-EI>enable
BJ-CS 6200-28X-EI#conf
BJ-CS 6200-28X-EI(config)#hostname BJ-CS 6200-1
BJ-CS 6200-28X-EI>enable
BJ-CS 6200-28X-EI#conf
BJ-CS 6200-28X-EI(config)#hostname BJ-CS 6200-2
```

（2）VSF 基本配置（BJ-CS 6200-1 和 BJ-CS 6200-2）：

```
BJ-CS 6200-1(config)#vsf domain 5
BJ-CS 6200-1(config)#vsf member 1
BJ-CS 6200-1(config)#vsf priority 32
BJ-CS 6200-1(config)#vsf port-group 1
BJ-CS 6200-1(config-vsf-port1)#vsf port-group interface ethernet 1/0/27
BJ-CS 6200-1(config-vsf-port1)#vsf port-group interface ethernet 1/0/28
BJ-CS 6200-1(config-vsf-port1)#exit
BJ-CS 6200-2(config)#vsf domain 5
BJ-CS 6200-2(config)#vsf member 2
BJ-CS 6200-2(config)#vsf priority 16
BJ-CS 6200-2(config)#vsf port-group 1
BJ-CS 6200-2(config-vsf-port1)#vsf port-group interface ethernet 1/0/27
BJ-CS 6200-2(config-vsf-port1)#vsf port-group interface ethernet 1/0/28
BJ-CS 6200-2(config-vsf-port1)#exit
BJ-CS 6200-1(config)#switch convert mode vsf
BJ-CS 6200-2(config)#switch convert mode vsf
BJ-CS 6200-1>enable
BJ-CS 6200-1#conf
BJ-CS 6200-1(config)#hostname SW-Core
SW-Core(config)#exit
```

（3）LACP MAD 配置（演示 BJ-S4600-1 与两台核心交换机 BJ-CS 6200-28X-EI 进行 LACP MAD）：

```
SW-Core#conf
SW-Core(config)#port-group 1
SW-Core(config)#int e1/0/5
SW-Core(config-if-ethernet1/0/5)#port-group 1 mode active
SW-Core(config-if-ethernet1/0/5)#exit
SW-Core(config)#int e2/0/4
SW-Core(config-if-ethernet2/0/4)#port-group 1 mode active
SW-Core(config-if-ethernet2/0/4)#exit
SW-Core(config)#int port-channel 1
SW-Core(config-if-port-channel1)#vsf mad lacp enable
SW-Core(config-if-port-channel1)#exit
SW-Core(config)#
S4600-28P-SI>enable
S4600-28P-SI#conf
S4600-28P-SI(config)#hostname BJ-S4600-1
BJ-S4600-1(config)#port-group 1
BJ-S4600-1(config)#int e1/0/1
BJ-S4600-1(config-if-ethernet1/0/1)#port-group 1 mode active
BJ-S4600-1(config-if-ethernet1/0/1)#exit
```

```
BJ-S4600-1(config)#int e1/0/2
BJ-S4600-1(config-if-ethernet1/0/2)#port-group 1 mode active
BJ-S4600-1(config-if-ethernet1/0/2)#exit
```

（4）BFD MAD 配置（如图 1-1-3 所示）：

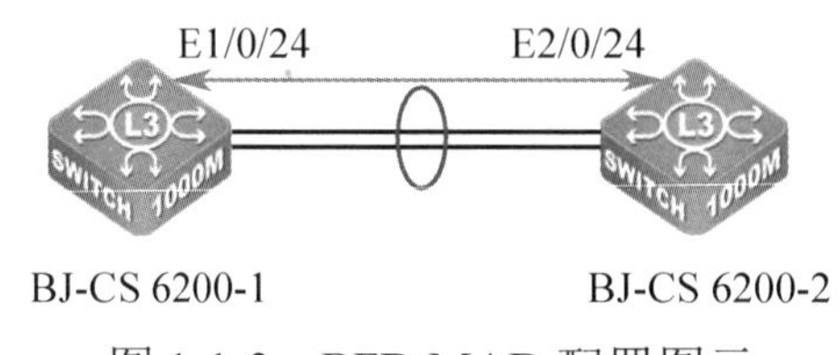

图 1-1-3　BFD MAD 配置图示

```
SW-Core#conf
SW-Core(config)#vlan 4094
SW-Core(config-vlan4094)#int e1/0/24
SW-Core(config-if-ethernet1/0/24)#switchport access vlan 4094
SW-Core(config-if-ethernet1/0/24)#int e2/0/24
SW-Core(config-if-ethernet2/0/24)#switchport acc vlan 4094
SW-Core(config-if-ethernet2/0/24)#exit
SW-Core(config)#int vlan 4094
SW-Core(config-if-vlan4094)#vsf mad bfd enable
SW-Core(config-if-vlan4094)#vsf mad ip add 1.1.1.1 255.255.255.0 member 1
SW-Core(config-if-vlan4094)#vsf mad ip add 1.1.1.2 255.255.255.0 member 2
SW-Core(config-if-vlan4094)#exit
SW-Core(config)#exit
SW-Core#
```

上述 LACP MAD、BFD MAD 配置冲突，实际环境中建议只配置一种，此处介绍两种 MAD 配置方法是为了让初学者理解和掌握。

赛点链接

（2018 年）交换机部分第一题：……总部两台核心交换机通过 VSF 物理端口连接起来形成一台虚拟的逻辑设备，用户通过对这台虚拟设备进行管理，来实现对虚拟设备中所有物理设备的管理……

易错解析

在进行 VSF 配置和使用过程中，出现命令行不可配置时，应注意如下事项：

是否处于正确的运行模式下，有些命令行既可在独立运行模式下配置，又可在 VSF 运行模式下配置，而某些命令行只能在 VSF 运行模式下配置。

在 VSF 使用过程中不能形成 VSF，或出现其他异常时，应注意如下事项：

查看物理连接是否正确。目前机架式 VSF 组只支持万兆端口与逻辑端口的绑定，需要查看连接的万兆端口是否为绑定的端口。

vsf member id 是否冲突，member id 冲突时，两设备无法形成 VSF。

vsf domain 号是否相同，只有 vsf domain 号相同的设备才有可能形成 VSF。

与逻辑 VSF 端口绑定的物理端口上建议没有任何配置，尤其是类似于速率双工、带宽限制、安全认证、ACL 等配置。

在 VSF 运行模式下进行配置时，应注意如下事项：

VSF 运行模式下，VSF 相关配置可以在各个成员上分别配置，但在成员上所做的配置无法在成员上单独进行保存，但可以在 VSF Master 上执行 write，此时所有成员上关于 VSF 的个性配置分别各自保存在本机的 vsf.cfg 中。

VSF 运行模式下，部分命令如 VSF 域编号、成员优先级、member id 等仍然能够进行配置或修改，配置后 show run 显示最新配置值，但需要在保存并重启后方能生效。

实训 2　VLAN 配置

实训目的

通过本实训，读者可以掌握如下技能：

1．了解 VLAN 的原理，熟练掌握交换机 VLAN 的创建以及把交换机接口划分到特定 VLAN 的配置方法；

2．配置交换机接口的 Trunk、Access 链路类型；

3．跨多个交换机，同一 VLAN 终端互访原理和配置方法；

4．跨多个交换机，不同 VLAN 终端互访原理和配置方法。

背景描述

达通集团是一家电脑配件生产、销售的一体化公司，经过多年的努力与发展，已具一定的规模，三家分公司分别负责电脑配件生产、销售、售后维修等相关业务，另外公司 ERP 系统将在半年内实施运行。

达通集团需要建设一个企业信息系统，它以管理信息为主体，连接生产、研发、销售、行政、人事、财务等子系统，是面向公司的日常业务、立足生产、面向社会、辅助领导决策的计算机信息网络系统。达通集团北京总部现有员工 200 多人，计划 3 年内增加到 500 人左右；总部设有人事行政部、财务商务部、产品研发部、技术支持部、服务器管理部等部门。

实训拓扑

实训拓扑如图 1-2-1 所示。

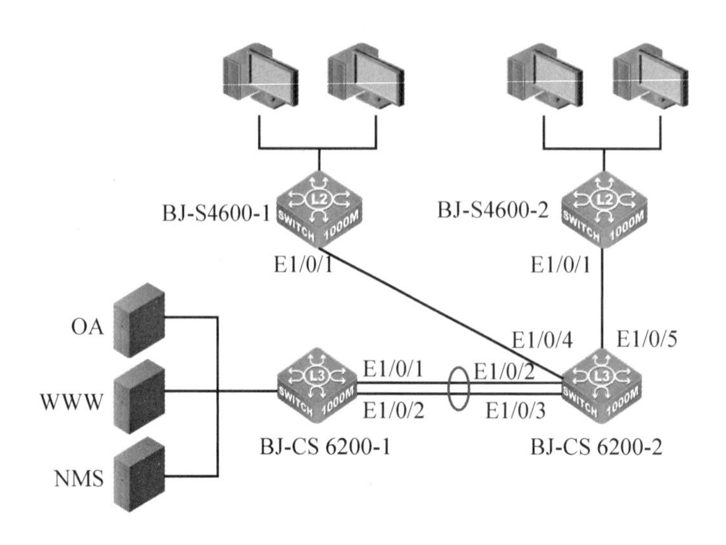

图 1-2-1　实训拓扑

需求分析

为了减少广播，需要对达通集团北京总部规划 VLAN。所有交换机间均采用 Trunk 链路互连，要求配置合理，不允许不必要的 VLAN 通过。

数据规划

设备数据及部门数据见表 1-2-1 和表 1-2-2。

表 1-2-1　设备数据

设备名称	操作内容	准备项列	数据内容	说明概要
BJ-S4600-1	配置管理 IP 地址和 TELNET	管理 IP 地址	192.168.1.1/24	管理 IP 用于登录交换机
		管理 VLAN	VLAN 1	交换机管理端口是 E1/0/24
BJ-S4600-2	配置管理 IP 地址和 TELNET	管理 IP 地址	192.168.1.2/24	管理 IP 用于登录交换机
		管理 VLAN	VLAN 1	交换机管理端口是 E1/0/24
BJ-CS 6200-1	配置管理 IP 地址和 TELNET	管理 IP 地址	192.168.1.3/24	管理 IP 用于登录交换机
		管理 VLAN	VLAN 1	交换机管理端口是 E1/0/24
BJ-CS 6200-2	配置管理 IP 地址和 TELNET	管理 IP 地址	192.168.1.4/24	管理 IP 用于登录交换机
		管理 VLAN	VLAN 1	交换机管理端口是 E1/0/24

表 1-2-2 部门数据

	部门	VLAN 号	网 络 号	IP 地址范围	网 关 地 址	所 在 设 备	端 口 明 细
北京总部	人事行政部	VLAN 10	192.168.10.0/24	192.168.10.1—192.168.10.253	192.168.10.254	BJ-S4600-1	E1/0/2—E1/0/12
	财务商务部	VLAN 20	192.168.20.0/24	192.168.20.1—192.168.20.253	192.168.20.254	BJ-S4600-1	E1/0/12—E1/0/23
	产品研发部	VLAN 30	192.168.30.0/24	192.168.30.1—192.168.30.253	192.168.30.254	BJ-S4600-2	E1/0/2—E1/0/12
	技术支持部	VLAN 40	192.168.40.0/24	192.168.40.1—192.168.40.253	192.168.40.254	BJ-S4600-2	E1/0/13—E1/0/23
	服务器管理部	VLAN 50	192.168.50.0/24	192.168.50.1—192.168.50.253	192.168.50.254	BJ-CS 6200-1	E1/0/13—E1/0/16

按照上述需求，实现北京总部多个业务 VLAN 之间互通、同一个部门业务 VLAN 之间互通。

实训原理

以太网是一种基于 CSMA/CD（Carrier Sense Multiple Access/Collision Detect，带冲突检测的载波侦听多路访问）的共享通信介质的数据网络通信技术，当主机数目较多时会导致冲突严重、广播泛滥、性能显著下降甚至使网络不可用等问题。通过交换机实现 LAN 互联虽然可以解决冲突（Collision）严重的问题，但仍然不能隔离广播报文。在这种情况下出现了 VLAN（Virtual Local Area Network，虚拟局域网）技术，这种技术可以把一个 LAN 划分成多个虚拟的 LAN——VLAN，每个 VLAN 是一个广播域，VLAN 内的主机间通信就和在一个 LAN 内一样，而 VLAN 间则不能直接互通，这样，广播报文被限制在一个 VLAN 内，所以虚拟局域网是交换机端口的逻辑组合，如图 1-2-2 所示。VLAN 工作在 OSI 的第 2 层，一个 VLAN 就是一个广播域，VLAN 之间的通信是通过第 3 层的交换机来完成的。

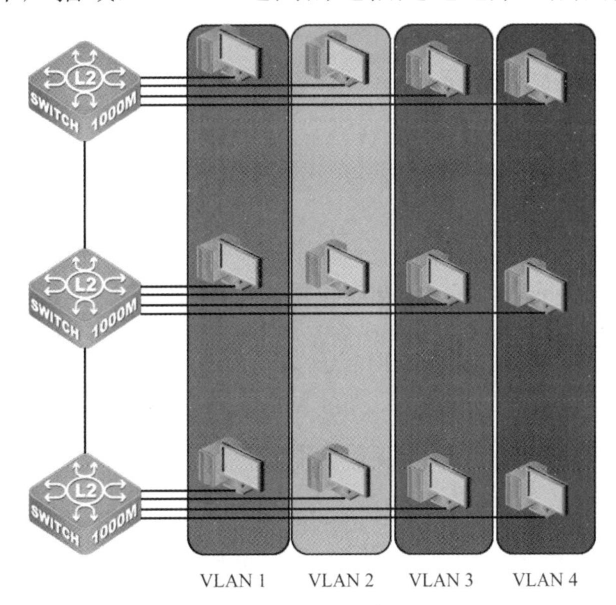

图 1-2-2 虚拟局域网图示

VLAN 的划分不受物理位置的限制：不在同一物理位置范围的主机可以属于同一个VLAN；一个 VLAN 包含的用户可以连接在同一个交换机上，也可以跨越交换机，甚至可以跨越路由器。VLAN 有以下优点：

1）控制网络的广播问题：每一个 VLAN 是一个广播域，一个 VLAN 上的广播不会扩散到另一个 VLAN。

2）简化网络管理：当 VLAN 中的用户位置移动时，网络管理员只需设置几条命令即可。

3）提高网络的安全性：VLAN 能控制广播，VLAN 之间不能直接通信。

定义交换机的端口在哪个 VLAN 上的常用方法如下所述：

1）基于端口的 VLAN：管理员把交换机某一端口指定为某一 VLAN 的成员。

2）基于 MAC 地址的 VLAN：交换机根据节点的 MAC 地址，决定将其属于哪个 VLAN 中。

当一个 VLAN 跨过不同的交换机时，在同一 VLAN 上但却是在不同的交换机上的计算机进行通信时需要使用 Trunk。Trunk 技术使得一条物理线路可以传送多个 VLAN 的数据。交换机从属于某一 VLAN（例如 VLAN 3）的端口接收到数据，在 Trunk 链路上进行传输前，会加上一个标记，表明该数据是 VLAN 3 的；到了对方交换机，交换机会把该标记去掉，只发送到属于 VLAN 3 的端口上。

同一 VLAN 内用户互访（简称 VLAN 内互访）会经过如下三个环节：

1）用户主机的报文转发。

源主机在发起通信之前，会将自己的 IP 与目的主机的 IP 进行比较，如果两者位于同一网段，会获取目的主机的 MAC 地址，并将其作为目的 MAC 地址封装进报文；如果两者位于不同网段，源主机会将报文递交给网关，获取网关的 MAC 地址，并将其作为目的 MAC 地址封装进报文。

2）交换机内部的以太网交换。

交换机会根据接收报文的目的 MAC 地址+VID 以及三层转发标志位来判断是进行二层交换还是进行三层交换。

如果目的 MAC 地址+VID 匹配自己的 MAC 表且三层转发标志置位，则进行三层交换，会根据报文的目的 IP 地址查找三层转发表项，如果没有找到会将报文上送 CPU，由 CPU 查找路由表实现三层转发。

如果目的 MAC 地址+VID 匹配自己的 MAC 表但三层转发标志未置位，则进行二层交换，会直接将报文根据 MAC 表的出接口发出去。

如果目的 MAC 地址+VID 没有匹配自己的 MAC 表，则进行二层交换，此时会向所有允许 VID 通过的接口广播该报文，以获取目的主机的 MAC 地址。

从以太网交换原理可以看出，划分 VLAN 后，广播报文只在同一 VLAN 内二层转发，因此同一 VLAN 内的用户可以直接二层互访。根据属于同一 VLAN 的主机是否连接在不同的交换机，VLAN 内互访有两种场景：同设备 VLAN 内互访和跨设备 VLAN 互访。

同 VLAN 内互访一样，VLAN 间互访也会经过用户主机的报文转发、交换机内部的以太网交换、设备之间交互时 VLAN 标签的添加和剥离三个环节。同样，根据以太网交换原理，广播报文只在同一 VLAN 内转发，不同 VLAN 内的用户则不能直接二层互访，需要借助三层路由技术或 VLAN 转换技术才能实现互访。

划分 VLAN 后，由于广播报文只在同一 VLAN 内转发，所以不同 VLAN 的用户间不能二层互访，这样能起到隔离广播的作用。但实际应用中，不同 VLAN 的用户又常有互访的需求，此时就需要实现不同 VLAN 的用户互访，简称 VLAN 间互访。

不同 VLAN 间的主机不能直接通信，通过在设备上配置 VLAN 接口，可以实现 VLAN 间的三层互通。VLAN 接口是一种三层的虚拟接口，它不作为物理实体存在于设备上。每个 VLAN 对应一个 VLAN 接口，在为 VLAN 接口配置了 IP 地址后，该 IP 地址即可作为本 VLAN 内网络设备的网关地址，对需要跨网段的报文进行基于 IP 地址的三层转发。

实训步骤

配置思路与操作步骤：

（1）在 BJ-S4600-1 上创建 VLAN 10 与 VLAN 20 并分配端口：

```
BJ-S4600-1(config)#vlan 10;20
BJ-S4600-1(config)#int ethernet 1/0/2-12
BJ-S4600-1(config-if-port-range)# switchport acc vlan 10
BJ-S4600-1(config-if-port-range)#exit
BJ-S4600-1(config)# int ethernet 1/0/13-23
BJ-S4600-1(config-if-port-range)# switchport acc vlan 20
BJ-S4600-1(config-if-port-range)#exit
```

（2）在 BJ-S4600-2 上创建 VLAN 30 与 VLAN 40 并分配端口：

```
BJ-S4600-2(config)#vlan 30;40
BJ-S4600-2(config)#int ethernet 1/0/3-12
BJ-S4600-2(config-if-port-range)# switchport acc vlan 30
BJ-S4600-2(config-if-port-range)#exit
BJ-S4600-2(config)#int ethernet 1/0/13-23
BJ-S4600-2(config-if-port-range)# switchport acc vlan 40
BJ-S4600-2(config-if-port-range)#exit
```

（3）在 BJ-CS 6200-1 上创建 VLAN 50 并分配端口：

```
BJ-CS 6200-1(config)#vlan 50
BJ-CS 6200-1(config)#int ethernet 1/0/13-16
BJ-CS 6200-1(config-if-port-range)# switchport acc vlan 50
BJ-CS 6200-1(config-if-port-range)#exit
```

（4）在 BJ-CS 6200-2 上创建 VLAN 10、20、30、40、50：

```
BJ-CS 6200-2 (config)#vlan 10;20;30;40;50
```

（5）互联端口配置 Trunk 并仅允许必要的 VLAN 通过：

```
BJ-S4600-1(config)#int e1/0/1
BJ-S4600-1(config-if-ethernet1/0/1)#switchport mode trunk
BJ-S4600-1(config-if-ethernet1/0/1)#switchport trunk allowed vlan 10,20
BJ-S4600-1(config-if-ethernet1/0/1)#exit
BJ-S4600-2(config)#int e1/0/1
BJ-S4600-2(config-if-ethernet1/0/1)#switchport mode trunk
BJ-S4600-2(config-if-ethernet1/0/1)#switchport trunk allowed vlan 30,40
BJ-S4600-2(config-if-ethernet1/0/1)#exit
BJ-CS 6200-1(config)#port-group 1
BJ-CS 6200-1(config)#int e1/0/1-2
BJ-CS 6200-1(config-if-port-range)# port-group 1 mode on
BJ-CS 6200-1(config-if-port-range)# exit
BJ-CS 6200-1(config)#int port-channel 1
BJ-CS 6200-1(config-if-port-channel1)#switchport mode trunk
BJ-CS 6200-1(config-if-port-channel1)#switchport trunk allowed vlan 50
BJ-CS 6200-1(config-if-port-channel1)#exit
BJ-CS 6200-2(config)#int e1/0/4
BJ-CS 6200-2(config-if-ethernet1/0/4)#switchport mode trunk
BJ-CS 6200-2(config-if-ethernet1/0/4)#switchport trunk allowed vlan 10,20
BJ-CS 6200-2(config-if-ethernet1/0/4)#exit
BJ-CS 6200-2(config)#int e1/0/5
BJ-CS 6200-2(config-if-ethernet1/0/5)#switchport mode trunk
BJ-CS 6200-2(config-if-ethernet1/0/5)#switchport trunk allowed vlan 30,40
BJ-CS 6200-2(config-if-ethernet1/0/5)#exit
BJ-CS 6200-2(config)#port-group 1
BJ-CS 6200-2(config)#int e1/0/2-3
BJ-CS 6200-2(config-if-port-range)# port-group 1 mode on
BJ-CS 6200-2(config-if-port-range)# exit
BJ-CS 6200-2(config)#int port-channel 1
BJ-CS 6200-2(config-if-port-channel1)#switchport mode trunk
BJ-CS 6200-2(config-if-port-channel1)#switchport trunk allowed vlan 50
BJ-CS 6200-2(config-if-port-channel1)#exit
```

（6）在 BJ-CS 6200-2 的 VLAN 接口上配置 IP 地址以实现 VLAN 间三层通信：

```
BJ-CS 6200-2(config)#int vlan 10
BJ-CS 6200-2(config-if-vlan10)#ip address 192.168.10.254 255.255.255.0
BJ-CS 6200-2(config-if-vlan10)#exit
BJ-CS 6200-2(config)#int vlan 20
BJ-CS 6200-2(config-if-vlan20)#ip address 192.168.20.254 255.255.255.0
BJ-CS 6200-2(config-if-vlan20)#exit
BJ-CS 6200-2(config)#int vlan 30
BJ-CS 6200-2(config-if-vlan30)#ip address 192.168.30.254 255.255.255.0
BJ-CS 6200-2(config-if-vlan30)#exit
```

```
BJ-CS 6200-2(config)#int vlan 40
BJ-CS 6200-2(config-if-vlan40)#ip address 192.168.40.254 255.255.255.0
BJ-CS 6200-2(config-if-vlan40)#exit
BJ-CS 6200-2(config)#int vlan 50
BJ-CS 6200-2(config-if-vlan50)#ip address 192.168.50.254 255.255.255.0
BJ-CS 6200-2(config-if-vlan50)#exit
```

赛点链接

（2018 年）交换机部分第二小题：……为了减少广播，需要根据题目要求规划并配置 VLAN。具体要求如下……

易错解析

（1）VLAN 虚接口处于 Down 的状态：VLANIF 接口对应的 VLAN 没有创建，没有接口加入 VLAN，加入 VLAN 的各接口的物理状态全是 Down，VLANIF 接口下没有配置 IP 地址，VLANIF 接口被 Shutdown。

（2）VLAN 内用户不能互通：检查 VLAN 内需要互通的接口是否 Up；检查需要互通的终端 IP 地址是否在同一网段，如果不是，请将其修改为同一网段；检查设备上 MAC 地址表项是否正确；需要互通的接口所在的 VLAN 是否已经创建；检查需要互通的接口是否加入 VLAN；接口和终端是否按照规划的对应关系进行连接。

（3）交换机与交换机互联 VLAN 虚接口不通：检查 VLAN 虚接口是否 Up；检查交换机互联的以太网接口是否加入 VLAN；检查交换机互联的以太网接口上配置的 PVID 是否一致。

实训 3　MAC Notification 配置

实训目的

1．了解 MAC Notification 工作原理、运行机制；

2．熟练掌握交换机 MAC Notification 的配置。

背景描述

为了实现对达通集团北京总部两台核心交换机 CS 6200 MAC 地址新增或删除的网络变化感知，网络管理员计划在总部两台核心交换机 CS 6200 上启用 MAC Notification 功能。

实训拓扑

实训拓扑如图 1-3-1 所示。

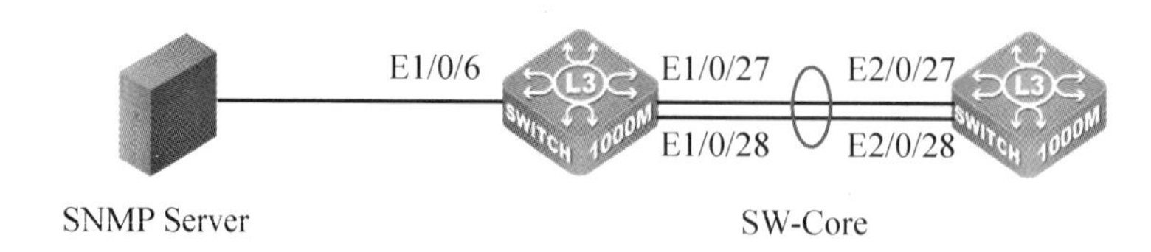

图 1-3-1 实训拓扑

需求分析

针对达通集团北京总部两台核心交换机 CS 6200 MAC 地址新增或删除的网络变化感知需求，可使用 MAC Notification 来实现。一般情况下，MAC Notification 还需要和 SNMP 结合，因为 MAC Notification 是通过 SNMP 的 Trap 功能通知网络管理员发生的变化。配置全局发送 MAC Notification 通知的时间间隔为 40s，History Table 的大小为 200s。

数据规划

数据规划见表 1-3-1。

表 1-3-1 数据规划

项 目	操 作	时间或大小
MAC Notification	通知时间间隔	40s
History Table	大小	200s

实训原理

MAC Notification 的功能主要在于通知 MAC 地址的新增或删除，就是当有设备的加入或设备移除时，通过 SNMP 的 Trap 功能通知网络管理员发生的变化。

实训步骤

1．配置思路：首先配置交换机使能 SNMP，然后完成对 SNMP 相关参数的配置。

2．操作步骤：

基础配置（核心交换机配置 VSF 虚拟化）省略，详见实训 1。

```
SW-Core>enable
SW-Core#conf
SW-Core(config)#snmp server enable
SW-Core(config)#snmp enable traps
```

```
SW-Core(config)#snmp-server enable traps mac-notification
SW-Core(config)#mac-address-table notification interval 40
SW-Core(config)#mac-address-table notification history-size 200
SW-Core(config)#int ethernet 1/0/6
SW-Core(config-if-ethernet1/0/6)#mac-notification all
SW-Core(config-if-ethernet1/0/6)#exit
SW-Core(config)#exit
SW-Core#
```

赛点链接

（2018 年）交换机部分第七题：……当 MAC 地址发生变化时，也要立即通知网管发生的变化……

易错解析

通过 show 和 SNMP 部分的 debug 命令可以查看 Trap 发送是否成功。

实训 4　端口隔离功能操作配置

实训目的

1. 了解端口隔离工作原理、运行机制；
2. 熟练掌握交换机端口隔离的配置。

背景描述

为了禁止达通集团北京总部每台接入交换机 S4600 上同一 VLAN 内终端相互访问，提高网络安全性，网络管理员计划在总部两台接入交换机 BJ-S4600-1、BJ-S4600-2 上启用端口隔离功能。

实训拓扑

实训拓扑如图 1-4-1 所示。

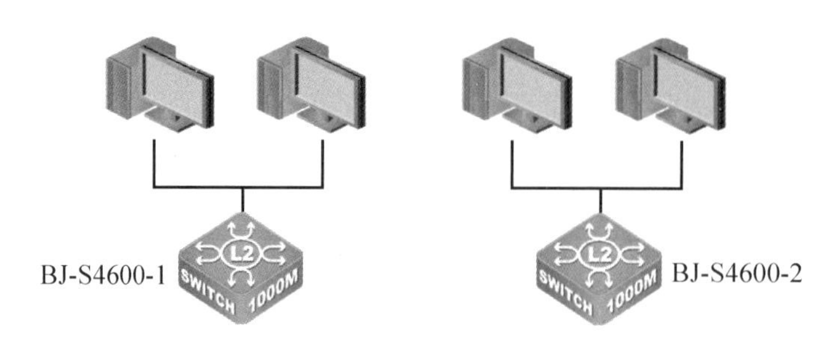

图 1-4-1　实训拓扑

需求分析

利用端口隔离的特性，可以实现 VLAN 内部的端口隔离，在总部两台接入交换机 BJ-S4600-1、BJ-S4600-2 上实现人事行政部、财务商务部、产品研发部、技术支持部各自部门业务内部终端相互二层隔离。

实训原理

端口隔离是一个基于端口的独立功能，作用于端口和端口之间，隔离相互之间的流量。利用端口隔离的特性，可以实现 VLAN 内部的端口隔离，从而节省 VLAN 资源，增加网络的安全性。配置端口隔离功能后，一个隔离组内的端口之间相互隔离，不同隔离组的端口之间或者不属于任何隔离组的端口与其他端口之间都能进行正常的数据转发。

实训步骤

1．配置思路：首先在接入交换机上创建所需 VLAN 并划分端口，然后进行端口隔离配置。

2．操作步骤：

（1）在 BJ-S4600-1 上实现端口在某个 VLAN 内隔离：

```
BJ-S4600-1>enable
BJ-S4600-1#conf
BJ-S4600-1(config)#vlan 10;20
BJ-S4600-1(config)#int e1/0/2-12
BJ-S4600-1(config-if-port-range)#sw acc vlan 10
BJ-S4600-1(config-if-port-range)#vlan 10
BJ-S4600-1(config-vlan10)#isolate-port group RS switchport interface ethernet 1/0/2-12
BJ-S4600-1(config-vlan10)#exit
BJ-S4600-1(config)#int e1/0/13-23
BJ-S4600-1(config-if-port-range)#sw acc vlan 20
BJ-S4600-1(config-if-port-range)#vlan 20
```

```
    BJ-S4600-1(config-vlan20)#isolate-port group CW switchport interface
ethernet 1/0/13-23
    BJ-S4600-1(config-vlan20)#exit
    BJ-S4600-1(config)#
```

（2）在 BJ-S4600-2 上实现端口在某个 VLAN 内隔离：

```
    S4600-28P-SI>enable
    S4600-28P-SI#conf
    S4600-28P-SI(config)#hostname BJ-S4600-2
    BJ-S4600-2(config)#vlan 30;40
    BJ-S4600-2(config)#int e1/0/2-12
    BJ-S4600-2(config-if-port-range)#sw acc vlan 30
    BJ-S4600-2(config-if-port-range)#vlan 30
    BJ-S4600-2(config-vlan30)#isolate-port group CP switchport interface
ethernet 1/0/2-12
    BJ-S4600-2(config-vlan30)#exit
    BJ-S4600-2(config)#int e1/0/13-23
    BJ-S4600-2(config-if-port-range)#sw acc vlan 40
    BJ-S4600-2(config-if-port-range)#vlan 40
    BJ-S4600-2(config-vlan40)#isolate-port group JS switchport interface
ethernet 1/0/13-23
    BJ-S4600-2(config-vlan40)#exit
    BJ-S4600-2(config)#exit
    BJ-S4600-2#
```

赛点链接

（2018 年）交换机部分第三小题：SW-3 上实现营销、财务各自部门业务内部终端相互二层隔离……

易错解析

该知识点理论及配置较为简单，一般无易错部分。

实训 5　端口环路检测功能配置

实训目的

1. 了解端口环路检测的工作原理、运行机制；

2．熟练掌握交换机端口环路检测的配置。

背景描述

达通集团北京总部网络管理员计划在总部两台接入交换机 BJ-S4600-1、BJ-S4600-2 上启用端口环路检测功能，避免当链路上出现环回情况下导致二层网络瘫痪。

实训拓扑

实训拓扑如图 1-5-1 所示。

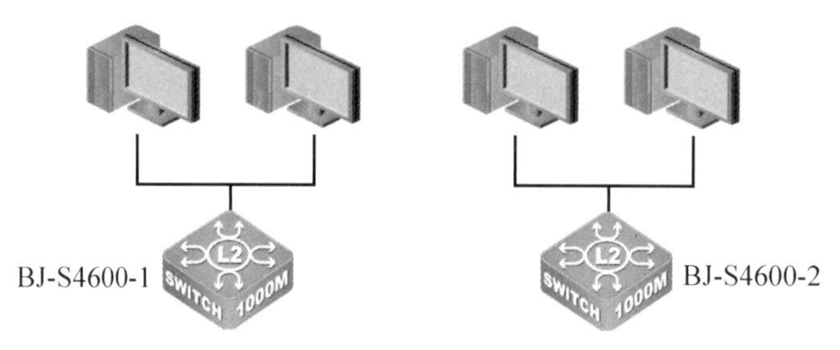

表 1-5-1　实训拓扑

需求分析

人事行政部、财务商务部、产品研发部、技术支持部各自部门业务端口启用端口环路检测功能，配置环路检测的时间间隔为 10s，发现环路以后阻塞该端口，恢复时间为 60min。

实训原理

当链路上存在环回情况时，最后会发现整个二层网络中所有的 MAC 地址都移动到存在环回的端口上了（大多数的情况是 MAC 地址频繁地在不同端口间切换），导致二层网络瘫痪。在网络中进行端口环路检测，具有重要的意义。当设备通过环路检测发现了网络存在环回情况时，可以通过发送告警信息到网管系统，使网络管理员能够及时发现网络中存在的问题，从而及时定位和解决，避免长时间的用户断网现象。

实训步骤

1．配置思路：首先在接入交换机上启用生成树协议，并创建相应实例；然后开启端口环路检测功能，并配置相关参数。

2．操作步骤：

（1）在 BJ-S4600-1 上启用生成树：

```
BJ-S4600-1#conf
BJ-S4600-1(config)#spanning-tree
```

```
BJ-S4600-1(config)#spanning-tree mst configuration
BJ-S4600-1(config-mstp-region)#instance 10 vlan 10
BJ-S4600-1(config-mstp-region)#instance 20 vlan 20
BJ-S4600-1(config-mstp-region)#exit
BJ-S4600-1(config)#exit
```

（2）在 BJ-S4600-2 上启用生成树：

```
BJ-S4600-2#conf
BJ-S4600-2(config)#spanning-tree
BJ-S4600-2(config)#spanning-tree mst configuration
BJ-S4600-2(config-mstp-region)#instance 30 vlan 30
BJ-S4600-2(config-mstp-region)#instance 40 vlan 40
BJ-S4600-2(config-mstp-region)#exit
BJ-S4600-2(config)#exit
BJ-S4600-2#
```

（3）在 BJ-S4600-1 上实现端口环路检测：

```
BJ-S4600-1>enable
BJ-S4600-1#conf
BJ-S4600-1(config)#loopback-detection interval-time 10 1
BJ-S4600-1(config)#loopback-detection control-recovery timeout  300
BJ-S4600-1(config)#interface ethernet 1/0/2-23
BJ-S4600-1(config-if-port-range)#loopback-detection specified-vlan 10;20
BJ-S4600-1(config-if-port-range)#loopback-detection control block
BJ-S4600-1(config-if-port-range)#exit
BJ-S4600-1(config)#exit
BJ-S4600-1#
```

（4）在 BJ-S4600-2 上实现端口环路检测：

```
BJ-S4600-2>enable
BJ-S4600-2#conf
BJ-S4600-2(config)#loopback-detection interval-time 10 1
BJ-S4600-2(config)#loopback-detection control-recovery timeout  300
BJ-S4600-2(config)#interface ethernet 1/0/2-23
BJ-S4600-2(config-if-port-range)#loopback-detection specified-vlan 30;40
BJ-S4600-2(config-if-port-range)#loopback-detection control block
BJ-S4600-2(config-if-port-range)#exit
BJ-S4600-2(config)#exit
BJ-S4600-2#
```

赛点链接

（2018 年）交换机部分第三小题：……行政、信息技术各自部门业务内部启用环路检测，环路检测的时间间隔为 10s，发现环路以后阻塞该端口，恢复时间为 30min……

易错解析

端口环路检测功能默认情况下是关闭的，如果需要检测环路可以打开该功能。

实训 6　交换机端口捆绑 Port Channel 配置

实训目的

1．了解端口捆绑 Port Channel 的工作原理、运行机制；

2．熟练掌握交换机端口捆绑 Port Channel 的配置。

背景描述

达通集团北京总部网络管理员计划在总部接入交换机 BJ-S4600-1 与两台核心交换机 BJ-CS 6200，互连端口之间配置端口捆绑 Port Channel，不仅可以增加网络的带宽，还能提供链路的备份功能。

实训拓扑

实训拓扑如图 1-6-1 所示。

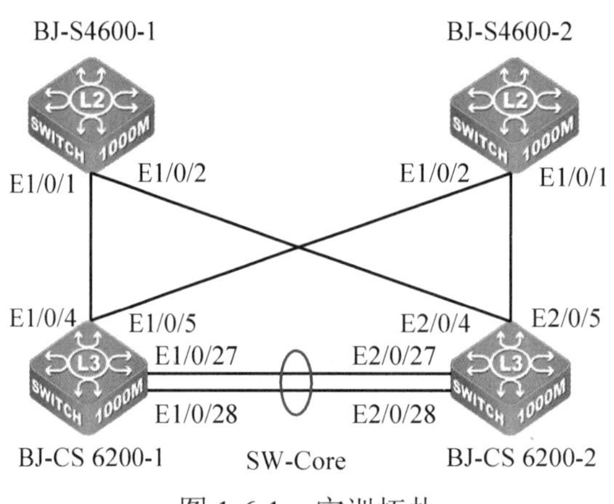

图 1-6-1　实训拓扑

需求分析

在总部接入交换机 BJ-S4600-1 与两台核心交换机 BJ-CS 6200，互连端口之间配置端口捆绑 Port Channel，采用动态 LACP 汇聚，设置 LACP 协议中的端口 Timeout 模式为 short。

实训原理

在介绍 Port Channel 之前，先介绍 Port Group 的概念。Port Group 是配置层面上的一个物理端口组，配置到 Port Group 里面的物理端口才可以参加链路汇聚，并成为 Port Channel 里的某个成员端口。在逻辑上，Port Group 并不是一个端口，而是一个端口序列。加入 Port Group 中的物理端口满足某种条件时进行端口汇聚，形成一个 Port Channel，这个 Port Channel 具备了逻辑端口的属性，才真正成为一个独立的逻辑端口。端口汇聚是一种逻辑上的抽象过程，将一组具备相同属性的端口序列抽象成一个逻辑端口。Port Channel 是一组物理端口的集合体，在逻辑上被当作一个物理端口。对用户来讲，完全可以将这个 Port Channel 当作一个端口使用，不仅能增加网络的带宽，还能提供链路的备份功能。端口汇聚功能通常在交换机连接路由器、主机或者其他交换机时使用。

实训步骤

1. 配置思路：交换机 BJ-S4600-1 上的 E1/0/1、E1/0/2 以 passive 方式加入 group 1，交换机 SW-Core 上的 E1/0/4、E2/0/4 以 active 方式加入 group 1，将以上对应端口分别用网线相连，使接入交换机与核心交换机之间实现链路冗余，从而保证网络的可靠性。

2. 操作步骤：

（1）在 BJ-S4600-1 上配置端口组：

```
BJ-S4600-1>enable
BJ-S4600-1#config
BJ-S4600-1(config)#port-group 1
BJ-S4600-1(config)#int e1/0/1-2
BJ-S4600-1(config-if-port-range)#port-group 1 mode passive
BJ-S4600-1(config-if-port-range)#exit
BJ-S4600-1(config)#exit
BJ-S4600-1#
```

（2）在 SW-Core 上配置端口组：

基础配置（核心交换机配置 VSF 虚拟化）省略，详见实训 1。

```
SW-Core>enable
SW-Core#conf
SW-Core(config)#port-group 1
SW-Core(config)#int e1/0/4;e2/0/4
SW-Core(config-if-port-range)#port-group 1 mode active
SW-Core(config-if-port-range)#exit
SW-Core(config)#exit
SW-Core#
```

（3）设置 LACP 协议中当前端口的 Timeout 模式：

```
SW-Core#conf
SW-Core(config)#int e1/0/4;e2/0/4
SW-Core(config-if-port-range)#lacp timeout short
SW-Core(config-if-port-range)#exit
```

```
SW-Core(config)#exit
BJ-S4600-1>enable
BJ-S4600-1#conf
BJ-S4600-1(config)#int e1/0/1-2
BJ-S4600-1(config-if-port-range)#lacp timeout short
BJ-S4600-1(config-if-port-range)#exit
BJ-S4600-1(config)#exit
BJ-S4600-1#
```

赛点链接

（2018 年）交换机部分第二小题：……尽可能加大总部接入交换机与核心交换机之间的带宽……

易错解析

当配置端口聚合功能出现问题时，请检查是否是如下原因：

端口聚合组中的端口不具有相同的属性，即双工模式是否为全双工模式，速率是否强制成相同的速率，以及 VLAN 的属性等。如果检查不相同，则修改成相同的。

一些命令不能在 Port Channel 上的端口使用，包括 arp、bandwidth、ip、ip-forward 等。

实训 7　PBR 配置

实训目的

1. 了解 PBR 的工作原理、运行机制；
2. 熟练掌握交换机 PBR 的配置。

背景描述

达通集团北京总部网络管理员计划在总部两台核心交换机 BJ-CS 6200 上启用 PBR 功能，实现总部业务与分部业务、公网 Internet 互访。

实训拓扑

实训拓扑如图 1-7-1 所示。

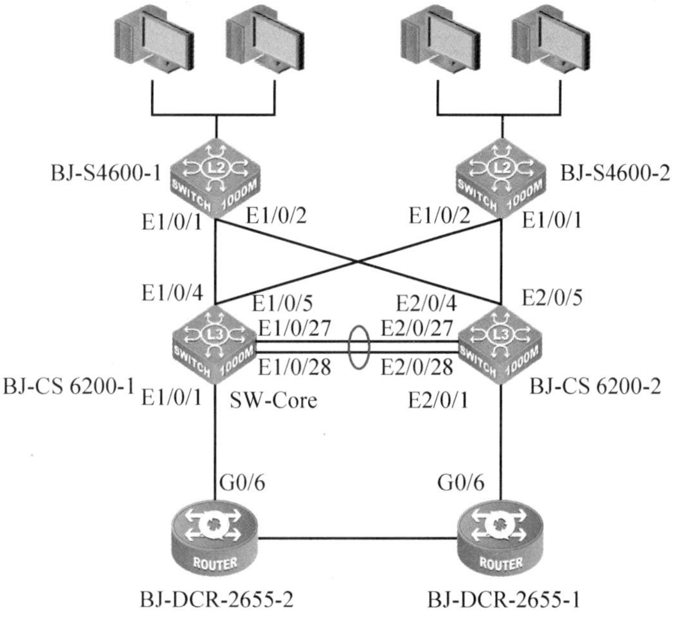

BJ-S4600-1
E1/0/1
E1/0/2
BJ-S4600-2
E1/0/2
E1/0/1
E1/0/4
E1/0/5
E2/0/4
E2/0/5
E1/0/27
E2/0/27
E1/0/28
E2/0/28
BJ-CS 6200-1
E1/0/1
SW-Core
E2/0/1
BJ-CS 6200-2
G0/6
G0/6
BJ-DCR-2655-2
BJ-DCR-2655-1

图 1-7-1　实训拓扑

需求分析

在总部两台核心交换机 BJ-CS 6200 上启用 PBR 功能，将总部技术支持部、服务器管理部访问公网 Internet 业务、访问分部 SSID DTJT-Internet 业务流量强制至总部核心路由器 BJ-DCR-2655-1 转发；将总部人事行政部、财务商务部访问分部 SSID DTJT 业务流量优先强制至总部核心路由器 BJ-DCR-2655-2 转发，当核心交换机 BJ-CS 6200 至核心路由器 BJ-DCR-2655-2 链路异常后，强制由总部核心路由器 BJ-DCR-2655-1 转发。

IP 地址规划

设备 IP 地址和部门 IP 地址规划见表 1-7-1 和表 1-7-2。

表 1-7-1　设备 IP 地址

设备名称	端口号	IP 地址
BJ-DCR-2655-1	G0/6	10.0.0.1
BJ-DCR-2655-2	G0/6	20.0.0.1

表 1-7-2　部门 IP 地址

部门名称	IP 地址规划
技术支持部	192.168.40.0 /24
服务器管理部	192.168.50.0 /24
分部 DTJT-Internet	192.168.131.0 /24
人事行政部	192.168.10.0 /24
财务商务部	192.168.20.0 /24
分部 DTJT	192.168.130.0 /24

实训原理

PBR（Policy Based Routing，策略路由）是指在决定一个 IP 包的下一跳转发地址或是下一跳缺省 IP 地址时，不是简单地根据目的 IP 地址决定，而是综合考虑多种因素来决定。例如，可以根据 DSCP 字段、源和目的端口号，源 IP 地址等来为数据包选择路径。策略路由可以在一定程度上实现流量工程，使不同服务质量的流或者不同性质的数据（语音、FTP）走不同的路径。

基于策略的路由为网络管理者提供了比传统路由协议对报文的转发和存储更强的控制能力。传统上，路由器用从路由协议派生出来的路由表，根据目的地址进行报文的转发。基于策略的路由比传统路由能力更强、使用更灵活，它使网络管理者不仅能够根据目的地址而且能够根据协议类型、报文大小、应用或 IP 源地址来选择转发路径。

实训步骤

1. 配置思路：核心交换机完成 PBR 策略路由，与路由器稍有不同，首先需要创建访问控制列表，然后配置分类表、策略表，并将策略表应用于接口。

2. 操作步骤：

（1）核心交换机配置 ACL：

基础配置（核心交换机配置 VSF 虚拟化）省略，详见实训 1。

```
SW-Core(config)#access-list 2 permit 192.168.40.0 0.0.0.255
SW-Core(config)#access-list 2 permit 192.168.50.0 0.0.0.255
SW-Core(config)#access-list 102 permit ip 192.168.10.0 0.0.0.255 192.168.130.0 0.0.0.255
SW-Core(config)#access-list 102 permit ip 192.168.20.0 0.0.0.255 192.168.130.0 0.0.0.255
```

（2）核心交换机配置分类表：

```
SW-Core(config)# class-map 1
SW-Core(config-classmap-1)# match access-group 2
SW-Core(config-classmap-1)# exit
SW-Core(config)# class-map 2
SW-Core(config-classmap-2)# match access-group 102
SW-Core(config-classmap-2)# exit
```

（3）核心交换机配置策略表：

```
SW-Core(config)#policy-map PBR
SW-Core(config-policymap-pbr)#class 1
SW-Core(config-policymap-pbr)#set ip nexthop  10.0.0.1
SW-Core(config-policymap-pbr)#exit
SW-Core(config)#policy-map PBR
```

```
SW-Core(config-policymap-pbr)#class 2
SW-Core(config-policymap-pbr)#set ip nexthop  20.0.0.1
SW-Core(config-policymap-pbr)#exit
```

（4）策略表应用到接口：

```
SW-Core(config)#interface e1/0/4-5;e2/0/4-5
SW-Core(config-if-port-range)#service-policy input PBR
```

赛点链接

（2018 年）交换机部分第五小题：……采用 PBR 方式只实现总部行政、营销、财务、信息技术业务与分部 SSID FenZhiXX-IN 互访业务经过 FW1 进行安全防护……

易错解析

（1）策略表目前只能应用于 input 方向。

（2）配置 PBR 完成后要应用于接口，否则不生效。

实训 8　上行链路保护协议 ULPP 配置

实训目的

1. 了解上行链路保护协议 ULPP 的工作原理、运行机制；
2. 熟练掌握交换机 ULPP 的配置。

背景描述

达通集团北京总部网络管理员计划在总部接入交换机 BJ-S4600-2 与两台核心交换机 BJ-CS 6200，互连端口之间配置上行链路保护协议 ULPP，实现主备链路冗余备份及故障快速迁移。

实训拓扑

实训拓扑如图 1-8-1 所示。

需求分析

在总部接入交换机 BJ-S4600-2 与两台核心交换机 BJ-CS 6200，互连端口之间配置上行链路保护协议 ULPP，正常情况下产品研发部、技术支持部优先通过 BJ-S4600-2 至 BJ-CS

6200-2 链路转发，BJ-S4600-2 至 BJ-CS 6200-1 链路备份，控制 VLAN 为 5，开启抢占模式，使得主端口出现故障时副端口立即进行抢占，同时发送 flush 报文，更新网络中其他设备的 MAC 地址表和 ARP 表。

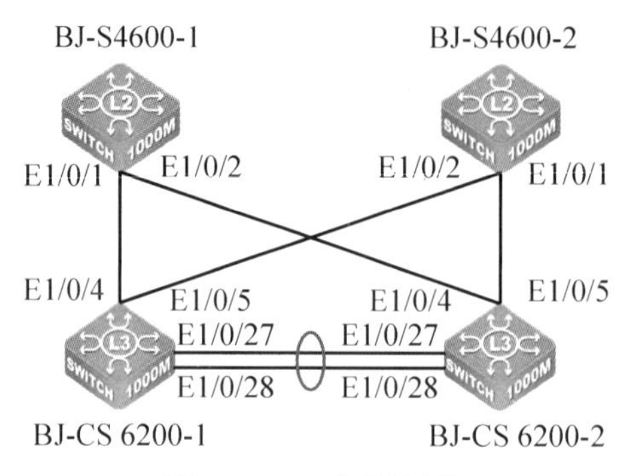

图 1-8-1　实训拓扑

实训原理

每个 ULPP 组包括两个上行链路端口，一个为主端口（master），另一个为副端口（slave）。这里的端口可以是物理端口，也可以是 Port Channel。ULPP 组成员端口有三种状态：Forwarding、Standby、Down。正常情况下，只有一个端口处于转发（Forwarding）状态，另一个端口阻塞，处于待命（Standby）状态。当主端口发生链路故障时，主端口变为 Down 状态，原来处于 Standby 状态的副端口切换到 Forwarding 状态。

实训步骤

1．配置思路：在每个接入交换机完成上行链路保护协议 ULPP 的相关配置。

2．操作步骤：

（1）在 BJ-S4600-2 进行上行链路保护协议 ULPP 的相关配置：

```
BJ-S4600-2>enable
BJ-S4600-2#conf
BJ-S4600-2(config)#vlan 5
BJ-S4600-2(config-vlan5)#exit
BJ-S4600-2(config)#interface e1/0/1-2
BJ-S4600-2(config-if-port-range)#switch mode trunk
BJ-S4600-2(config)#spanning-tree mst configuration
BJ-S4600-2(config-mstp-region)#instance 1 vlan 5
BJ-S4600-2(config-mstp-region)#exit
BJ-S4600-2(config)#ulpp group 1
BJ-S4600-2(ulpp-group-1)#protect vlan-reference-instance 1
BJ-S4600-2(ulpp-group-1)#control vlan 5
BJ-S4600-2(ulpp-group-1)#preemption mode
BJ-S4600-2(ulpp-group-1)#exit
```

```
BJ-S4600-2(config)#interface ethernet 1/0/1
BJ-S4600-2(config-if-ethernet1/0/1)#ulpp group 1 master
BJ-S4600-2(config-if-ethernet1/0/1)#exit
BJ-S4600-2(config)#int ethernet 1/0/2
BJ-S4600-2(config-if-ethernet1/0/2)#ulpp group 1 slave
BJ-S4600-2(config-if-ethernet1/0/2)#exit
BJ-S4600-2(config)#exit
BJ-S4600-2#
```

（2）在 BJ-CS 6200-2、BJ-CS 6200-1 进行上行链路保护协议 ULPP 的相关配置：

```
BJ-CS 6200-2>enable
BJ-CS 6200-2#conf
BJ-CS 6200-2(config)#vlan 5
BJ-CS 6200-2(config-vlan5)#exit
BJ-CS 6200-2(config)#int e1/0/4
BJ-CS 6200-2(config-if-ethernet1/0/4)#ulpp flush enable mac
BJ-CS 6200-2(config-if-ethernet1/0/4)#ulpp flush enable arp
BJ-CS 6200-2(config-if-ethernet1/0/4)#ulpp control vlan 5
BJ-CS 6200-2(config-if-ethernet1/0/4)#exit
BJ-CS 6200-2(config)#exit
BJ-CS 6200-2#
BJ-CS 6200-1>enable
BJ-CS 6200-1#conf
BJ-CS 6200-1(config)#int e1/0/5
BJ-CS 6200-1(config-if-ethernet1/0/5)#ulpp flush enable mac
BJ-CS 6200-1(config-if-ethernet1/0/5)#ulpp flush enable arp
BJ-CS 6200-1(config-if-ethernet1/0/5)#ulpp control vlan 5
BJ-CS 6200-1(config-if-ethernet1/0/5)#exit
BJ-CS 6200-1(config)#exit
BJ-CS 6200-1#
```

赛点链接

（2017 年）交换机部分第三题：……总部接入交换机 SW-3 配置相关协议，实现主备链路冗余备份及故障快速迁移，正常情况下营销、财务与法务、行政、技术、管理业务优先通过 SW-3—SW-1 链路转发，SW-3—SW-2 链路备份，控制 VLAN 为 50，开启抢占模式，使得主端口出现故障时副端口立即进行抢占，同时发送 flush 报文……

易错解析

目前对于超过双上行的多上行，可以允许配置，但是会出现环路，所以不建议在超过双上行的链路上配置 ULPP。

如果在正常配置下，仍然形成了环路的广播风暴或者环路不通，请打开 ULPP 的调试功能，复制 3min 内的 debug 信息及配置信息，并将结果发送给神州数码公司技术服务中心。

实训 9　DHCP 服务器&中继、DHCP Snooping 配置

实训目的

1. 了解 DHCP 的工作原理、运行机制；
2. 熟练掌握交换机 DHCP 的配置。

背景描述

达通集团北京总部网络管理员计划针对人事行政部、技术支持部的业务内部终端采用自动获取 IP 地址，总部核心交换机 BJ-CS 6200 作为 DHCP 服务器进行 IP 地址分配；为了防止人事行政部、技术支持部的用户私设 DHCP 服务器，使用相应技术进行安全防范，当检测到私设 DHCP 服务器情况时，自动关闭该端口。

实训拓扑

实训拓扑如图 1-9-1 所示。

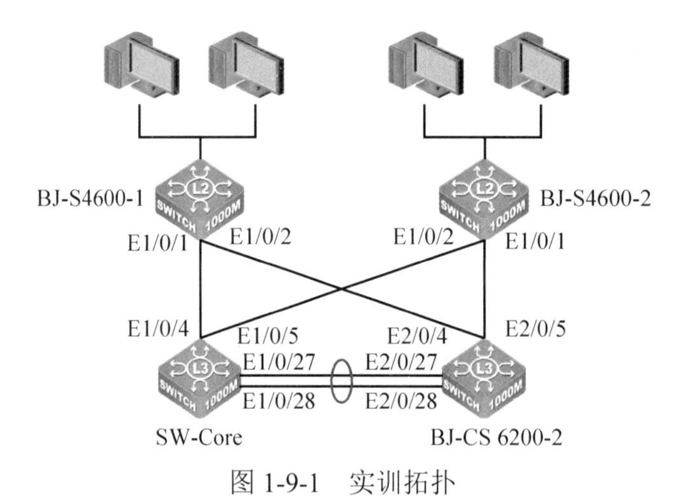

图 1-9-1　实训拓扑

需求分析

在总部核心交换机 BJ-CS 6200 上启用 DHCP 服务，为人事行政部、技术支持部业务内部终端分配 IP 地址，同时在总部两台接入交换机 BJ-S4600-1、BJ-S4600-2 上启用 DHCP Snooping 技术来防止用户私设 DHCP 服务器，配置信任端口，设置防御动作。

数据规划

数据规划见表 1-9-1。

表 1-9-1　数据规划

部 门 名 称	DHCP 分配地址池	DHCP 分配网关地址	DHCP 分配 DNS
人事行政部	192.168.10.0 /24	192.168.10.254	8.8.8.8
技术支持部	192.168.40.0 /24	192.168.40.254	8.8.8.8

实训原理

DHCP Snooping 功能是指交换机监测 DHCP Client 通过 DHCP 协议获取 IP 的过程。它通过设置信任端口和非信任端口，来防止 DHCP 攻击及私设 DHCP Server。从信任端口接收的 DHCP 报文无须校验即可转发。典型的设置是将信任端口连接 DHCP Server 或者 DHCP Relay 代理。非信任端口连接 DHCP Client，交换机将转发从非信任端口接收的 DHCP 请求报文，不转发从非信任端口接收的 DHCP 回应报文。如果从非信任端口接收 DHCP 回应报文，除了发出告警信息外，还可根据设置对该端口执行相应的动作，比如 shutdown，下发 blackhole。如果启用了 DHCP Snooping 绑定功能，则交换机将会保存非信任端口下的 DHCP Client 的绑定信息，每一条绑定信息包含该 DHCP Client 的 MAC 地址、IP 地址、租期、VLAN 号和端口号，这些绑定信息存放于 DHCP Snooping 的绑定表中。利用绑定信息，DHCP Snooping 可以结合 dot1x、arp 等模块独立实现用户的接入控制。

实训步骤

1．配置思路：首先在核心交换机使能 DHCP 服务器，并完成相关参数的配置；然后在接入交换机上开启 DHCP Snooping，完成对相关参数的配置。

2．操作步骤：

（1）核心交换机使能 DHCP，并配置 DHCP 相关参数：

基础配置（核心交换机配置 VSF 虚拟化）省略，详见实训 1。

```
SW-Core(config)#service dhcp
SW-Core(config)#ip dhcp pool RSB
SW-Core(dhcp-rsb-config)#network-address 192.168.10.0 255.255.255.0
SW-Core(dhcp-rsb-config)#default-router 192.168.10.254
SW-Core(dhcp-rsb-config)#dns 8.8.8.8
SW-Core(config)#ip dhcp excluded-address 192.168.10.254
SW-Core(config)#ip dhcp pool JSB
SW-Core(dhcp-rsb-config)#network-address 192.168.40.0 255.255.255.0
SW-Core(dhcp-rsb-config)#default-router 192.168.40.254
```

```
SW-Core(dhcp-rsb-config)#dns 8.8.8.8
SW-Core(config)#ip dhcp excluded-address 192.168.40.254
```

（2）接入交换机使能 DHCP Snooping，并配置相应接口参数：

```
BJ-S4600-2(config)#ip dhcp snooping enable
BJ-S4600-2(config)#interface port-channel 1
BJ-S4600-2(config-if-port-channel1)#ip dhcp snooping trust
BJ-S4600-2(config)#interface e1/0/3-24
BJ-S4600-2(config-if-port-range)#ip dhcp snooping action shutdown
BJ-S4600-2(config-if-port-range)#exit
BJ-S4600-1(config)#ip dhcp snooping enable
BJ-S4600-1(config)#interface port-channel 1
BJ-S4600-1(config-if-port-channel1)#ip dhcp snooping trust
BJ-S4600-1(config)#interface e1/0/3-24
BJ-S4600-1(config-if-port-range)#ip dhcp snooping action shutdown
BJ-S4600-1(config-if-port-range)#exit
```

赛点链接

（2018 年）交换机部分第四小题：……为了防止营销、行政部门用户私设 DHCP 服务器，使用相应技术进行安全防范……

易错解析

当在使用 DHCP Snooping 功能出现问题时，请检查是否是如下原因：

（1）检查全局 DHCP Snooping 开关是否打开。

（2）如果配置 DHCP Snooping，而 DHCP 客户端没有获取 IP 时，请检查连接 DHCP Server/Relay 的端口是否已配置成信任端口。

实训 10　网络流量监控协议 sFlow 配置

实训目的

1. 了解网络流量监控协议 sFlow 的工作原理、运行机制；
2. 熟练掌握交换机 sFlow 的配置。

背景描述

达通集团北京总部网络管理员计划在总部两台核心交换机 BJ-CS 6200 上连接两台路由

器端口配置 sFlow 协议来监控网络双向流量。

实训拓扑

实训拓扑如图 1-10-1 所示。

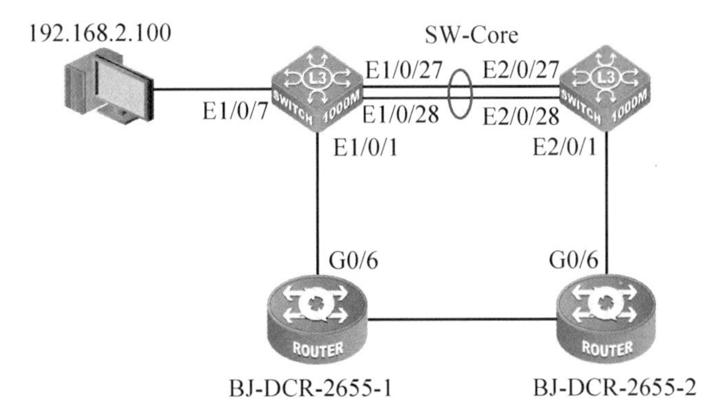

图 1-10-1　实训拓扑

需求分析

在总部两台核心交换机 BJ-CS 6200 上，连接两台路由器端口配置 sFlow 协议来监控网络双向流量，将被监控的数据通过采样、统计等操作发送到用户端流量分析器 192.168.2.100，源地址为设备环回地址，采样速率 1000sps，采样的最大时间间隔为 60s，由分析器对收到的数据进行用户所要求的分析。

数据规划

数据规划见表 1-10-1。

表 1-10-1　数据规划

设 备 名 称	接　　口	VLAN 号	IP　地　址
SW-Core	E1/0/7	4000	192.168.2.254/24
SW-Core	Loopback 400		10.1.144.2/32

实训原理

sFlow（RFC 3176）是基于标准网络导出协议，由 InMon 公司开发出来的用于监控网络流量信息的协议。其主要操作是由被监视的交换机、路由器把被监控的数据通过采样、统计等操作发送到用于监控的用户端分析器，由分析器对收到的数据进行用户所要求的分析，从而达到监控网络的目的。一个 sFlow 监控系统包括 sFlow 代理、sFlow 数据收集器、和 sFlow 分析器。sFlow 代理利用采样技术从交换机设备抓取数据；sFlow 数据收集器用来格式化要转发采样的数据统计到 sFlow 分析器；sFlow 分析器对采样数据进行分析并根据分析结果做出相应的处理措施。这里我们的交换机实现的是 sFlow 系统中的代理和中央数据收集器部分。当前实现了针对物理端口的数据采样和统计，实现的采样数据类型针对 IPv4 报文类型、IPv6 报文类型进行处理。其他类型的扩展暂不支持。对于非 IPv4 和非 IPv6 的报文，按照 RFC 3176 的要求，采用统一的头（Header）模式，在分析其协议类型的基础上，复制报文的头信息。InMon 公司发布的 sFlow 协议目前已经更新到了版本 5，由于 RFC 3176 实现的是版本 4，而版本之间在结构和报文格式上可能存在一定的不兼容，由于版本 5 还没有成为正式的协议，为与当前的应用软件兼容，仍遵照 RFC 3176 实现。

实训步骤

1. 配置思路：在 SW-Core 上的端口 E1/0/1 及 E2/0/1 上启动 sFlow 采样，假定计算机上安装了 sFlow 分析器软件，PC 地址为 192.168.2.100，SW-Core 上与计算机相连的三层接口的地址为 192.168.2.254，SW-Core 上配置了一个地址为 10.1.144.2 的 loopback 接口。

2. 操作步骤：

（1）核心交换机 SW-Core 配置 IP 地址：

基础配置（核心交换机配置 VSF 虚拟化）省略，详见实训 1。

```
SW-Core>enable
SW-Core#conf
SW-Core(config)#vlan 4000
SW-Core(config-vlan4000)#exit
SW-Core(config)#int vlan 4000
SW-Core(config-if-vlan4000)#ip add 192.168.2.254 255.255.255.0
SW-Core(config-if-vlan4000)#exit
SW-Core(config)#int e1/0/7
SW-Core(config-if-ethernet1/0/7)#sw acc vlan 4000
SW-Core(config-if-ethernet1/0/7)#exit
SW-Core(config)#int loopback 400
SW-Core(config-if-loopback400)#ip add 10.1.144.2 255.255.255.255
SW-Core(config-if-loopback400)#exit
SW-Core(config)#exit
SW-Core#
```

（2）交换机 SW-Core 配置网络流量监控协议 sFlow：

```
SW-Core#conf
SW-Core(config)#sflow agent-address 10.1.144.2
SW-Core(config)#sflow destination 192.168.2.100
SW-Core(config)#sflow priority 1
SW-Core(config)#int e1/0/1
```

```
SW-Core(config-if-ethernet1/0/1)#sflow rate input 10000
SW-Core(config-if-ethernet1/0/1)#sflow rate output 10000
SW-Core(config-if-ethernet1/0/1)#sflow counter-interval 20
SW-Core(config-if-ethernet1/0/1)#exit
SW-Core(config)#int e2/0/1
SW-Core(config-if-ethernet2/0/1)#sflow rate input 20000
SW-Core(config-if-ethernet2/0/1)#sflow rate output 20000
SW-Core(config-if-ethernet2/0/1)#sflow counter-interval 40
SW-Core(config-if-ethernet2/0/1)#exit
SW-Core(config)#exit
SW-Core#
```

赛点链接

（2017 年）交换机部分第五小题：……总部核心交换机 SW-Core 与总部 RT1 互连接口通过采样、统计等方式将数据发送到分析器 10.10.200.50……

易错解析

在配置、使用 sFlow 功能时，可能会由于物理连接、配置错误等原因导致 sFlow 未能正常运行。因此，用户应注意以下要点：

（1）保证物理连接的正确无误。

（2）保证全局配置模式或者接口配置模式下所配置的 sFlow 分析器地址是可达的。

（3）如果要求流采样，必须保证配置了接口下的采样速率。

（4）如果要求统计采样，必须保证配置了接口下的统计采样间隔。

实训 11　VLAN 访问映射表 VLAN-ACL 配置

实训目的

1. 了解 VLAN 访问映射表 VLAN-ACL 的工作原理、运行机制；
2. 熟练掌握交换机 VLAN 访问映射表 VLAN-ACL 的配置。

背景描述

达通集团北京总部网络管理员计划在总部两台核心交换机 BJ-CS 6200 上通过对 VLAN 配置 ACL 策略，从而限制财务商务部与产品研发部相互访问。VLAN-ACL 使用户能够更加方便地管理网络。

实训拓扑

实训拓扑如图 1-11-1 所示。

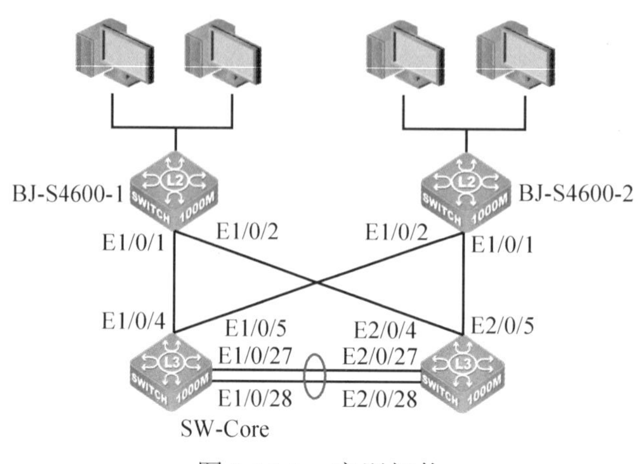

图 1-11-1　实训拓扑

需求分析

财务商务部属于 VLAN 20、192.168.20.0/24 网段，产品研发部属于 VLAN 30、192.168.30.0/24 网段，在总部两台核心交换机 BJ-CS 6200 上针对 VLAN 20、VLAN 30 配置 VLAN-ACL 策略，限制财务商务部与产品研发部相互访问。

数据规划

数据规划见表 1-11-1。

表 1-11-1　数据规划

部 门 名 称	部 门 网 段	部门 VLAN 号
财务商务部	192.168.20.0 /24	20
产品研发部	192.168.30.0 /24	30

实训原理

用户通过对 VLAN 配置 ACL 策略，从而实现对 VLAN 内所有端口的访问控制，VLAN-ACL 使用户能够更加方便地管理网络。用户只需在 VLAN 下配置 ACL 策略，相应的 ACL 动作就能在 VLAN 的所有成员端口生效，而无须在每个成员端口上单独配置。当 VLAN-ACL 与 Port ACL 同时配置时，由于端口 ACL 优先级高于 VLAN-ACL，故先匹配端口的 ACL，再匹配 VLAN-ACL。VLAN-ACL 入口方向实现对报文的过滤，符合特定规则的报文可以允许通过或者禁止通过。ACL 可以支持 IP ACL、MAC ACL、MAC-IP ACL、IPv6

ACL，在 VLAN 入口方向上可以同时配置四种 ACL。

实训步骤

1．配置思路：首先在接入核心交换机上完成基础配置，包括创建 VLAN、配置 IP 地址等；然后完成 VLAN-ACL 的配置。

2．操作步骤：

（1）在交换机 SW-Core 上进行基础配置：

基础配置（核心交换机配置 VSF 虚拟化）省略，详见实训 1。

```
SW-Core#conf
SW-Core(config)#vlan 10;20;30;40;50
SW-Core(config)#int vlan 10
SW-Core(config-if-vlan10)#ip add 192.168.10.254 255.255.255.0
SW-Core(config-if-vlan10)#exit
SW-Core(config)#int vlan 20
SW-Core(config-if-vlan20)#ip add 192.168.20.254 255.255.255.0
SW-Core(config-if-vlan20)#exit
SW-Core(config)#int vlan 30
SW-Core(config-if-vlan30)#ip add 192.168.30.254 255.255.255.0
SW-Core(config-if-vlan30)#exit
SW-Core(config)#int vlan 40
SW-Core(config-if-vlan40)#ip add 192.168.40.254 255.255.255.0
SW-Core(config-if-vlan40)#exit
SW-Core(config)#int vlan 50
SW-Core(config-if-vlan50)#ip add 192.168.50.254 255.255.255.0
SW-Core(config-if-vlan50)#exit
SW-Core(config)#port-group 1
SW-Core(config)#port-group 2
SW-Core(config)#interface e1/0/4; e2/0/4
SW-Core(config-if-port-range)#port-group 1 mode active
SW-Core(config-if-port-range)#exit
SW-Core(config)#interface e1/0/4; e2/0/4
SW-Core(config-if-port-range)#port-group 2 mode active
SW-Core(config-if-port-range)#exit
SW-Core(config)#interface  port-channel 1
SW-Core(config-if-port-channel1)#switchport mode trunk
SW-Core(config-if-port-channel1)#exit
SW-Core(config)#interface  port-channel 2
SW-Core(config-if-port-channel2)#switchport mode trunk
SW-Core(config-if-port-channel2)#exit
SW-Core(config)#exit
```

（2）在交换机 BJ-S4600-1、BJ-S4600-2 上进行基础配置：

```
BJ-S4600-1>enable
BJ-S4600-1>enable
BJ-S4600-1#conf
BJ-S4600-1(config)#port-group 1
BJ-S4600-1(config)#interface e1/0/1-2
BJ-S4600-1(config-if-port-range)#port-group 1 mode passive
BJ-S4600-2(config-if-port-range)#exit
BJ-S4600-1(config)#int port-channel 1
BJ-S4600-1(config-if-port-channel1)#switchport mode trunk
BJ-S4600-1(config-if-port-channel1)#exit
BJ-S4600-1(config)#exit
BJ-S4600-2>enable
BJ-S4600-2#conf
BJ-S4600-2(config)#int e1/0/1-2
BJ-S4600-2(config-if-port-range)#port-group 2 mode passive
BJ-S4600-2(config-if-port-range)#exit
BJ-S4600-2(config)#interface port-channel 1
BJ-S4600-2(config-if-port-channel1)#sw mo trunk
BJ-S4600-2(config-if-port-channel1)#exit
BJ-S4600-2(config)#exit
```

（3）在 SW-Core 上配置 VLAN-ACL：

```
SW-Core>enable
SW-Core#conf
SW-Core(config)#ip access-list standard deny_vlan20
SW-Core(config-ip-std-nacl-deny_vlan20)#deny 192.168.20.0 0.0.0.255
SW-Core(config-ip-std-nacl-deny_vlan20)#permit any-source
SW-Core(config-ip-std-nacl-deny_vlan20)#exit
SW-Core(config)#ip access-list standard deny_vlan30
SW-Core(config-ip-std-nacl-deny_vlan30)#deny 192.168.30.0 0.0.0.255
SW-Core(config-ip-std-nacl-deny_vlan30)#permit any-source
SW-Core(config-ip-std-nacl-deny_vlan30)#exit
SW-Core(config)#exit
SW-Core#
```

（4）在 SW-Core 上使 VLAN-ACL 在相应 VLAN 上生效：

```
SW-Core#conf
SW-Core(config)#firewall enable
SW-Core(config)#vacl ip access-group deny_vlan30 in vlan 20
SW-Core(config)#vacl ip access-group deny_vlan20 in vlan 30
SW-Core(config)#exit
SW-Core#
```

赛点链接

（2018 年）交换机部分第六小题：……通过对总部核心交换机 SW-Core 研发、行政、营销、财务、信息技术业务 VLAN 下配置访问控制策略实现双向安全防护……

易错解析

当 VLAN-ACL 与 Port ACL 同时配置时，如果这两个 ACL 是同种类型的 ACL（如都是 IP ACL 或都是 MAC ACL），则优先级关系为端口>VLAN。因此，如果此时数据包同时匹配 Port 上的规则和 VLAN 上的规则，则只有 Port 上的规则生效，此时不会满足 deny 优先原则。但如果这两个 ACL 是不同类型的 ACL，则可以满足 deny 优先原则。

每一个不同类型的 ACL 在一个 VLAN 上仅能配置一个，例如，基本的 IP ACL，在每个 VLAN 上仅能应用一个。

实训 12　网管协议 SNMP 配置

实训目的

1. 了解 SNMP 的工作原理、运行机制；
2. 熟练掌握交换机 SNMP 的配置。

背景描述

达通集团北京总部网络管理员计划在总部两台接入交换机 BJ-S4600-1、BJ-S4600-2 与两台核心交换机 BJ-CS 6200 上配置 SNMP，后续利用基于 SNMP 的网络管理平台，网络管理员可以查询网络设备的运行状态和参数，设置参数值，发现故障，完成故障诊断，进行容量规划和制作报告。

实训拓扑

实训拓扑如图 1-12-1 所示。

需求分析

在总部两台接入交换机 BJ-S4600-1、BJ-S4600-2 与两台核心交换机 BJ-CS 6200 上配置 SNMP，读团体值为 DQJT_R、写团体值为 DQJT_W，版本为 V2C，将 Trap 信息实时上报网管服务器 192.168.1.120。

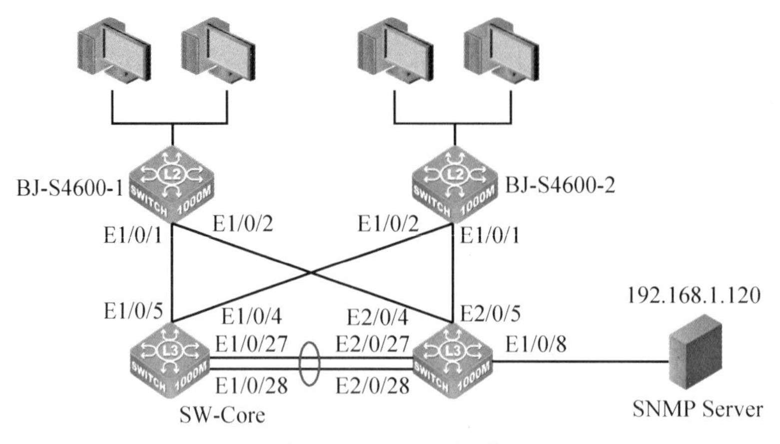

图 1-12-1 实训拓扑

实训原理

SNMP（Simple Network Management Protocol，简单网络管理协议）是目前使用最广泛的网络管理协议之一，大量应用于以 TCP/IP 为基础的计算机网络。SNMP 是一个不断发展的协议：SNMP v1 简单、易实现，被众多厂家支持；SNMP v2c 对 SNMP v1 的功能进行了部分修正和丰富，开始支持分层式的网管；SNMP v3 在安全性上做了极大的扩充，添加了 USM（基于用户的安全模型）和 VACM（基于视图的访问控制模型）子系统。

SNMP 协议提供了一个在网络中两点之间交换管理信息的直接的、基本的方法。SNMP 采用轮询的消息查询机制，采用被广泛使用的面向无连接的传输层协议 UDP 来传输消息，因此能够很好地被现有的计算机网络支持。

SNMP 协议采用管理站/代理模式，因此 SNMP 结构包括两个部分：NMS 网络管理站（Network Management Station），是运行支持 SNMP 协议的网管软件客户端程序的工作站，在 SNMP 的网络管理中起核心作用；Agent 代理，是运行在被管理网络设备上的服务器端软件，直接管理被管对象。NMS 利用通信手段，通过 Agent 代理来管理被管对象（本款及后续系列交换机都具有 Agent 代理功能）。

实训步骤

1．配置思路：需要分别在各个交换机上开启 SNMP 功能，完成 SNMP 协议的配置。

2．操作步骤：

（1）在交换机 SW-Core 上配置 SNMP：

基础配置（核心交换机配置 VSF 虚拟化）省略，详见实训 1。

```
SW-Core>enable
SW-Core#conf
SW-Core(config)#snmp-server enable
```

```
SW-Core(config)#snmp-server community rw 0 DQJT_W read DQJT_R
SW-Core(config)#snmp-server host 192.168.1.120 v2c usertrap
SW-Core(config)#snmp-server securityip 192.168.1.120
SW-Core(config)#exit
SW-Core#
```

（2）在交换机 BJ-S4600-1 上配置 SNMP：

```
BJ-S4600-1>enable
BJ-S4600-1#conf
BJ-S4600-1(config)#snmp-server enable
BJ-S4600-1(config)#snmp-server community rw 0 DQJT_W read DQJT_R
BJ-S4600-1(config)#snmp-server host 192.168.1.120 v2c usertrap
BJ-S4600-1(config)#snmp-server securityip 192.168.1.120
BJ-S4600-1(config)#exit
BJ-S4600-1#
```

（3）在交换机 BJ-S4600-2 上配置 SNMP：

```
BJ-S4600-2>enable
BJ-S4600-2#conf
BJ-S4600-2(config)#snmp-server enable
BJ-S4600-2(config)#snmp-server community rw 0 DQJT_W read DQJT_R
BJ-S4600-2(config)#snmp-server host 192.168.1.120 v2c usertrap
BJ-S4600-2(config)#snmp-server securityip 192.168.1.120
BJ-S4600-2(config)#exit
BJ-S4600-2#
```

赛点链接

（2018 年）交换机部分第七小题：……部署了一套网管系统来实现对核心交换机 SW-Core 所有交换机进行管理……

易错解析

在配置、使用 SNMP 时，可能会由于物理连接、配置错误等原因导致 SNMP 未能正常运行。因此，用户应注意以下要点：

首先，应该保证物理连接的正确无误。

其次，保证接口和链路协议是 UP（使用 show interface 命令），保证交换机和主机能互相 ping 通（使用 ping 命令）。

然后，务必确认交换机打开了 SNMP Agent 服务器功能（使用 snmp-server enable 命令）。

接着，保证为 NMS 配置安全 IP（使用 snmp-server securityip 命令）和团体字符串（使用 snmp-server community 命令）正确，因为只要有一个错误，SNMP 将不能正确和 NMS

通信。

如果需要使用 Trap 功能，务必打开 Trap 功能（使用 snmp-server enable traps 命令），为了保证 Trap 能发送到指定的主机，请记住正确配置 Trap 的目标主机的 IP 和团体字符串（使用 snmp-server host 命令）。

如果需要使用 RMON 功能，必须首先打开 RMON（使用 rmon enable 命令）。

在 SNMP 运行过程中，如果用户还有疑惑，可以使用 show snmp 命令查看 SNMP 收发包的统计信息，可以使用 show snmp status 命令查看 SNMP 的配置信息，可以使用 debug snmp packet 命令打开 SNMP 的调试开关，查看调试信息。

实训 13　多链路 PPP（MultiLink PPP）配置

实训目的

1. 了解多链路 PPP 的工作原理、运行机制；
2. 熟练掌握路由器多链路 PPP 的配置。

背景描述

达通集团北京总部网络管理员计划在总部核心路由器 BJ-DCR-2655-2 与分部接入路由器 FB-DCR-2655 专线间配置多链路捆绑，不仅可以增加网络的带宽，还能提供链路的备份功能。

实训拓扑

实训拓扑如图 1-13-1 所示。

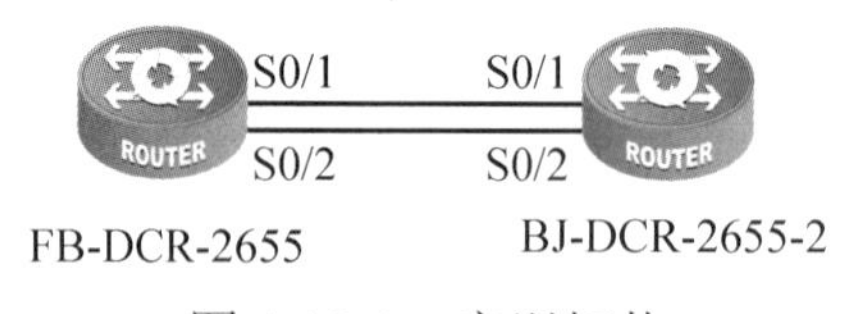

图 1-13-1　实训拓扑

需求分析

在总部核心路由器 BJ-DCR-2655-2 与分部接入路由器 FB-DCR-2655 专线互连端口之间配置多链路捆绑，采用 PPP 封装，启用 CHAP 认证。

数据规划

数据规划见表 1-13-1。

表 1-13-1 数据规划

设 备 名 称	接 口	互 联 地 址
FB-DCR-2655	MultiLink 1	192.168.254.1/24
BJ-DCR-2655-2	MultiLink 1	192.168.254.2/24

实训原理

多链路 PPP 协议的特色是在多个广域网链路上提供载荷平衡的功能；多链路 PPP 允许报文被分片，分片同时在多个点到点链路上发送到同一个远端地址；多重链路的启动是根据 dialer 上所定义的负载极限确定的，该负载可能由输入通信量、输出通信量或是两者共同组成。MultiLink PPP 按需进行带宽分配，同时减少在广域网传输上的等待时间。

PPP 协议如果启用了 CHAP 认证协议或 PAP 认证协议，通常是用来通知中心节点存在哪些远端路由器与之连接。CHAP 或 PAP 对所有使用 PPP 封装的串行接口都适用。认证特性降低了路由器或访问服务器上的安全危险。

实训步骤

1．配置思路：首先配置一端的 MultiLink 接口，配置相关参数，并将路由器接口加入 MultiLink；然后对另一端 MultiLink 接口进行相同操作。

2．操作步骤：

分部路由器（FB-DCR-2655）

（1）在分部路由器上配置 MultiLink 接口：

```
FB-DCR-2655_config#interface multilink 1
FB-DCR-2655_config_m1#ip address 192.168.254.1 255.255.255.0
FB-DCR-2655_config_m1#ppp authentication chap
FB-DCR-2655_config_m1#ppp chap hostname FB
FB-DCR-2655_config_m1#ppp chap password 0 chap
FB-DCR-2655_config_m1#ppp multilink
FB-DCR-2655_config_m1#exit
```

（2）在分部路由器上配置 MultiLink 下的串口：

```
FB-DCR-2655_config#interface Serial0/1
FB-DCR-2655_config_s0/1#encapsulation ppp
FB-DCR-2655_config_s0/1#no ip address
FB-DCR-2655_config_s0/1#ppp multilink
```

```
FB-DCR-2655_config_s0/1#multilink-group 1
FB-DCR-2655_config_s0/1#physical-layer speed 64000
FB-DCR-2655_config#interface Serial0/2
FB-DCR-2655_config_s0/2#no ip address
FB-DCR-2655_config_s0/2#encapsulation ppp
FB-DCR-2655_config_s0/2#ppp multilink
FB-DCR-2655_config_s0/2#multilink-group 1
FB-DCR-2655_config_s0/2#physical-layer speed 64000
```

（3）在分部路由器上配置用于 CHAP 认证的本地用户：

```
FB-DCR-2655_config#aaa authentication ppp default local
FB-DCR-2655_config#username BJ password 0 chap
```

总部路由器（BJ-DCR-2655-2）

（1）在总部路由器上配置 MultiLink 接口：

```
BJ-DCR-2655-2_config#interface multilink 1
BJ-DCR-2655-2_config_m1#ip address 192.168.254.2 255.255.255.0
BJ-DCR-2655-2_config_m1#ppp authentication chap
BJ-DCR-2655-2_config_m1#ppp chap hostname BJ
BJ-DCR-2655-2_config_m1#ppp chap password 0 chap
BJ-DCR-2655-2_config_m1#ppp multilink
BJ-DCR-2655-2_config_m1#exit
```

（2）在总部路由器上配置 MultiLink 下的串口：

```
BJ-DCR-2655-2_config#interface Serial0/1
BJ-DCR-2655-2_config_s0/1#encapsulation ppp
BJ-DCR-2655-2_config_s0/1#no ip address
BJ-DCR-2655-2_config_s0/1#ppp multilink
BJ-DCR-2655-2_config_s0/1#multilink-group 1
BJ-DCR-2655-2_config_s0/1#physical-layer speed 64000
BJ-DCR-2655-2_config#interface Serial0/2
BJ-DCR-2655-2_config_s0/2#no ip address
BJ-DCR-2655-2_config_s0/2#encapsulation ppp
BJ-DCR-2655-2_config_s0/2#ppp multilink
BJ-DCR-2655-2_config_s0/2#multilink-group 1
BJ-DCR-2655-2_config_s0/2#physical-layer speed 64000
```

（3）在总部路由器上配置用于 CHAP 认证的本地用户：

```
BJ-DCR-2655-2_config#aaa authentication ppp default local
BJ-DCR-2655-2_config#username FB password 0 chap
```

赛点链接

（2018 年）广域网配置第一小题：……总部 RT1 与分部 RT2 间，总部 RT1、分部 RT2

与 ISP 机房 FW-2 间都属于租用运营商专线链路……

易错解析

配置 CHAP 认证的本地用户一定要思路清晰，这是个易错点，一旦配置错误，CHAP 认证不通过，整个实训也会失败。

使用 CHAP 或 PAP 前，必须运行 PPP 封装。当某个接口上启用 CHAP，同时远端设备试图与它连接时，本地路由器或访问服务器会向远端设备发送一个 CHAP 数据包。CHAP 请求或“Challenges”数据包会等待远端设备的响应。“Challenges”数据包包括 ID、随机数和本地路由器的主机名。

实训 14　服务质量（QoS）配置

实训目的

1. 了解 QoS 的工作原理、运行机制；
2. 熟练掌握路由器 QoS 的配置。

背景描述

达通集团北京总部网络管理员计划在总部核心路由器 BJ-DCR-2655-2 与分部接入路由器 FB-DCR-2655 专线间配置 QoS，保证在链路拥塞时关键业务优先访问。

实训拓扑

实训拓扑如图 1-14-1 所示。

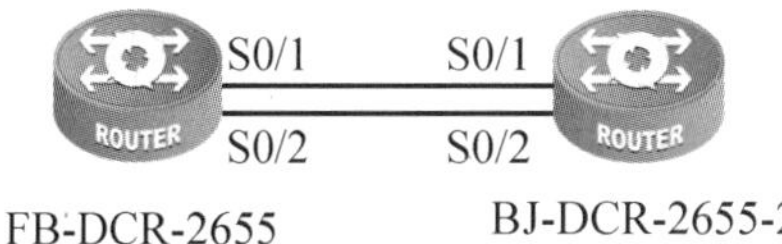

图 1-14-1　实训拓扑

需求分析

在总部核心路由器 BJ-DCR-2655-2 与分部接入路由器 FB-DCR-2655 专线间配置优先级队列，应用优先级从高到低为服务器业务、财务商务业务、技术支持业务、人事行政业务。

数据规划

部门网络规划和设置地址规划见表 1-14-1 和表 1-14-2。

表 1-14-1　部门网段规划

业务部门名称	业 务 网 段
服务器管理部	192.168.50.0 /24
财务商务部	192.168.20.0 /24
技术支持部	192.168.40.0 /24
人事行政部	192.168.10.0 /24

表 1-14-2　设置地址规划

设 备 名 称	接　　口	互 联 地 址
FB-DCR-2655	MultiLink 1	192.168.254.1/24
BJ-DCR-2655-2	MultiLink 1	192.168.254.2/24

实训原理

QoS（服务质量）是指一个网络能够利用各种各样的基础技术向选定的网络通信提供更好的服务的能力。这些基础技术包括帧中继（Frame Relay）、异步传输模式（Asynchronous Transfer Mode，ATM）、以太网和 802.1 网络，以及 IP-路由网络。为了保证这些网络上的 QoS，在路由器中实现了排队、时序安排及 QoS 信令技术等功能。特别是，通过采用支持专用带宽和避免并且管理网络拥塞情况等技术，路由器可提供更好的和更可预测的网络服务。

实训步骤

1．配置思路：在路由器 BJ-DCR-2655-2 上进行针对 MultiLink 链路流量的 QoS 操作。

2．操作步骤：

```
BJ-DCR-2655-2_config#interface multilink 1
BJ-DCR-2655-2_config_m1#priority-group 1
BJ-DCR-2655-2_config#ip access-list standard RS
BJ-DCR-2655-2_config_std_nacl# permit 192.168.10.0 255.255.255.0
BJ-DCR-2655-2_config_std_nacl#exit
BJ-DCR-2655-2_config#ip access-list standard CW
BJ-DCR-2655-2_config_std_nacl# permit 192.168.20.0 255.255.255.0
BJ-DCR-2655-2_config_std_nacl#exit
BJ-DCR-2655-2_config#ip access-list standard JS
BJ-DCR-2655-2_config_std_nacl# permit 192.168.40.0 255.255.255.0
BJ-DCR-2655-2_config_std_nacl#exit
BJ-DCR-2655-2_config#ip access-list standard FWQ
BJ-DCR-2655-2_config_std_nacl# permit 192.168.50.0 255.255.255.0
BJ-DCR-2655-2_config_std_nacl#exit
BJ-DCR-2655-2_config#priority-list 1 protocol ip high list FWQ
BJ-DCR-2655-2_config#priority-list 1 protocol ip middle list CW
```

```
BJ-DCR-2655-2_config#priority-list 1 protocol ip normal list JS
BJ-DCR-2655-2_config#priority-list 1 protocol ip low list RS
BJ-DCR-2655-2_config#priority-list 1 default low
```

赛点链接

（2017 年）广域网配置第二小题：……为了保证关键的应用，需要在设备上配置优先级队列，应用优先级从高到低为……

易错解析

在多链路捆绑中应用 QoS 优先级队列，需要在配置完成优先级队列任务以后，在捆绑链路中调用配置好的优先级队列，否则在捆绑链路中优先级队列不生效。

实训 15　端口备份配置

实训目的

1. 了解端口备份的工作原理、运行机制；
2. 熟练掌握端口备份的配置。

背景描述

达通集团北京总部网络管理员计划在总部核心路由器 BJ-DCR-2655-2 与分部接入路由器 FB-DCR-2655 间实现业务优先通过 S0/1 接口转发数据，在当 S0/1 接口的实际流量超过一定阈值时，S0/2 接口才会进入工作状态；当 S0/1 接口的实际流量减小至一定阈值时，S0/2 接口进入关闭状态。

实训拓扑

实训拓扑如图 1-15-1 所示。

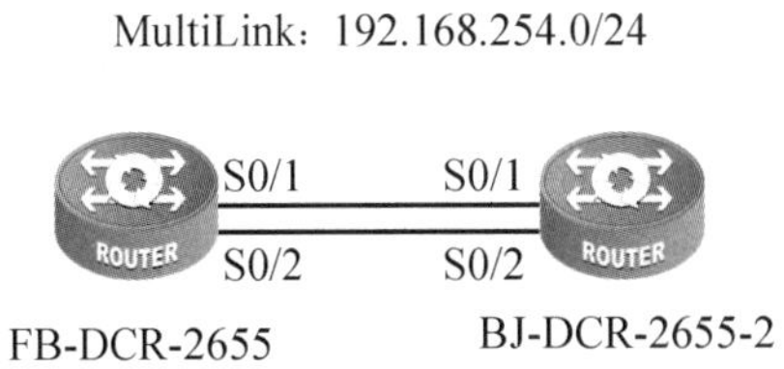

图 1-15-1　实训拓扑

需求分析

在总部核心路由器 BJ-DCR-2655-2 与分部接入路由器 FB-DCR-2655 间配置端口备份，实现业务优先通过 S0/1 接口转发数据，在 FB-DCR-2655 上实现当 S0/1 接口的实际流量超过 80%，S0/2 接口才会进入工作状态；当 S0/1 接口的实际流量减小至 30%，S0/2 接口进入关闭状态。

实训原理

接口备份功能可以根据主接口（Primary Interface）状态和流量信息，启用或关闭备用接口（Backup Interface）。当主接口由于线路等原因而 Down 后，备份接口将自动被激活，实现该路由器原来必须通过主接口发送或接收的数据可以通过备用接口发送或接收，增强了目的地与源路由器间连接的可靠性。或当主接口的流量太大时，也可以激活备用接口，实现部分数据通过备用接口发送，达到加快数据传输的目的。而当主接口状态由 Down 到 Up 或主接口和备用接口的流量都比较小时，备用接口可以取消激活而进入备用状态，不传输数据，节省使用线路的费用。

实训步骤

1．配置思路：在 FB-DCR-2655 上实现 S0/1 备份配置。

2．操作步骤：

```
FB-DCR-2655_config#interface s0/1
FB-DCR-2655_config_s0/1#backup interface serial 0/2
FB-DCR-2655_config_s0/1#backup load 80 30
```

赛点链接

（2018 年）广域网配置部分第一小题：……在 RT1 上实现当 S0/1 接口的实际流量超过 70%，S0/2 接口才会进入工作状态；当 S0/1 接口的实际流量减小至 40%，S0/2 接口进入关闭状态；当 S0/1 接口故障 6s 后，S0/2 接口才会进入工作状态……

易错解析

当主端口正常工作时，备份端口一般处于备份状态，没有处于正常功能。一个接口仅能选择另一个接口作为其备用接口，重复执行上面的命令，只有最后一个命令指定的端口有效。而备份接口也仅能做某一个接口的备用端口，而不能同时做多个接口的备用端口。同时备份接口不能作为主接口而设置备份接口，避免造成相互为对方的备份接口或形成一个备份接口循环链。当在主端口或从端口主动执行 Shutdown 时，端口备份功能将被禁止。

配置备份流量均衡前首先要求配置备份接口，即首先要启动备份功能。设置激活备份接口的门限值不能小于去激活备份接口的门限值。

实训 16　AP 注册

实训目的

1．了解 AP 的工作原理、运行机制；

2．熟练掌握 AP 的注册配置。

背景描述

达通集团分部办公区采用 WiFi 进行覆盖，WLAN 的集群管理采用 AC+Fit AP 的模式，现采购大量 AP，网络管理员计划在无线控制器 DCWS-6028 上进行 AP 注册。

实训拓扑

实训拓扑如图 1-16-1 所示。

图 1-16-1　实训拓扑

需求分析

无线控制器 DCWS-6028 配置 VLAN 200 为 AP 管理 VLAN，AP 管理网段为 192.168.128.0/24，管理网关位于 DCWS-6028 上，使用第一个地址作为管理地址，提供 DHCP 服务，AP 二层注册，采用序列号认证。

数据规划

数据规划见表 1-16-1。

表 1-16-1　数据规划

设 备 名 称	AP 管理地址	AP 管理 VLAN	AP 管理网段
DCWS-6028	192.168.128.1/24	VLAN 200	192.168.128.0/24

实训原理

WLAN 的 AP 管理采用 AC+Fit AP 的模式。在 AC 上面可以对 AP 进行基本的配置管理操作。这些配置操作主要包括向 Valided AP 表中添加 AP、配置 AP 的位置信息、配置 AP 与 AC 之间进行认证的密码、为 AP 指定配置文件等。

AP 上线时需要向 AC 作认证，通过 AC 认证才允许 AP 上线，认证不通过则不能让 AP 上线。目前 AP 的认证方式有 mac、none、pass-phrase、serial-num 几种，其中 serial-num 方式为基于 AP 的序列号认证，该序列号是 AP 出厂时自带的，在 AP 的 console 模式使用 get system 命令可看到其序列号（“serial-number”一栏即是 AP 的序列号）。AP 向 AC 连接作认证时，AC 根据 AP 上报的序列号从本地查找该 AP 的序列号并做比较，如果相同则认证成功，否则认证失败。

实训步骤

1. 配置思路：AP 注册过程类似于客户端从 DHCP Server 拿到地址的过程，首先对 AC 进行基础配置，然后完成 AC 上 DHCP Server 和序列号注册的配置。

2. 操作步骤：

（1）AC 设备端口配置：

```
DCWS-6028(config)#vlan 200
DCWS-6028(config-vlan200)#exit
DCWS-6028(config)#interface vlan 200
DCWS-6028(config-if-vlan200)# ip address 192.168.128.1 255.255.255.0
DCWS-6028(config-if-vlan200)#exit
DCWS-6028(config)#interface e1/0/2
DCWS-6028(config-if-ethernet1/0/2)#switchport mode trunk
DCWS-6028(config-if-ethernet1/0/2)#switchport trunk native vlan 200
```

（2）AC 上 DHCP 配置：

```
DCWS-6028(config)#service dhcp
DCWS-6028(config)#ip dhcp pool AP_guanli
DCWS-6028(dhcp-ap_guanli-config)#network-address 192.168.128.0 255.
255.255.0
DCWS-6028(dhcp-ap_guanli-config)#default-router 192.168.128.1
DCWS-6028(dhcp-ap_guanli-config)#exit
```

（3）AC 上无线配置：

```
DCWS-6028(config)wireless
DCWS-6028(config-wireless)#no auto-ip-assign
DCWS-6028(config-wireless)#enable
DCWS-6028(config-wireless)#ap authentication serial-num
```

```
DCWS-6028(config-wireless)#static-ip  192.168.128.1
DCWS-6028(config-wireless)#discovery vlan-list 200
DCWS-6028(config-wireless)#network 1
DCWS-6028(config-wireless)#ssid Digitalchina@2019
DCWS-6028(config-wireless)#ap database 00-03-0f-78-BA-60
DCWS-6028(config-ap)#serial-num WL020420H414000034
DCWS-6028(config-ap)#exit
```

赛点链接

（2018 年）无线配置部分第一小题：……本地转发，AP 二层手工注册，启用密码认证，验证密钥为 Net_2018……

易错解析

1．如果对 AP 所做的配置不生效，请检查 AP 是否处于 Managed 状态。如果 AP 已经处于 Managed 状态，需要复位 AP 后才能使配置生效。

2．在使用 AP 序列号认证功能时，可能会出现 AP 认证失败等问题，请检查是否是如下原因：

（1）AP 是否有序列号，可在 AP 的 console 模式下使用 get system 命令查看 serial-number 一行。

（2）AC 上是否配置了 AP 的序列号。

（3）AC 上是否开启了 AP 序列号认证模式，默认是 MAC 认证。

实训 17　无线认证和接入

实训目的

1．了解 AP 的工作原理、运行机制；

2．熟练掌握 AP 的注册配置。

背景描述

达通集团北京总部网络管理员计划在分部通告两个 SSID：一个提供分部员工访问总部内部网络；另一个提供分部员工访问 Internet，配置无线认证，提供无线接入服务。

实训拓扑

实训拓扑如图 1-17-1 所示。

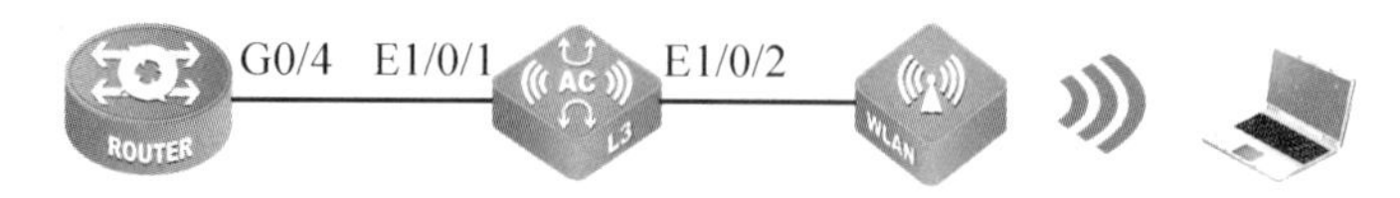

图 1-17-1 实训拓扑

需求分析

无线控制器 DCWS-6028 二层与分部路由器 FB-DCR-2655 互通，业务网关位于分部路由器上，无线控制器 DCWS-6028 配置两个 SSID DTJT（访问总部内部网络）、DTJT-Internet（访问 Internet），集中转发：

SSID DTJT：VLAN 10，业务网段为 192.168.130.0/24，采用 WPA-Personal 加密方式，配置密钥为 DTJT_WLAN，信号隐藏；

SSID DTJT-Internet：VLAN 20，业务网段为 192.168.131.0/24，采用开放接入。

数据规划

数据规划见表 1-17-1。

表 1-17-1 数据规划

总部内部网络：192.168.0.0/16				
SSID	业务 VLAN	业务网段	业务网关	加密方式
DTJT	VLAN 10	192.168.130.0/24	192.168.130.1/24	WPA-Personal
DTJT-Internet	VLAN 20	192.168.131.0/24	192.168.131.1/24	Open

实训原理

无线认证和接入作为控制器的一个重要功能，允许人为启动和关闭。无线特性的开启过程，具体来说就是整个 WLAN 模块的初始化过程，它负责申请资源，并开启一个个子功能；而关闭功能则负责释放资源，并关闭一个个子功能。

实训步骤

1. 配置思路：首先完成对 AC 的基础配置，包括创建 VLAN、添加 IP 地址、DHCP Server

等配置；然后进行无线认证和接入的配置。

2．操作步骤：

（1）AC 有线配置：

```
DCWS-6028(config)#vlan 10;20
DCWS-6028(config)#int vlan 10
DCWS-6028(config-if-vlan10)#ip address 192.168.130.1 255.255.255.0
DCWS-6028(config-if-vlan10)#exit
DCWS-6028(config)#int vlan 20
DCWS-6028(config-if-vlan20)#ip address 192.168.131.1 255.255.255.0
DCWS-6028(config-if-vlan20)#exit
DCWS-6028(config)#int vlan 1
DCWS-6028(config-if-vlan1)#ip address 192.168.128.1 255.255.255.0
DCWS-6028(config-if-vlan1)#exit
DCWS-6028(config)#ip dhcp pool wlan-user1
DCWS-6028(dhcp-wlan-user1-config)#network-address 192.168.130.0 255.
255.255.0
DCWS-6028(dhcp-wlan-user1-config)#default-router 192.168.130.1
DCWS-6028(dhcp-wlan-user1-config)#dns-server 8.8.8.8
DCWS-6028(dhcp-wlan-user1-config)#exit
DCWS-6028(config)#ip dhcp pool wlan-user2
DCWS-6028(dhcp-wlan-user2-config)#network-address 192.168.131.0 255.
255.255.0
DCWS-6028(dhcp-wlan-user2-config)#default-router 192.168.131.1
DCWS-6028(dhcp-wlan-user2-config)#dns-server 8.8.8.8
DCWS-6028(dhcp-wlan-user2-config)#exit
DCWS-6028(config)#service dhcp
DCWS-6028(config)#int e1/0/1-2
DCWS-6028(config-if-port-range)#sw mo trunk
DCWS-6028(config-if-port-range)#exit
DCWS-6028(config)#ip route 0.0.0.0/0 192.168.128.2
DCWS-6028(config)#ip access-list extended user1
DCWS-6028(config-ip-ext-nacl-user1)#permit ip 192.168.130.0 0.0.0. 255
192.168.0.0 0.0.255.255
DCWS-6028(config-ip-ext-nacl-user1)#deny ip 192.168.130.0 0.0.0.255 any
DCWS-6028(config-ip-ext-nacl-user1)#permit ip any-source any-
destination
DCWS-6028(config-ip-ext-nacl-user1)#exit
DCWS-6028(config)#firewall enable
DCWS-6028(config)#interface e1/0/2
DCWS-6028(config-if-ethernet1/0/2)#ip access-group user1 in
```

（2）AC 无线配置：

```
DCWS-6028(config)#wireless
```

```
DCWS-6028(config-wireless)#enable
DCWS-6028(config-wireless)#static-ip 192.168.128.1
DCWS-6028(config-wireless)#ap authentication none
DCWS-6028(config-wireless)#no auto-ip-assign
DCWS-6028(config-wireless)#l2tunnel vlan-list 10;20
DCWS-6028(config-wireless)#network 100
DCWS-6028(config-network)#ssid DTJT
DCWS-6028(config-network)#security mode wpa-personal
DCWS-6028(config-network)#wpa key DTJT_Wlan
DCWS-6028(config-network)#hide-ssid
DCWS-6028(config-network)#exit
DCWS-6028(config-network)#network 200
DCWS-6028(config-network)#ssid DTJT-Internet
DCWS-6028(config-network)#vlan 20
DCWS-6028(config-network)#exit
DCWS-6028(config-wireless)#ap profile 1
DCWS-6028(config-ap-profile)#radio 1
DCWS-6028(config-ap-profile-radio)#vap 0
DCWS-6028(config-ap-profile-vap)#network 100
DCWS-6028(config-ap-profile-vap)#exit
DCWS-6028(config-ap-profile-radio)#vap 1
DCWS-6028(config-ap-profile-vap)#network 200
DCWS-6028(config-ap-profile-vap)#enable
DCWS-6028(config-ap-profile-radio)#exit
DCWS-6028(config-ap-profile)#radio 2
DCWS-6028(config-ap-profile-radio)#vap 0
DCWS-6028(config-ap-profile-vap)#network 100
DCWS-6028(config-ap-profile-vap)#ex
DCWS-6028(config-ap-profile-radio)#vap 1
DCWS-6028(config-ap-profile-vap)#network 200
DCWS-6028(config-ap-profile-vap)#enable
DCWS-6028(config-ap-profile-vap)#exit
```

赛点链接

（2018 年）无线配置第二小题：……设置两个 SSID FenZhiXX-IN、FenZhiXX-Internet，其中，FenZhiXX 中的 XX 为组号，具体要求如下……

易错解析

1．如果 AP 的注册失败，请检查是否是以下原因所导致：

（1）AC 是否存在 Up 的三层接口或者 loopback 接口。

（2）AC 的三层接口或者 loopback 接口是否正确配置了 IP 地址。

2. 通过静态方式为 AC 的无线特性绑定地址的时候，要确保绑定的 IP 与 AC 上面存在的某个 loopback 接口或者三层接口的 IP 地址相同，否则无线特性将启动失败；并且要通过命令 no auto-ip-assign 关闭 AC 的 IP 地址自动选择功能。

3. 当在管理 AP 配置过程中遇到问题，请检查是否是如下原因：

（1）是否开启了无线功能，所有的配置只有在无线功能开启的情况下才能生效。

（2）更改了关联状态的 AP 的 profile ID 后，是否重启了 AP，重启后新配置才能生效。

（3）更改了 profile 文件内容后，是否下发了配置，下发后新配置才能生效，下发配置时重启 AP 的 radio 会造成 client 连接断开。配置下发中有 3 个配置不需要下发即可生效：集中式隧道 VLAN list、分布式配置、client QoS 的配置更新。下发配置时，检查 profile 的 hwtype 是否与 AP 的硬件类型匹配，不匹配不能下发。

实训 18　无线安全

实训目的

1. 了解无线安全的工作原理、运行机制；
2. 熟练掌握无线安全配置。

背景描述

如果内部员工利用局域网互相访问和传递数据，也会占用网络资源，致使网络拥塞，因此，达通集团北京总部网络管理员计划针对 SSID DTJT-Internet 采用用户隔离禁止用户间互相访问。

动态黑名单（Dynamic Blacklist）属于无线安全功能模块中防 DOS 攻击的部分。当检测到某个终端设备发送泛洪报文超过安全阈值时，达通集团北京总部网络管理员计划将该终端设备添加到黑名单列表。

实训拓扑

实训拓扑如图 1-18-1 所示。

需求分析

在无线控制器 DCWS-6028 上针对 SSID DTJT-Internet 配置用户隔离功能，配置动态黑名单。

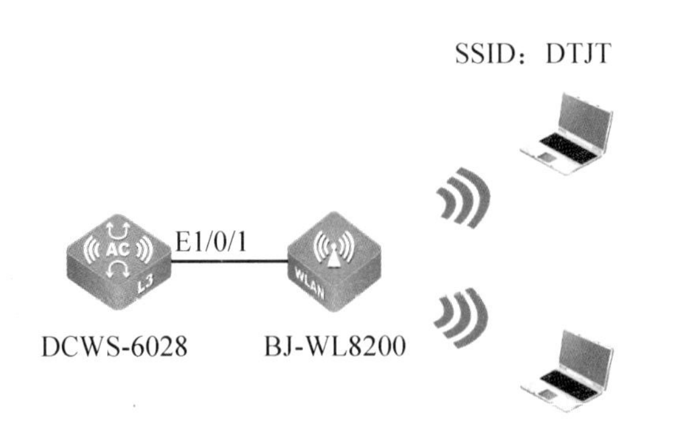

图 1-18-1　实训拓扑

实训原理

集中式转发方式中，AP 驱动层不会对 802.11 数据包做任何处理，直接转成 802.3 格式封装隧道送往 AC 处理。因此，用户隔离全部都是在 AC 上实现的。这里主要利用了控制器芯片的 L2 Port Bridge 功能。正常情况下，控制器在二层查表时如果发现入端口和出端口一样，会丢弃该报文。但如果开启了 Port 的 L2 Port Bridge 功能，则允许二层转发时，从接收的端口再发送回去，每个 Port 可以单独配置 L2 Port Bridge 功能；当然，如果关闭了 L2 Port Bridge 功能，则 AP 下相同 VLAN 的 Client 在二层就不能互通。同时，它不影响不同 VLAN 间的三层转发，即经过 L3 查表转发的报文可以从接收端口发送。因此，利用 L2 Port Bridge 功能可以隔离相同 VLAN 下的无线用户，且不影响不同 VLAN 间的三层互通。

泛洪攻击（Flooding 攻击）是指 WLAN 设备会在短时间内接收大量的同种类型的报文，此时 WLAN 设备会被泛洪的攻击报文淹没而无法处理真正的无线终端的报文。泛洪攻击分为五种：探查请求帧泛洪攻击、关联请求帧泛洪攻击、解关联请求帧泛洪攻击、认证请求帧泛洪攻击及解认证请求帧泛洪攻击。

实训步骤

1．配置思路：在 AC 上分别配置用户隔离和动态黑名单。

2．操作步骤：

（1）用户隔离：

```
DCWS-6028(config)wireless
DCWS-6028(config-wireless)#l2tunnel station-isolation allowed vlan 20
```

（2）动态黑名单：

```
DCWS-6028(config-wireless)#wids-security client configured-probe-rate
DCWS-6028(config-wireless)#wids-security client threshold-value-probe 120
DCWS-6028(config-wireless)#wids-security client configured-assoc-rate
DCWS-6028(config-wireless)#wids-security client threshold-value-assoc 120
DCWS-6028(config-wireless)#wids-security client configured-disassoc-rate
```

```
DCWS-6028(config-wireless)#wids-security client threshold-value-disassoc 120
DCWS-6028(config-wireless)#wids-security client configured-auth-rate
DCWS-6028(config-wireless)#wids-security client threshold-value-auth 120
DCWS-6028(config-wireless)#wids-security client configured-deauth-rate
DCWS-6028(config-wireless)#wids-security client threshold-value-deauth 120
```

赛点链接

（2018 年）无线配置第三小题：……配置所有无线接入用户相互隔离，Network 模式下限制 SSID FenZhiXX-IN，每天早上 0 点到 6 点禁止终端接入……

易错解析

在配置、使用动态黑名单（Client）威胁检测时，可能会由于物理连接、配置错误等原因导致本项检测未能正常运行或出现错误检测。请检查是否是如下原因：

（1）保证物理连接的正确无误。

（2）确认已启动动态黑名单 Client 威胁检测。

（3）确认相应阈值（认证请求帧泛洪攻击、探查请求帧泛洪攻击、解认证请求帧泛洪攻击和认证失败最大次数）设置合适。

实训 19　限时策略

实训目的

1．了解无线限时策略的工作原理、运行机制；

2．熟练掌握无线限时策略配置。

背景描述

达通集团北京总部网络管理员计划对 SSID DTJT-Internet 配置限时策略，每天早上 0 点到 6 点禁止终端接入该 SSID，以此来避免其他用户晚上随意接入。

实训拓扑

实训拓扑如图 1-19-1 所示。

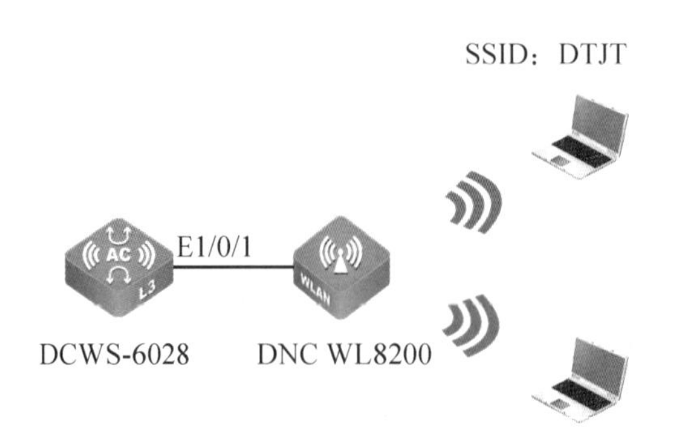

图 1-19-1 实训拓扑

需求分析

在无线控制器 DCWS-6028 针对 SSID DTJT-Internet 配置限时策略，在达到限时策略起始时刻，AC 向 AP 发送指定类型的消息，迫使指定的 SSID 停止对 Client 提供接入服务；而在限时策略结束的时刻，AC 再次向 AP 发送指定类型的消息，允许该 SSID 为 Client 提供接入服务。

实训原理

配置基于 SSID 的限时策略的限时时段，在该时段内，该 SSID 停止为 Client 提供接入服务，当前与该 SSID 已经建立关联的 Client 会强制下线。每个 Network 下可以配置多个限时时段，如果时段有重叠，系统会禁止用户进行配置，网络管理员需要检查之前配置的策略，权衡后重新配置。

实训步骤

```
DCWS-6028(config)wireless
DCWS-6028(config-wireless)#network 20
DCWS-6028(config-network)#time-limit from 00:00 to  06:00  weekday all
```

易错解析

在配置基于 SSID 的限制策略时，先要将 SSID 绑定 vap，Client 客户端才能搜到该 SSID，限制策略才能对应生效。如果发现策略不生效，请进行如下检查：

（1）该 Network 的 SSID 是否使能。

（2）普通策略是否包含在 UTC 策略生效时间内。如果普通策略包含在 UTC 策略生效时间内，普通策略不生效，UTC 策略生效。

（3）检查 AC 重启后系统时间是否正确。

赛点链接

限时策略作为每年全国职业院校技能大赛《网络搭建与应用》赛项必考内容，在历年部分赛题有所体现。

实训 20　策略配置

实训目的

1. 了解防火墙策略的工作原理、运行机制；
2. 熟练掌握防火墙的策略配置。

背景描述

达通集团网络管理员计划在出口防火墙 BJ-DCFW-1800 进行策略配置，实现总部技术支持部只能在每天 8:00～20:00 访问公网 Internet，分部 SSID DTJT-Internet 只能访问公网 Internet 的 HTTP、HTTPS、邮件服务。

实训拓扑

实训拓扑如图 1-20-1 所示。

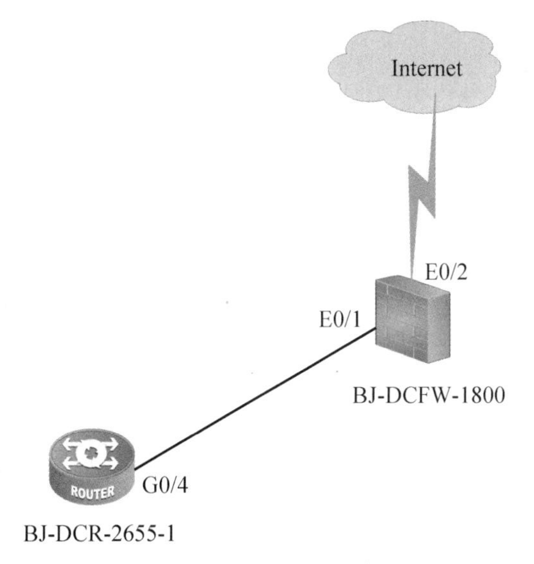

图 1-20-1　实训拓扑

需求分析

在出口防火墙 BJ-DCFW-1800 上进行策略配置，与公网 Internet 互连接口属于 untrust 区域，与总部路由器互连接口属于 trust 区域，实现总部技术支持部只能在每天 8:00～20:00 访问公网 Internet，分部 SSID DTJT-Internet 只能访问公网 Internet 的 HTTP、HTTPS、邮件服务。

数据规划

数据规划见表 1-20-1。

表 1-20-1　数据规划

设备名称	设备端口	互联地址	区　域
BJ-DCFW-1800	G0/2	218.26.10.1/24	untrust
	G0/1	192.168.5.1/24	trust
BJ-DCR-2655-1	G0/5	192.168.5.2/24	—

实训原理

策略是网络安全设备的基本功能，控制安全域间/不同地址段间的流量转发。默认情况下，安全设备会拒绝设备上所有安全域/地址段之间的信息传输。而策略则通过策略规则（Policy Rule）决定从一个（多个）安全域到另一个（多个）安全域/从一个地址段到另一个地址段的哪些流量该被允许，哪些流量该被拒绝。

一般来讲，策略规则分为两部分：过滤条件和行为。安全域间流量的源安全域/源地址、目的安全域/目的地址、服务类型以及角色构成策略规则的过滤条件。策略规则都有其独有的 ID。策略规则 ID 会在定义规则时自动生成，同时用户也可以按自己的需求为策略规则指定 ID。整个系统的所有策略规则有特定的排列顺序。在流量进入系统时，系统会对流量按照找到的第一条与过滤条件相匹配的策略规则进行处理。

实训步骤

1．配置思路：创建 5 个不同的策略规则。

2．操作步骤：

（1）新建 ID 为 1 的策略规则：

```
BJ-DCFW-1800(config)# policy-global
BJ-DCFW-1800(config-policy)# rule id 1
BJ-DCFW-1800(config-policy-rule)# src-ip 192.168.40.0/24
BJ-DCFW-1800(config-policy-rule)# dst-zone untrust
BJ-DCFW-1800(config-policy-rule)# service any
```

```
BJ-DCFW-1800(config-policy-rule)# action permit
BJ-DCFW-1800(config-policy-rule)# exit
BJ-DCFW-1800(config)# schedule 1
BJ-DCFW-1800(config-schedule)# periodic daily 08:00 to 20:00
BJ-DCFW-1800(config)# rule id 1
BJ-DCFW-1800(config-policy-rule)# schedule 1
BJ-DCFW-1800(config-policy-rule)# exit
```

（2）新建 ID 为 2 的策略规则：

```
BJ-DCFW-1800(config)# policy-global
BJ-DCFW-1800(config-policy)# rule id 2
BJ-DCFW-1800(config-policy-rule)# src-ip 192.168.40.0/24
BJ-DCFW-1800(config-policy-rule)# dst-zone untrust
BJ-DCFW-1800(config-policy-rule)# service any
BJ-DCFW-1800(config-policy-rule)# action deny
BJ-DCFW-1800(config-policy-rule)# exit
```

（3）新建 ID 为 3 的策略规则：

```
BJ-DCFW-1800(config)# policy-global
BJ-DCFW-1800(config-policy)# rule id 3
BJ-DCFW-1800(config-policy-rule)# src-ip 192.168.131.0/24
BJ-DCFW-1800(config-policy-rule)# dst-zone untrust
BJ-DCFW-1800(config-policy-rule)# service http
BJ-DCFW-1800(config-policy-rule)# service https
BJ-DCFW-1800(config-policy-rule)# service smtp
BJ-DCFW-1800(config-policy-rule)# service pop3
BJ-DCFW-1800(config-policy-rule)# action permit
BJ-DCFW-1800(config-policy-rule)# exit
```

（4）新建 ID 为 4 的策略规则：

```
BJ-DCFW-1800(config)# policy-global
BJ-DCFW-1800(config-policy)# rule id 4
BJ-DCFW-1800(config-policy-rule)# src-ip 192.168.131.0/24
BJ-DCFW-1800(config-policy-rule)# dst-zone untrust
BJ-DCFW-1800(config-policy-rule)# action deny
BJ-DCFW-1800(config-policy-rule)# exit
```

（5）新建 ID 为 5 的策略规则：

```
BJ-DCFW-1800(config)# policy-global
BJ-DCFW-1800(config-policy)# rule id 5
BJ-DCFW-1800(config-policy-rule)# src-zone trust
BJ-DCFW-1800(config-policy-rule)# dst-zone untrust
BJ-DCFW-1800(config-policy-rule)# action permit
```

赛点链接

（2018 年）安全策略配置第一小题：……FW-1 采用静态路由协议，根据题目要求配置相应的安全域、基于明细网段的安全访问策略……

易错解析

创建好的策略规则可以进行编辑来修改不合适的参数值，但是修改工作必须在规则配置模式下进行。在 CLI 中进入策略规则配置模式，在全局配置模式或策略配置模式下输入；默认情况下，配置好的策略规则会在系统中立即起效。用户可以通过命令禁用某条策略规则，使其不对流量进行控制。在策略规则配置模式下，禁用某条策略规则，使用 disable 命令。

实训 21　网络地址转换（NAT）配置

实训目的

1．了解防火墙 NAT 的工作原理、运行机制；
2．熟练掌握防火墙 NAT 的配置。

背景描述

达通集团网络管理员计划在出口防火墙 BJ-DCFW-1800 进行 NAT 配置，实现总部业务技术支持部和分部 SSID DTJT-Internet 可以访问公网 Internet，实现外网用户通过公网 Internet 可以访问达通集团官方网站。

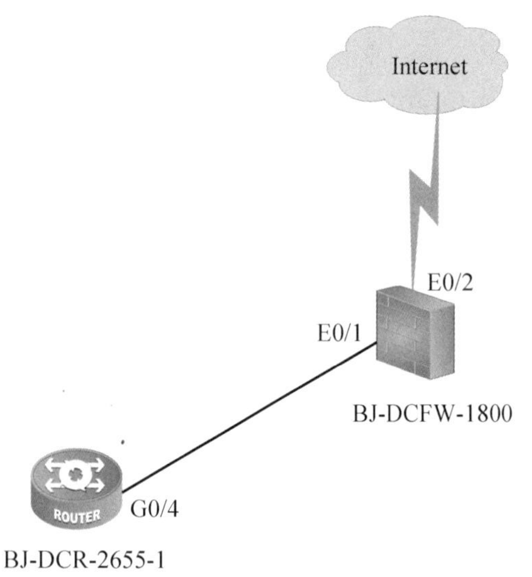

图 1-21-1　实训拓扑

实训拓扑

实训拓扑如图 1-21-1 所示。

需求分析

在出口防火墙 BJ-DCFW-1800 上进行 SNAT 配置，将总部业务技术支持部私网 IP 转换为公网 IP 218.26.10.1，将分部私网 DTJT-Internet 转换为公网

IP 218.26.10.2；进行 DNAT 配置，达通集团官方网站私网访问 IP 为 192.168.50.100、公网访问 IP 为 218.26.10.3，实现外网用户通过公网 Internet 进行访问。

实训原理

网络地址转换（Network Address Translation）简称为 NAT，是将 IP 数据包包头中的 IP 地址转换为另一个 IP 地址的协议。当 IP 数据包通过路由器或者设备时，路由器或者设备会把 IP 数据包的源 IP 地址和/或目的 IP 地址进行转换。在实际应用中，NAT 主要用于私有网络访问外部网络或外部网络访问私有网络的情况。NAT 有以下优点：第一，通过使用少量的公有 IP 地址代表多数的私有 IP 地址，缓解了可用 IP 地址空间枯竭的速度；第二，NAT 可以隐藏私有网络，达到保护私有网络的目的。

数据规划

数据规划见表 1-21-1。

表 1-21-1　数据规划

部门名称	地址或网段	公网地址
技术支持部	192.168.40.0/24	218.26.10.1/24
分部私网	192.168.131.0/24	218.26.10.2/24
集团官方网站	192.168.50.100/24	218.26.10.3/25

实训步骤

```
BJ-DCFW-1800(config)# address addr1
BJ-DCFW-1800(config-addr)# ip 192.168.40.0/24
BJ-DCFW-1800(config-addr)# exit
BJ-DCFW-1800(config)# address addr2
BJ-DCFW-1800(config-addr)# ip 192.168.131.0/24
BJ-DCFW-1800(config-addr)# exit
BJ-DCFW-1800(config)# ip vrouter trust-vr
BJ-DCFW-1800(config-vrouter)# snatrule id 1 from addr1 to any service
any trans-to 218.26.10.1 mode dynamicport
BJ-DCFW-1800(config-vrouter)# snatrule id 2 from addr2 to any service
any trans-to 218.26.10.2 mode dynamicport
BJ-DCFW-1800(config-vrouter)# dnatrule id 1 from any to 218.26.10.3
service any trans-to 192.168.50.100
BJ-DCFW-1800(config-vrouter)# exit
```

赛点链接

（2018 年）安全策略配置第三小题：……总部与分部统一通过 ISP 机房 FW-2 访问外网，配置 NAT，实现总部行政与信息技术业务、分部 SSID FenZhiXX-Internet 业务访问外网……

易错解析

每一条 SNAT 都有唯一一个 ID。流量进入设备时，设备对 SNAT 规则进行顺序查找，然后按照查找到的相匹配的第一条规则对流量的源 IP 做 NAT 转换。但是，ID 的大小顺序并不是规则匹配顺序，使用 show snat 命令列出的规则顺序才是规则匹配顺序。用户可以移动已有的 SNAT 规则从而改变规则的排列顺序。

实训 22　攻击防护

实训目的

1. 了解防火墙攻击防护的工作原理、运行机制；
2. 熟练掌握防火墙攻击防护配置。

背景描述

达通集团网络管理员计划在出口防火墙 BJ-DCFW-1800 上针对 untrust 区域开启所有攻击防护。

实训拓扑

实训拓扑如图 1-22-1 所示。

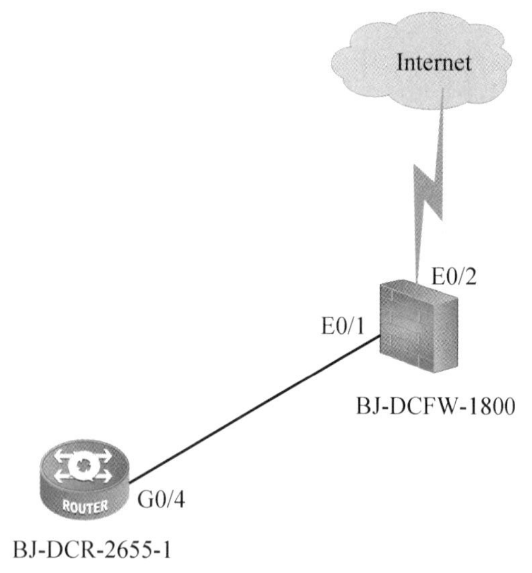

图 1-22-1　实训拓扑

需求分析

在出口防火墙 BJ-DCFW-1800 上针对 untrust 区域开启所有攻击防护。

实训原理

网络中存在多种防不胜防的攻击，如侵入或破坏网络上的服务器、盗取服务器的敏感数据、破坏服务器对外提供的服务，或者直接破坏网络设备导致网络服务异常甚至中断等。作为网络安全设备的设备，必须具备攻击防护功能来检测各种类型的网络攻击，从而采取相应的措施保护内部网络免受恶意攻击，以保证内部网络及系统正常运行。设备提供基于域的攻击防护功能。

实训步骤

```
BJ-DCFW-1800(config)# zone untrust
BJ-DCFW-1800(config-zone-untrust)# ad all
```

赛点链接

（2018）安全策略配置第一小题：……针对 FW-1、FW-2 untrust 区域开启所有攻击防护，发现攻击时丢弃……

易错解析

开启安全防护功能需要在安全域配置模式下进行。

实训 23　网络行为控制

实训目的

1．了解防火墙网络行为控制工作原理、运行机制；
2．熟练掌握防火墙网络行为控制配置。

背景描述

达通集团网络管理员计划在出口防火墙 BJ-DCFW-1800 上启用网络行为控制，实现对内网访问公网 Internet 的控制、审计。

实训拓扑

实训拓扑如图 1-23-1 所示。

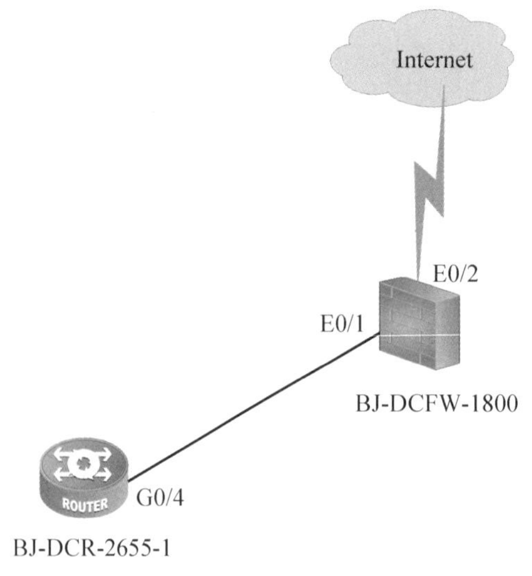

图 1-23-1　实训拓扑

需求分析

实现对总部技术支持部、服务器管理部所有用户访问网址中含有“游戏”“购物”关键字网站的过滤，对试图访问及搜索的行为进行记录；阻止分部 SSID DTJT-Internet 用户在社区论坛、社会生活类网站发布含有关键字“舆论”的信息，并记录日志；对 HTTP 的行为进行控制和审计，并将上述日志发送至网管系统 192.168.10.120，方便统一管理、审计。

数据规划

数据规划见表 1-23-1。

表 1-23-1　数据规划

业务部门名称	业 务 网 段	过滤关键字
技术支持部	192.168.40.0 /24	游戏、购物
服务器管理部	192.168.50.0 /24	游戏、购物
DTJT-Internet	192.168.131.0 /24	舆论

实训原理

互联网的兴起与普及为人们的工作和生活提供了极大的便利，与此同时，经由内部访问互联网导致的带宽滥用、效率下降、信息泄漏、法律风险、安全隐患等问题日益凸显。例如，在企业内部，部分员工在工作时间无节制地网络聊天、逛论坛，通过邮件外泄公司机密；在网吧等一些公共上网场所，人们可以随意浏览不健康网站、发表不负责任的言论，甚至参与非法网络活动……针对互联网带来的上述问题，系统提供网络行为控制功能。该功能通过对用户的网络访问行为进行控制和审计，有效解决因接入互联网而可能引发的各种问题，优化对互联网资源的应用。

实训步骤

配置思路与操作步骤如下：

（1）实现对总部技术支持部、服务器管理部所有用户访问网址中含有“游戏”“购物”关键字网站的过滤，对试图访问及搜索的行为进行记录。

首先，新建一个地址簿，这个地址簿要包括总部技术支持部、服务器管理部所有用户，如图 1-23-2 和图 1-23-3 所示。

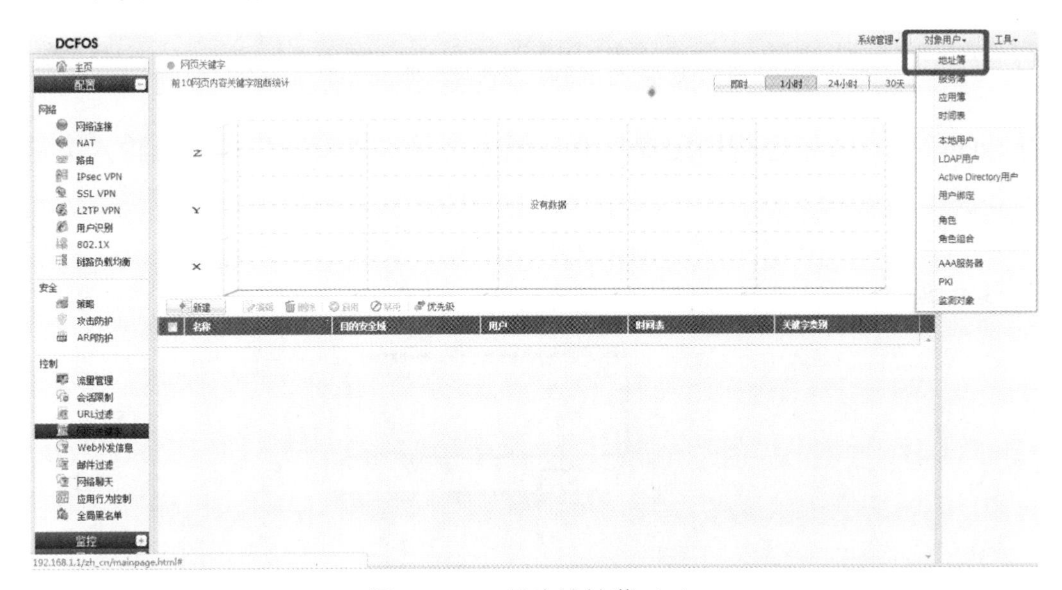

图 1-23-2　新建地址簿（1）

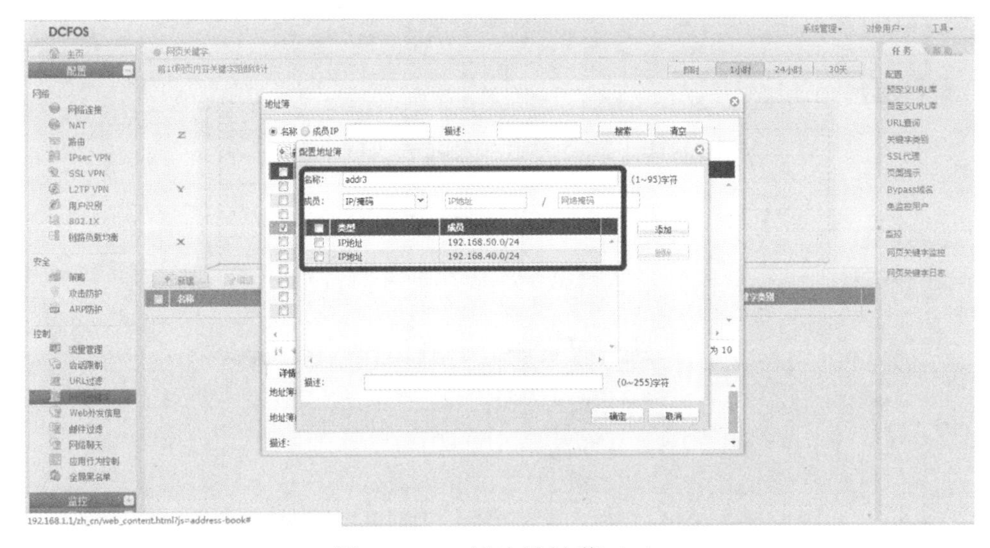

图 1-23-3　新建地址簿（2）

然后，单击防火墙首页左侧“网页关键字”，如图 1-23-4 所示。

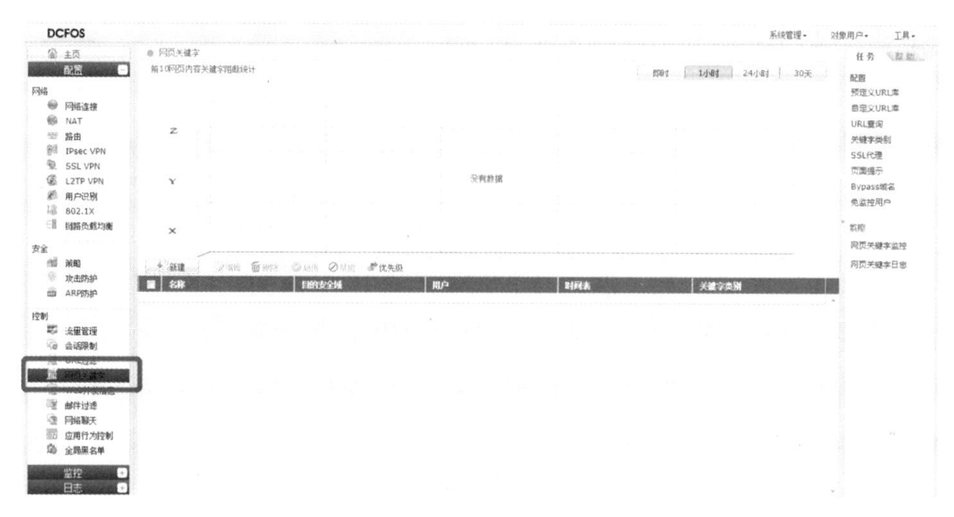

图 1-23-4　单击“网页关键字”

在打开的“网页关键字规则配置”对话框中，单击“新建”按钮，输入关键字，如图 1-23-5 和图 1-23-6 所示。

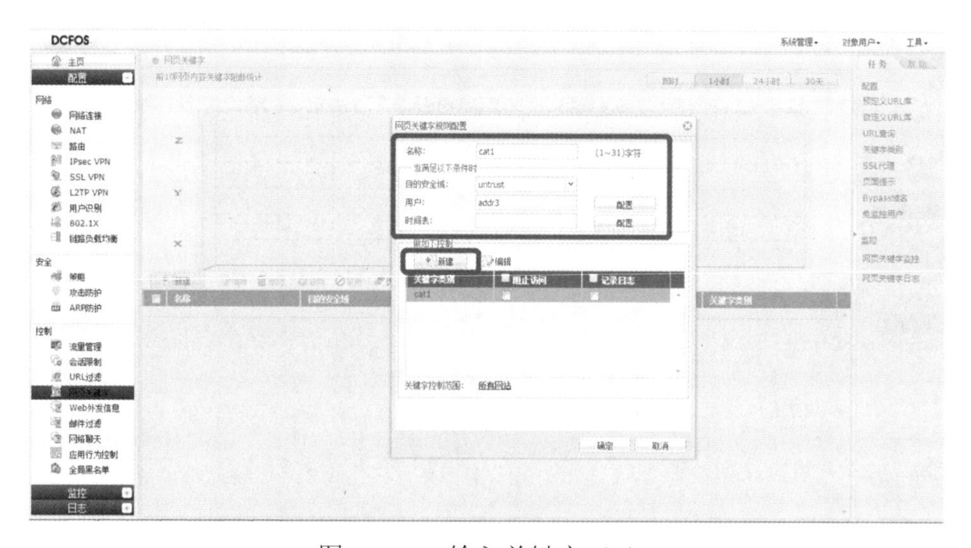

图 1-23-5　输入关键字（1）

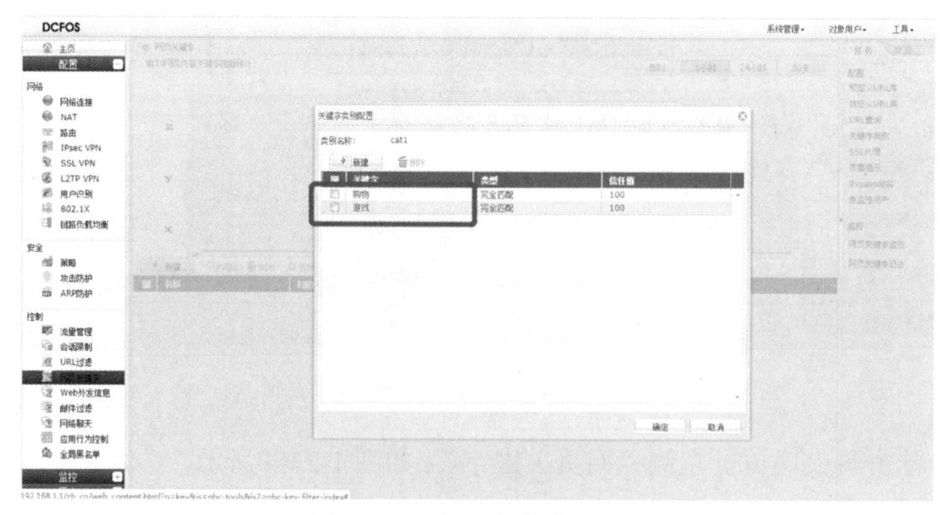

图 1-23-6　输入关键字（2）

勾选“阻止访问”和“记录日志”复选框，并单击“确定”按钮，如图 1-23-7 所示。

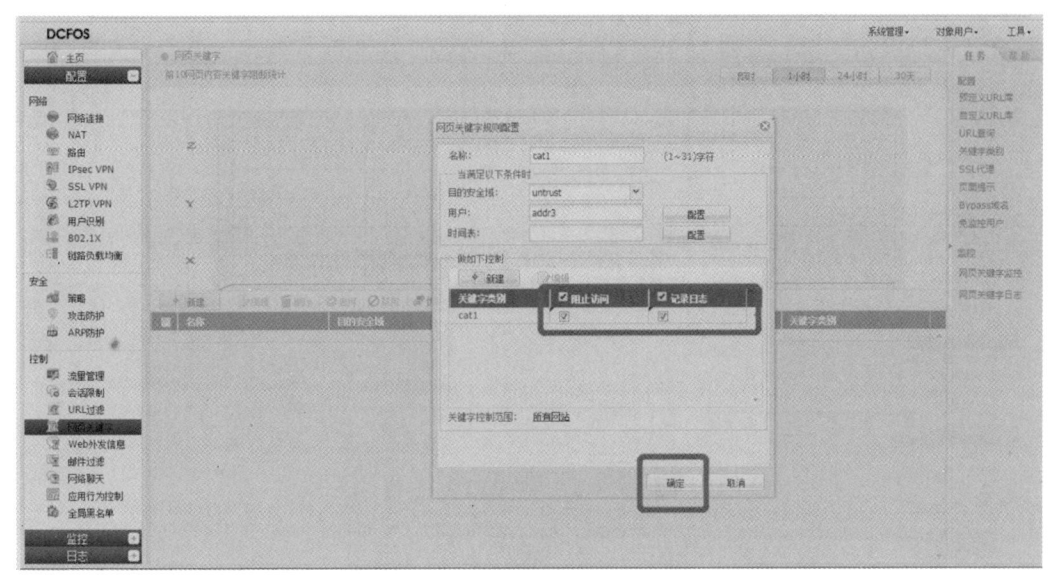

图 1-23-7　勾选“阻止访问”和“记录日志”复选框

（2）阻止分部 SSID DTJT-Internet 用户在社区论坛、社会生活类网站发布含有关键字“舆论”的信息，并记录日志，对 HTTP 的行为进行控制和审计。

单击首页左侧“Web 外发信息”，再单击“新建”按钮，如图 1-23-8 所示。

图 1-23-8　新建 Web 外发信息

完成以下配置后，单击“指定的关键字”下方的“新建”按钮，如图 1-23-9 所示。

完成对关键字“舆论”的配置后，单击“确定”按钮，如图 1-23-10 所示。

选择网站控制范围，如图 1-23-11 所示。

勾选“社会生活”与“社区论坛”复选框，并单击“确定”按钮，如图 1-23-12 所示。

对 HTTP 的行为进行控制和审计，选择“应用行为控制”，单击“新建”按钮，进行应用行为控制规则配置，如图 1-23-13 所示。

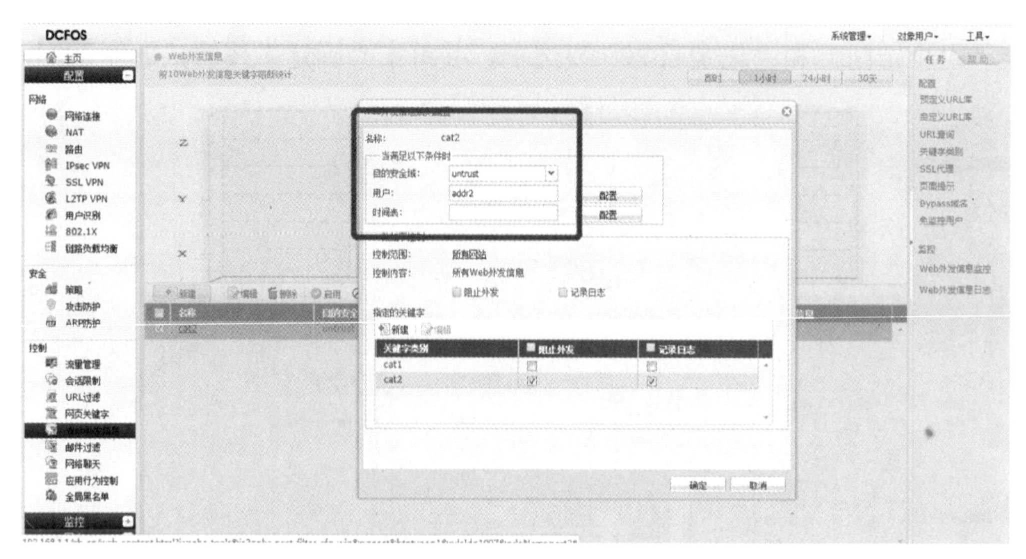

图 1-23-9　完成相关配置

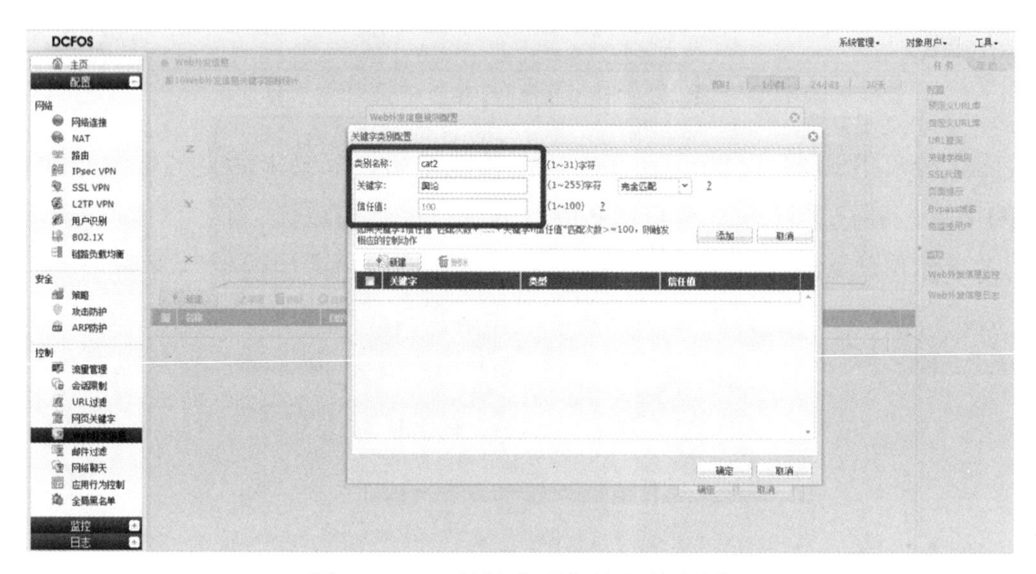

图 1-23-10　关键字“舆论”的配置

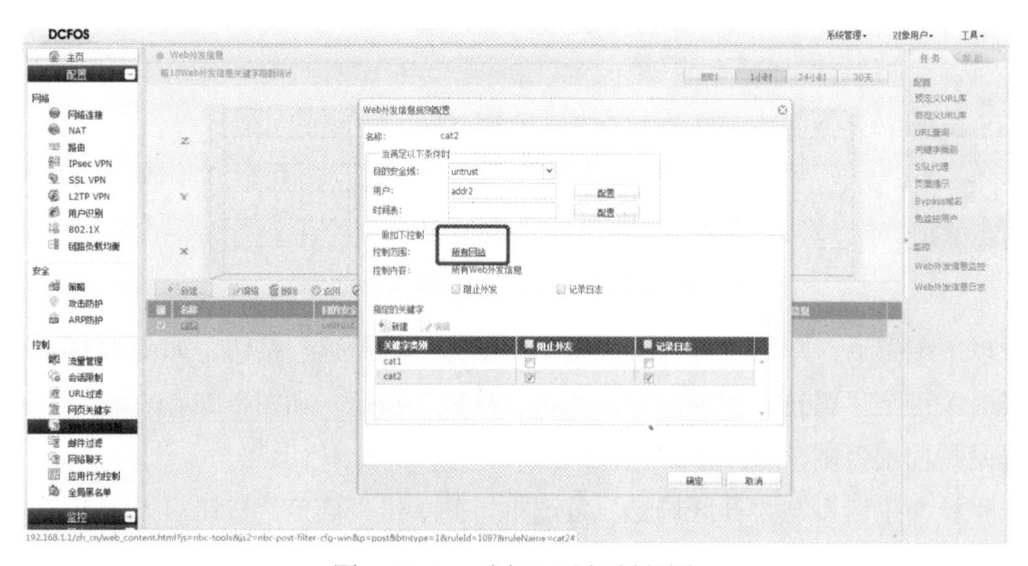

图 1-23-11　选择网站控制范围

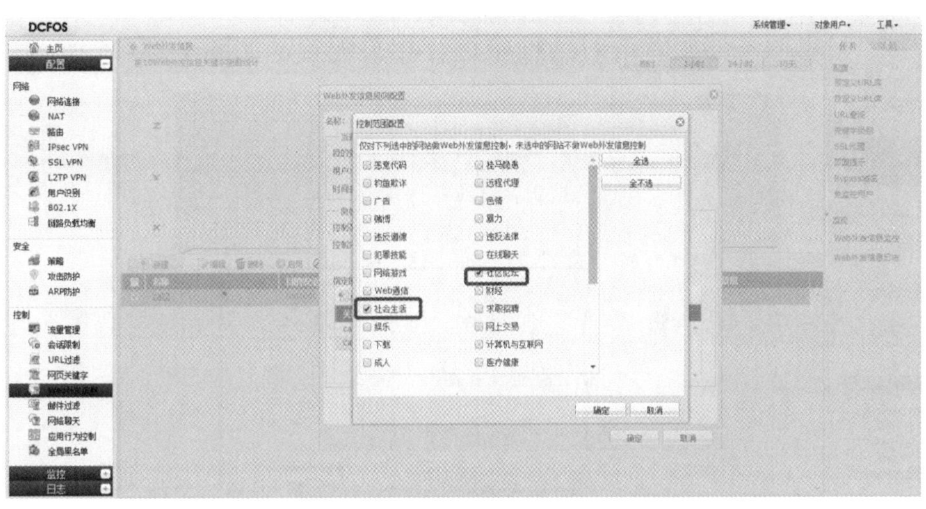

图 1-23-12　勾选“社会生活”与“社区论坛”复选框

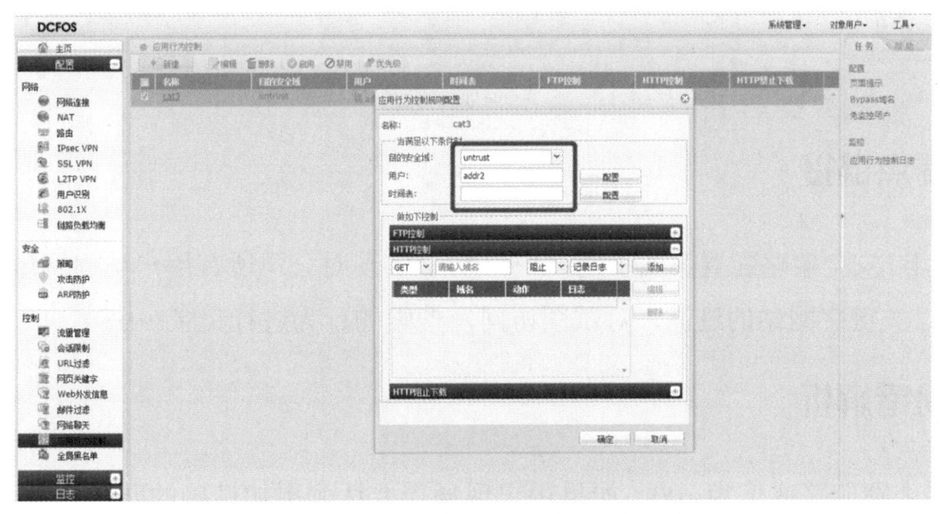

图 1-23-13　应用行为控制规则配置

（3）将上述日志发送至网管系统 192.168.10.120，选择“NBC 日志”，勾选“日志服务器”复选框，单击“查看日志服务器”，如图 1-23-14 所示。

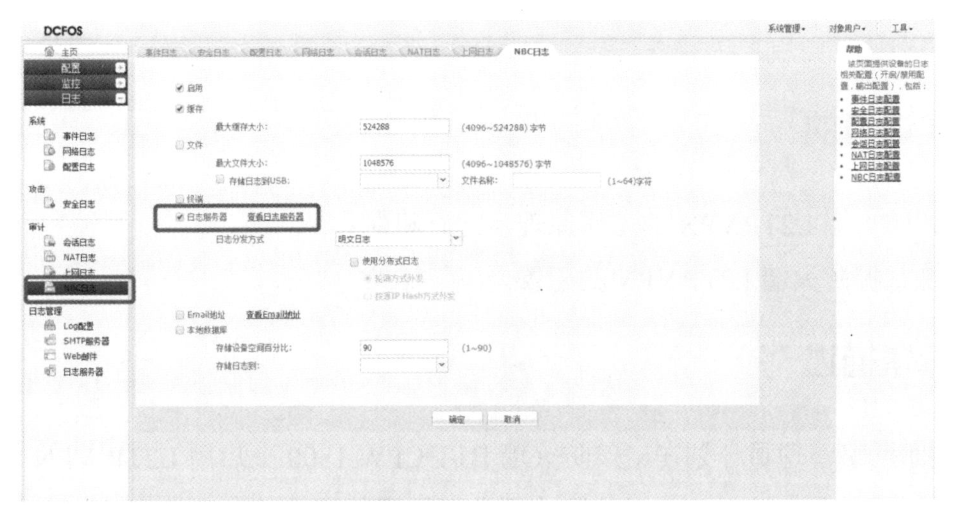

图 1-23-14　NBC 日志

在打开的“日志服务器配置”对话框中进行相关配置，如图 1-23-15 所示。

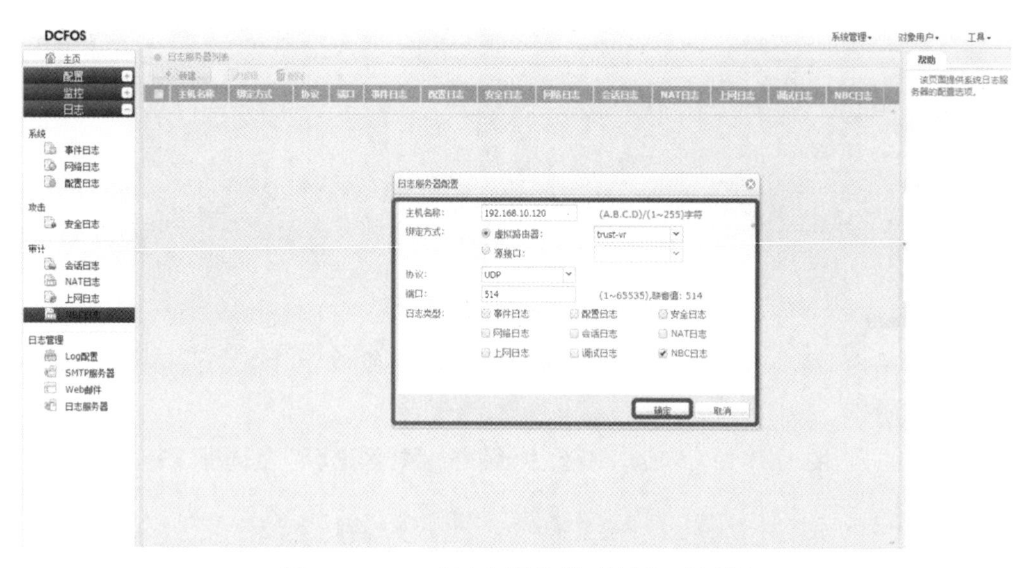

图 1-23-15　“日志服务器配置”对话框

赛点链接

（2018 年）安全策略配置第四小题：……FW-2 实现对公司所有用户访问网址中含有“游戏”“购物”关键字网站的过滤，对试图访问及搜索的行为进行记录……

易错解析

关键字类别的警戒值为 100。如果用户现场需要达到更加精确的匹配，可以通过关键字组合的方式实现关键字相关的网络行为控制功能。

实训 24　L2TP VPN 配置

实训目的

1. 了解防火墙 L2TP VPN 的工作原理、运行机制；
2. 熟练掌握防火墙 L2TP VPN 的配置。

背景描述

达通集团网络管理员计划在出口防火墙 BJ-DCFW-1800 上启用 L2TP VPN 功能，方便外出人员通过拨号登录访问总部服务器业务进行要事处理。

实训拓扑

实训拓扑如图 1-24-1 所示。

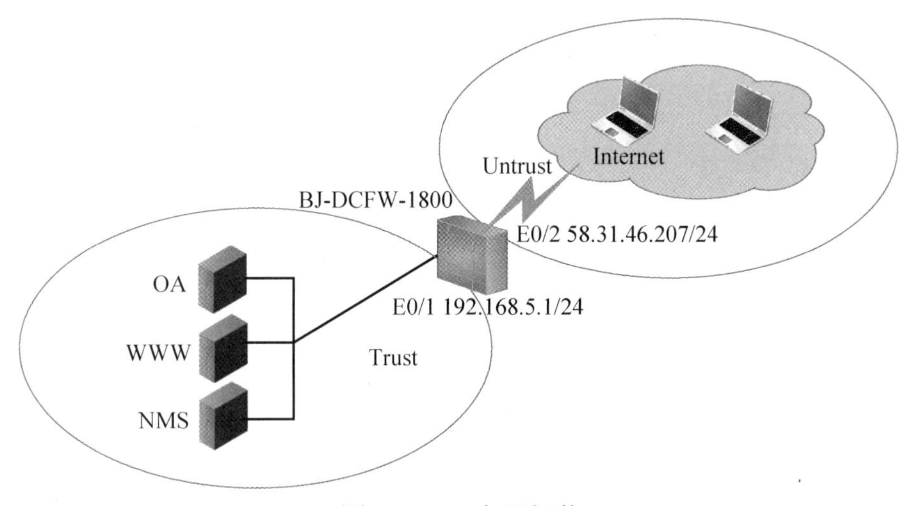

图 1-24-1　实训拓扑

需求分析

在出口防火墙 BJ-DCFW-1800 上配置 L2TP VPN 功能，LNS 地址池为 192.168.200.1～192.168.200.10，网关为最大可用地址，认证账号为 dtjt-public，密码为 dtjt_public，只允许访问总部服务器业务。

实训原理

L2TP（Layer Two Tunneling Protocol，第二层隧道协议）是虚拟专用拨号网络（VPDN）技术的一种。L2TP 可以让拨号用户从 L2TP 客户端或者 L2TP 访问集中器端（LAC）发起 VPN 连接，通过点对点协议（PPP）连接到 L2TP 网络服务器（LNS）。连接成功后，LNS 会向合法用户分配 IP 地址，并允许其访问私网。

实训步骤

1．配置思路：首先进行基础配置，完成接口地址和安全域的配置；然后配置 AAA 认证服务器；最后进行 L2TP VPN 的相关配置。

2．操作步骤：

（1）配置设备接口：

```
BJ-DCFW-1800(config)# interface ethernet0/2
BJ-DCFW-1800(config-if-eth0/1)# zone untrust
BJ-DCFW-1800(config-if-eth0/1)# ip address 58.31.46.207/24
```

```
BJ-DCFW-1800(config-if-eth0/1)# exit
BJ-DCFW-1800(config)# interface ethernet0/1
BJ-DCFW-1800(config-if-eth0/2)# zone trust
BJ-DCFW-1800(config-if-eth0/2)# ip address 192.168.5.1/24
BJ-DCFW-1800(config-if-eth0/2)# exit
```

（2）配置本地 AAA 认证服务器：

```
BJ-DCFW-1800(config)# aaa-server local
BJ-DCFW-1800(config-aaa-server)# user dtjt-public
BJ-DCFW-1800(config-user)# password dtjt-public
BJ-DCFW-1800(config-user)# exit
```

（3）配置 LNS 地址池，并指定地址池 IP 范围：

```
BJ-DCFW-1800(config)# l2tp pool pool1
BJ-DCFW-1800(config-l2tp-pool)# address 192.168.200.1 192.168.200.10
BJ-DCFW-1800(config-l2tp-pool)# exit
```

（4）配置 L2TP 实例：

```
BJ-DCFW-1800(config)# tunnel l2tp instance1
BJ-DCFW-1800(config-tunnel-l2tp)# pool pool1
BJ-DCFW-1800(config-tunnel-l2tp)# dns 8.8.8.8
BJ-DCFW-1800(config-tunnel-l2tp)# allow-multi-logon
BJ-DCFW-1800(config-tunnel-l2tp)# interface ethernet0/2
BJ-DCFW-1800(config-tunnel-l2tp)# ppp-auth any
BJ-DCFW-1800(config-tunnel-l2tp)# keepalive 1800
BJ-DCFW-1800(config-tunnel-l2tp)# aaa-server local
BJ-DCFW-1800(config-tunnel-l2tp)# exit
```

（5）创建隧道接口并绑定 L2TP 实例“instance”到该接口：

```
BJ-DCFW-1800(config)# interface tunnel1
BJ-DCFW-1800(config-if-tun1)# zone untrust
BJ-DCFW-1800(config-if-tun1)# ip address 192.168.200.10
BJ-DCFW-1800(config-if-tun1)# manage ping
BJ-DCFW-1800(config-if-tun1)# tunnel l2tp instance
BJ-DCFW-1800(config-if-tun1)# exit
```

（6）配置策略规则：

```
BJ-DCFW-1800(config)# policy-global
BJ-DCFW-1800(config-policy)# rule
BJ-DCFW-1800(config-policy-rule)# src-zone untrust
BJ-DCFW-1800(config-policy-rule)# dst-zone trust
BJ-DCFW-1800(config-policy-rule)# src-addr any
BJ-DCFW-1800(config-policy-rule)# dst-addr any
BJ-DCFW-1800(config-policy-rule)# service any
BJ-DCFW-1800(config-policy-rule)# action permit
BJ-DCFW-1800(config-policy-rule)# exit
BJ-DCFW-1800(config)# policy-global
```

```
BJ-DCFW-1800(config-policy)# rule
BJ-DCFW-1800(config-policy-rule)# src-range 192.168.200.1 192.168.200.10
BJ-DCFW-1800(config-policy-rule)# dst-zone 192.168.50.0 255.255.255.0
BJ-DCFW-1800(config-policy-rule)# service any
BJ-DCFW-1800(config-policy-rule)# action permit
BJ-DCFW-1800(config-policy-rule)# exit
```

赛点链接

（2017 年）安全策略配置第五小题：……FW-2 配置 L2TP VPN，允许远程办公用户通过拨号登录访问总部服务器业务……

易错解析

配置好的 L2TP 实例需要绑定到隧道接口，才能够生效。每一个隧道接口只能绑定一个 L2TP 实例。当一个 L2TP 实例只绑定一个隧道接口并且没有为此 L2TP 隧道（绑定 L2TP 实例的隧道）指定域名时，所有拨入此 LNS 的客户端将被划分到此隧道对应的 VR 中。

实训 25　OSPF 路由协议

实训目的

1. 了解 OSPF 的工作原理、运行机制；
2. 熟练掌握 OSPF 的配置。

背景描述

达通集团网络管理员计划在总部两台核心路由器 BJ-DCR-2655 间与分部接入路由器 FB-DCR-2655 间运行 OSPF 路由协议，实现总部访问 Internet 业务，技术支持部、服务器管理部与分部 SSID DTJT-Internet 互通。

实训拓扑

实训拓扑如图 1-25-1 所示。

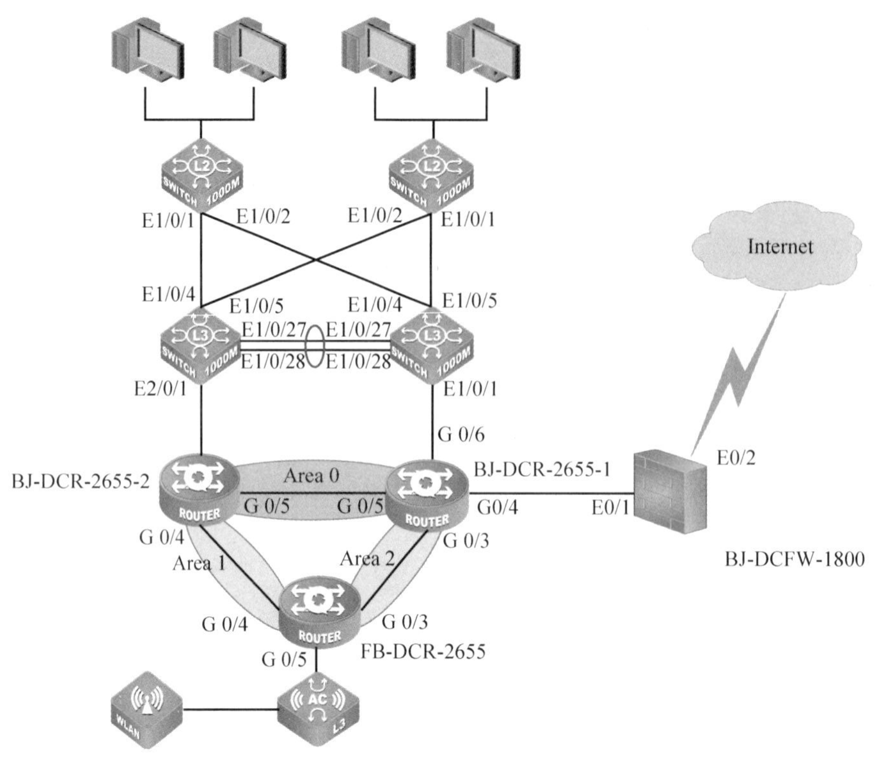

图 1-25-1　实训拓扑

需求分析

规划总部两台核心路由器 BJ-DCR-2655 间属于骨干区域，与分部接入路由器 FB-DCR-2655 间属于 Stub 区域，所有邻接接口间启用明文验证，验证密钥为：DTJT@2018，在总部核心路由器 BJ-DCR-2655-1 发布缺省路由、配置总部访问 Internet 业务、技术支持部、服务器管理部的静态路由，实现分部 SSID DTJT-Internet 访问 Internet 业务优先通过分部接入路由器 FB-DCR-2655 至总部核心路由器 BJ-DCR-2655-1 间链路转发。

数据规划

数据规划见表 1-25-1。

表 1-25-1　数据规划

设备名称	接口	IP 地址	接口级明文验证
BJ-DCR-2655-1	G0/3	192.168.103.1/24	DTJT@2018
	G0/5	192.168.105.1/24	DTJT@2018
BJ-DCR-2655-2	G0/4	192.168.104.1/24	DTJT@2018
	G0/5	192.168.105.2/24	DTJT@2018
FB-DCR-2655	G0/3	192.168.103.2/24	DTJT@2018
	G0/4	192.168.104.2/24	DTJT@2018

实训原理

OSPF 是 IETF 的 OSPF 工作组开发的 IGP 路由协议。为 IP 网络设计的 OSPF 支持 IP 子网和外部路由信息标记，也允许报文的认证以及支持 IP 多播。DCR-2655 路由器 OSPF 功能的实现遵守 OSPF V2 的要求（参见 RFC2328）。下面列出了实现中的一些关键特征：

Stub 域——支持 Stub 域。

路由转发——即被任何一种路由协议学习生成的路由都可以被转发到其他路由协议域。在自治域内，这表示 OSPF 能输入 RIP 学习到的路由。OSPF 学习到的路由也可以输出到 RIP。在自治域间，OSPF 能输入 BGP 学习到的路由；OSPF 路由也能输出到 BGP 中去。

认证——在一个域内的邻接路由器之间，支持明文与 MD5 认证。

路由接口参数——可配置的接口参数有：输出花费、重传间隔、接口传输时延、路由器的优先级别、判定路由器的关机时间间隔与 Hello 包的时间间隔以及认证密钥。

NSSA 区——参见 RFC 1587。

实训步骤

1. 配置思路：首先完成对 3 台路由器的基础配置；然后启用 OSPF 协议，并完成相关参数的配置。

2. 操作步骤：

（1）配置 BJ-DCR-2655-1 接口 IP 地址：

```
BJ-DCR-2655-1_config#interface G0/5
BJ-DCR-2655-1_config_g0/5#ip add 192.168.105.1 255.255.255.0
BJ-DCR-2655-1_config_g0/5#exit
BJ-DCR-2655-1_config#interface G0/3
BJ-DCR-2655-1_config_g0/3#ip add 192.168.103.1 255.255.255.0
BJ-DCR-2655-1_config_g0/3#exit
```

（2）配置 BJ-DCR-2655-2 接口 IP 地址：

```
BJ-DCR-2655-2_config#interface G0/5
BJ-DCR-2655-2_config_g0/5#ip add 192.168.105.2 255.255.255.0
BJ-DCR-2655-2_config_g0/5#exit
BJ-DCR-2655-2_config#interface G0/4
BJ-DCR-2655-2_config_g0/4#ip add 192.168.104.1 255.255.255.0
BJ-DCR-2655-2_config_g0/4#exit
```

（3）配置 FB-DCR-2655 接口 IP 地址：

```
FB-DCR-2655_config#interface G0/3
FB-DCR-2655_config_g0/3#ip add 192.168.103.2 255.255.255.0
FB-DCR-2655_config_g0/3#exit
FB-DCR-2655_config#interface G0/4
```

```
FB-DCR-2655_config_g0/4#ip add 192.168.104.2 255.255.255.0
FB-DCR-2655_config_g0/4#exit
```

（4）配置 OSPF 路由协议：

```
BJ-DCR-2655-1_config#router ospf 110
BJ-DCR-2655-1_config_ospf_110#network 192.168.105.0 255.255.255.0 area 0
BJ-DCR-2655-1_config_ospf_110#network 192.168.103.0 255.255.255.0 area 1
BJ-DCR-2655-1_config_ospf_110#exit
BJ-DCR-2655-2_config#router ospf 110
BJ-DCR-2655-2_config_ospf_110#network 192.168.105.0 255.255.255.0 area 0
BJ-DCR-2655-2_config_ospf_110#network 192.168.104.0 255.255.255.0 area 2
BJ-DCR-2655-2_config_ospf_110#exit
FB-DCR-2655_config#router ospf 110
FB-DCR-2655_config_ospf_110#network 192.168.103.0 255.255.255.0 area 1
FB-DCR-2655_config_ospf_110#network 192.168.104.0 255.255.255.0 area 2
FB-DCR-2655_config_ospf_110#exit
```

（5）配置 OSPF 接口级明文验证：

路由器 BJ-DCR-2655-1：

```
BJ-DCR-2655-1_config#interface G0/3
BJ-DCR-2655-1_config_g0/3#ip ospf authentication simple
BJ-DCR-2655-1_config_g0/3#ip ospf password 0 DTJT@2018
BJ-DCR-2655-1_config_g0/3#exit
BJ-DCR-2655-1_config#interface G0/5
BJ-DCR-2655-1_config_g0/5#ip ospf authentication simple
BJ-DCR-2655-1_config_g0/5#ip ospf password 0 DTJT@2018
BJ-DCR-2655-1_config_g0/5#exit
```

路由器 BJ-DCR-2655-2：

```
BJ-DCR-2655-2_config#interface G0/4
BJ-DCR-2655-2_config_g0/4#ip ospf authentication simple
BJ-DCR-2655-2_config_g0/4#ip ospf password 0 DTJT@2018
BJ-DCR-2655-2_config_g0/4#exit
BJ-DCR-2655-2_config#interface G0/5
BJ-DCR-2655-2_config_g0/5#ip ospf authentication simple
BJ-DCR-2655-2_config_g0/5#ip ospf password 0 DTJT@2018
BJ-DCR-2655-2_config_g0/5#exit
```

路由器 FB-DCR-2655：

```
FB-DCR-2655_config#interface G0/3
FB-DCR-2655_config_g0/3#ip ospf authentication simple
FB-DCR-2655_config_g0/3#ip ospf password 0 DTJT@2018
FB-DCR-2655_config_g0/3#exit
FB-DCR-2655_config#interface G0/4
FB-DCR-2655_config_g0/4#ip ospf authentication simple
```

```
FB-DCR-2655_config_g0/4#ip ospf password 0 DTJT@2018
FB-DCR-2655_config_g0/4#exit
```

（6）配置总部访问 Internet 业务、技术支持部、服务器管理部静态路由：

```
BJ-DCR-2655-1_config#ip route 192.168.40.0 255.255.255.0 g0/6
BJ-DCR-2655-1_config#ip route 192.168.50.0 255.255.255.0 g0/6
BJ-DCR-2655-1_config#ip route 0.0.0.0 0.0.0.0 g0/4
```

（7）总部核心路由器 BJ-DCR-2655-1 发布缺省路由：

```
BJ-DCR-2655-1_config#router ospf 110
BJ-DCR-2655-1_config_ospf_110#default-information originate always
BJ-DCR-2655-1_config_ospf_110#exit
FB-DCR-2655_config#exit
```

（8）配置分部业务优先接入 BJ-DCR-2655-1：

```
BJ-DCR-2655-1_config_ospf_110#area 1 default-cost 50
```

赛点链接

（2018 年）路由部分第一小题：……总部 RT1、SW-Core 之间规划使用 OSPF 协议，进程号为 10，Area10，NSSA 区域，启用区域 MD5 验证，验证密钥为 Net2018……

易错解析

OSPF 要求在全部域内路由器、ABR 与 ASBR 之间进行交换路由数据。为了简化配置，可以让它们全部工作在默认参数，不需认证等；但如果要修改某些参数，则必须保证在所有路由器上的参数一致。

实训 26　RIP 路由协议

实训目的

1. 了解 RIP 的工作原理、运行机制；
2. 熟练掌握 RIP 配置。

背景描述

达通集团网络管理员计划在总部核心路由器 BJ-DCR-2655-1 与出口防火墙 BJ-DCFW- 1800 间运行 RIP 路由协议，实现总部、分部需访问 Internet 业务部门与出口防火墙互通。

实训拓扑

实训拓扑如图 1-26-1 所示。

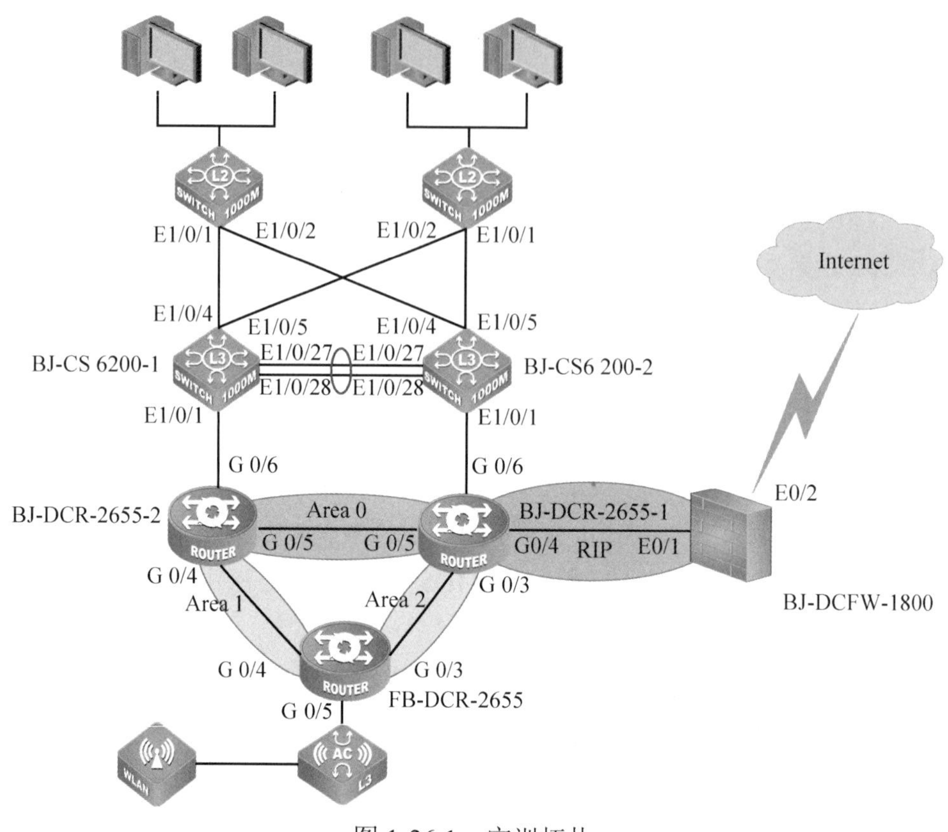

图 1-26-1　实训拓扑

需求分析

在总部核心路由器 BJ-DCR-2655-1 与出口防火墙 BJ-DCFW-1800 间配置 RIP 路由协议，版本号为 RIP-2，取消自动聚合，同时出口防火墙 BJ-DCFW-1800 发布缺省路由、配置指向公网 Internet 缺省静态路由。

实训原理

RIP 是一个经典的距离向量路由协议，出现在 RFC 1058 中。RIP 通过用户数据报协议 UDP 数据分组的广播来交换路由信息。在路由器中，每 30s 发送一次路由信息的更新。如果一台路由器在 180s 内没有接收到来自相邻路由器的更新，便把路由表中来自该路由器的路由标记为“不可用的”。如果接下去的 120s 内仍然没有接收到更新，便把这些路由从路由表中删除，RIP 使用跳跃计数（hop count）来作为衡量不同路由的权值。这个跳跃计数是指一个分组从信源到达新宿所经过的路由器的数目。直接相连网络的路由权值为 0，不可到达网络的路由权值为16。由于RIP使用的路由权值范围较小，所以对大规模的网络就显得不大适合。如果路由器有一条缺省路由，RIP就宣告通向伪网络0.0.0.0.的路由。实际上，网络0.0.0.0.并不存在，它只是用来在RIP中实现缺省路由的功能。如果RIP学习到了一条缺省路由，或者路由器中设置了默认网关并配置了缺省权值，路由器都将宣告这个缺省的网络。RIP向指定网络中的接口发送路由更新。如果一个接口所在的网络没有被指定，则该网络不会在任何RIP更新中被宣告。

实训步骤

1．配置思路：首先完成路由器BJ-DCR-2655-1和防火墙DCFW-1800的基础配置，然后配置RIP路由协议，并完成相关参数的配置。

2．操作步骤：

（1）配置路由器IP地址：

```
BJ-DCR-2655-1_config#interface g0/4
BJ-DCR-2655-1_config_g0/4#ip address 192.168.200.2 255.255.255.0
BJ-DCR-2655-1_config_g0/4#exit
```

（2）配置防火墙IP地址：

```
BJ-DCFW-1800(config)# interface e0/1
BJ-DCFW-1800(config-if-eth0/1)# zone trust
BJ-DCFW-1800(config-if-eth0/1)# ip address 192.168.200.1/24
```

（3）配置RIP路由协议：

```
BJ-DCR-2655-1_config#router rip
BJ-DCR-2655-1_config_rip#version 2
BJ-DCR-2655-1_config_rip#network 192.168.200.0 255.255.255.0
BJ-DCFW-1800(config)# ip vrouter trust-vr
BJ-DCFW-1800(config-vrouter)# router rip
BJ-DCFW-1800(config-router)# version 2
BJ-DCFW-1800(config-router)# network 192.168.200.1 255.255.255.0
```

（4）配置默认路由：

```
BJ-DCFW-1800(config)# ip vrouter trust-vr
BJ-DCFW-1800(config-vrouter)# ip route 0.0.0.0 0.0.0.0 ethernet0/2
BJ-DCFW-1800(config-vrouter)# router rip
BJ-DCFW-1800(config-router)# default-information originate
```

赛点链接

（2018年）路由部分第二小题：……总部RT1、ISP机房FW-2、分部RT2之间规划使用RIP协议，版本号为RIP-2……

易错解析

修改默认参数要谨慎，在一般情况下，推荐不要改变缺省状态，除非你能肯定你的应用程序需要状态的改变才能正确地宣告路由。

实训 27　BGP 路由协议

实训目的

1. 了解 BGP 的工作原理、运行机制；
2. 熟练掌握 BGP 配置。

背景描述

达通集团网络管理员计划在总部两台核心路由器 BJ-DCR-2655 与分部接入路由器 FB-DCR-2655 间运行 BGP 路由协议，实现总部人事行政部、财务商务部与分部 SSID DTJT 互通。

实训拓扑

实训拓扑如图 1-27-1 所示。

需求分析

在总部两台核心路由器 BJ-DCR-2655 与分部接入路由器 FB-DCR-2655 间使用互联地址建立 EBGP 邻居关系、两台核心路由器 BJ-DCR-2655 间使用互联地址建立 IBGP 邻居关系，在总部两台核心路由器 BJ-DCR-2655 配置总部人事行政、财务商务部静态路由，实现总部人事行政部、财务商务部与分部 SSID DTJT 互通，使用 BGP MED 属性，实现上述总部与分部互访业务优先通过总部核心交换机 BJ-CS 6200-1 至总部核心路由器 BJ-DCR-2655-1 至分部接入路由器 FB-DCR-2655 的链路转发。

数据规划

设备互联地址规划和部门网段规划见表 1-27-1 和表 1-27-2。

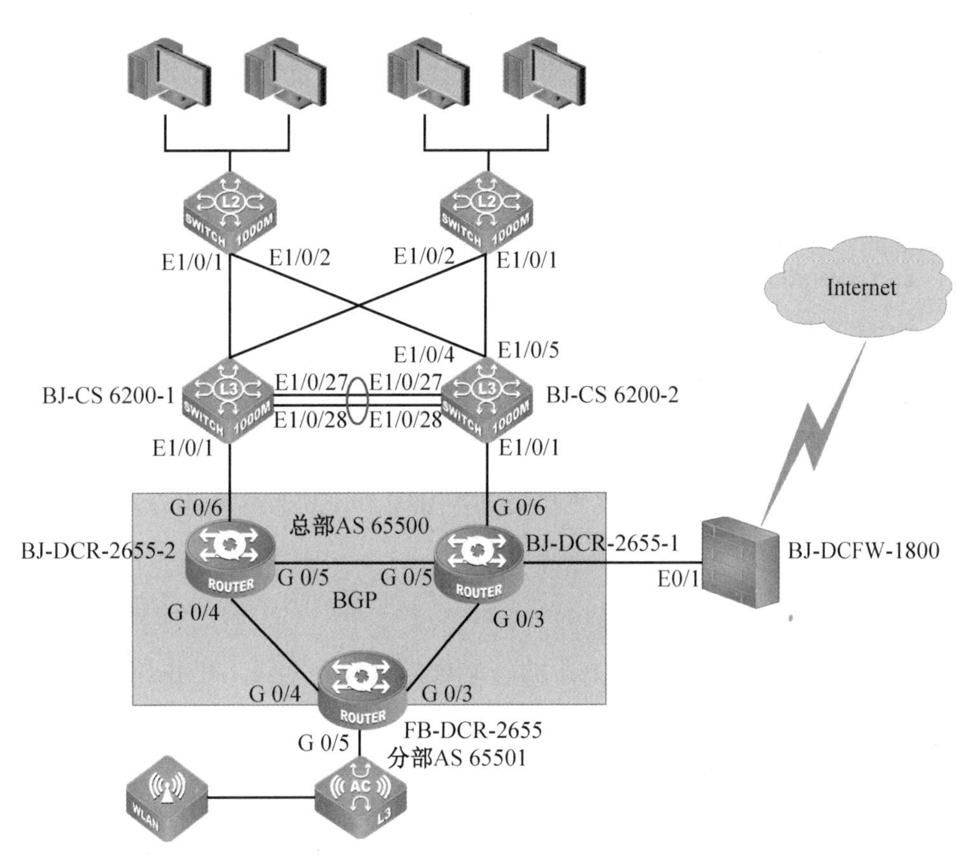

图 1-27-1　实训拓扑

表 1-27-1　设备互联地址规划

设 备 名 称	接　　口	互 联 地 址
BJ-DCR-2655-1	G0/3	192.168.103.1/24
	G0/6	192.168.16.1/24
	G0/5	192.168.105.1/24
BJ-DCR-2655-2	G0/4	192.168.104.1/24
	G0/6	192.168.26.1/24
	G0/5	192.168.105.2/24
FB-DCR-2655	G0/3	192.168.103.2/24
	G0/4	192.168.104.2/24
BJ-CS 6200-2	E1/0/1	192.168.16.2
BJ-CS 6200-1	E1/0/1	192.168.26.2

表 1-27-2　部门网段规划

互访部门名称	VLAN 号	部 门 网 段
人事行政部	10	192.168.10.0/24
财务商务部	20	192.168.20.0/24
分部 DTJT	130	192.168.130.0/24

实训原理

BGP 是在 RFC1163、1267 和 1771 中定义的一种外部网关协议（EGP）。它允许建立一种自治系统间路由选择机制，该机制能自动地保证在自治系统之间进行无环路的路由选择信息交换。

在 BGP 中，每条路由都包含一个网络号、该路由传递所通过的自治系统列表（称作自治系统路径 as-path），以及其他属性列表。神州数码公司路由器软件支持 RFC1771 中定义的 BGP 版本 4。BGP 的基本功能是同其他 BGP 系统交换网络可达性信息，包括有关 AS 路径表的信息。该信息用于构造能消除路由环路的 AS 连通图，并且能用 AS 连通图实施 AS 级的路由策略。BGP 版本 4 支持无类型域间路由（CIDR），CIDR 通过创建汇总路由减少路由表的大小，从而产生了超网。CIDR 消除了 BGP 内网络等级的概念，并支持 IP 前缀广播。CIDR 路由能通过 OSPF，增强型 IGRP，ISIS-IP 和 RIP2 来传送。

实训步骤

1．配置思路：首先完成 3 台路由器的基础配置，然后配置 BGP 路由协议，并完成相关参数的配置。

2．操作步骤：

（1）配置设备 IP 地址。

路由器 BJ-DCR-2655-1：

```
BJ-DCR-2655-1_config#interface g0/3
BJ-DCR-2655-1_config_g0/3#ip address 192.168.103.1 255.255.255.0
BJ-DCR-2655-1_config_g0/3#exit
BJ-DCR-2655-1_config#interface g0/5
BJ-DCR-2655-1_config_g0/5#ip address 192.168.105.1 255.255.255.0
BJ-DCR-2655-1_config_g0/5#exit
BJ-DCR-2655-1_config#interface g0/6
BJ-DCR-2655-1_config_g0/6#ip address 192.168.16.1 255.255.255.0
BJ-DCR-2655-1_config_g0/6#exit
```

路由器 BJ-DCR-2655-2：

```
BJ-DCR-2655-2_config#interface g0/4
BJ-DCR-2655-2_config_g0/4#ip address 192.168.104.1 255.255.255.0
BJ-DCR-2655-2_config_g0/4#exit
BJ-DCR-2655-2_config#interface g0/5
BJ-DCR-2655-2_config_g0/5#ip address 192.168.105.2 255.255.255.0
BJ-DCR-2655-2_config_g0/5#exit
BJ-DCR-2655-2_config#interface g0/6
BJ-DCR-2655-2_config_g0/6#ip address 192.168.26.1 255.255.255.0
BJ-DCR-2655-2_config_g0/6#exit
```

路由器 FB-DCR-2655：

```
FB-DCR-2655_config#interface g0/3
FB-DCR-2655_config_g0/3#ip address 192.168.103.2 255.255.255.0
```

```
FB-DCR-2655_config_g0/3#exit
FB-DCR-2655_config#interface g0/4
FB-DCR-2655_config_g0/4#ip address 192.168.104.2 255.255.255.0
FB-DCR-2655_config_g0/4#exit
```

（2）配置静态路由：

```
BJ-DCR-2655-1_config#ip route 192.168.10.0 192.168.16.2 255.255.255.0
BJ-DCR-2655-1_config#ip route 192.168.20.0 192.168.16.2 255.255.255.0
BJ-DCR-2655-2_config#ip route 192.168.10.0 192.168.16.2 255.255.255.0
BJ-DCR-2655-2_config#ip route 192.168.20.0 192.168.16.2 255.255.255.0
```

（3）配置 IBGP：

```
BJ-DCR-2655-1_config#router BGP 65500
BJ-DCR-2655-1_config_bgp#neighbor 192.168.105.2 remote-as 65500
BJ-DCR-2655-1_config_bgp#network 192.168.105.0
BJ-DCR-2655-1_config_bgp#network 192.168.103.0
BJ-DCR-2655-1_config_bgp#network 192.168.16.0
BJ-DCR-2655-2_config#router BGP 65500
BJ-DCR-2655-2_config_bgp#neighbor 192.168.105.1 remote-as 65500
BJ-DCR-2655-2_config_bgp#network 192.168.105.0
BJ-DCR-2655-2_config_bgp#network 192.168.104.0
BJ-DCR-2655-2_config_bgp#network 192.168.26.0
```

（4）配置 EBGP：

```
BJ-DCR-2655-1_config#router BGP 65500
BJ-DCR-2655-1_config_bgp#neighbor 192.168.104.2 remote-as 65501
BJ-DCR-2655-2_config#router BGP 65500
BJ-DCR-2655-2_config_bgp#neighbor 192.168.104.2 remote-as 65501
FB-DCR-2655_config#router BGP 65501
FB-DCR-2655_config_bgp#neighbor 192.168.105.1 remote-as 65500
FB-DCR-2655_config_bgp#neighbor 192.168.105.2 remote-as 65500
```

（5）使用 BGP MED 属性：

```
BJ-DCR-2655-2_config#ip access-list extended med
BJ-DCR-2655-2_config_ext_nacl#permit  ip  192.168.10.0  255.255.255.0
192.168.130.0 255.255.255.0
BJ-DCR-2655-2_config_ext_nacl#permit  ip  192.168.20.0  255.255.255.0
192.168.130.0 255.255.255.0
BJ-DCR-2655-2_config_ext_nacl#exit
BJ-DCR-2655-2_config#route-map bgpmed permit
BJ-DCR-2655-2_config_route_map#match ip address med
BJ-DCR-2655-2_config_route_map#set metric 10000
BJ-DCR-2655-2_config_route_map#exit
BJ-DCR-2655-2_config#route bgp 65500
BJ-DCR-2655-2_config_bgp#neighbor 192.168.104.2 route-map bgpmed out
BJ-DCR-2655-2_config_bgp#exit
```

赛点链接

（2018 年）路由部分第四小题：……总部 RT1、分部 RT2 之间规划使用 BGP 协议，通过接口互联地址建立两对 E-BGP 邻居关系……

易错解析

BGP 路由协议的选路原则有很多，而且 BGP-MED 值在 BGP 选路原则中比较靠后，要想使用 BGP-MED 来影响路由选路，需要保证在 as-path 等原则一致。

实训 28　IPSec 加密技术

实训目的

1．了解 IPSec 的工作原理、运行机制；

2．熟练掌握 IPSec 的相关配置。

背景描述

达通集团北京总部网络管理员计划在总部核心路由器 BJ-DCR-2655-2 与分部接入路由器 FB-DCR-2655 专线链路使用 IPSec 技术对业务数据进行保护。

实训拓扑

实训拓扑如图 1-28-1 所示。

图 1-28-1　实训拓扑

需求分析

在总部核心路由器 BJ-DCR-2655-2 与分部接入路由器 FB-DCR-2655 专线链路配置 IPSec 对业务数据进行保护，使用 IKE 协商 IPSec 安全联盟、交换 IPSec 密钥，采用 AES 加密算法、SHA 的 ESP 验证算法。

数据规划

数据规划见表 1-28-1。

表 1-28-1 数据规划

设 备 名 称	接 口	互 联 地 址
BJ-DCR-2655-2	G0/4	192.168.104.1/24
FB-DCR-2655	G0/4	192.168.104.2/24

实训原理

IPSec 可以为两个路由器之间提供安全隧道。自己定义哪些报文由这些安全隧道传送。并且，通过指定这些隧道的参数来定义用于保护这些敏感报文的参数。然后，当 IPSec 得到这样的一个报文时，它将建立起相应的安全隧道，通过这条隧道将数据报文传送给对端。更精确地说，隧道是 IPSec 两端建立的安全联盟的集合。这些安全联盟定义了哪些协议和算法将被应用于敏感报文，同时指定了 IPSec 两端将使用到的密钥。安全联盟是单向的，每个安全性协议（AH 或 ESP）都分别被建立。

实训步骤

1．配置思路：首先在路由器 BJ-DCR-2655-2 上创建加密访问列表、定义变换集合；然后创建加密映射表，并将创建好的加密映射表应用于接口。

2．操作步骤：

在 BJ-DCR-2655-2 上完成以下步骤。

（1）对路由器进行基础配置：

```
BJ-DCR-2655-2#conf
BJ-DCR-2655-2_config#interface g0/4
BJ-DCR-2655-2_config_g0/4#ip add 192.168.104.1 255.255.255.0
BJ-DCR-2655-2_config_g0/4#exit
```

（2）配置 IPSec 用于保护的加密数据流：

```
BJ-DCR-2655-2_config#ip access-list extended yw
BJ-DCR-2655-2_config_ext_nacl#permit ip 192.168.0.0 255.255.0.0 192.
168.0.0 255.255.0.0
BJ-DCR-2655-2_config_ext_nacl#exit
```

（3）创建第一阶段 IKE 策略：

```
BJ-DCR-2655-2#crypto isakmp policy 1
BJ-DCR-2655-2_isakmp#authentication pre-share
BJ-DCR-2655-2_isakmp#encryption aes
BJ-DCR-2655-2_isakmp#hash sha
```

```
BJ-DCR-2655-2_isakmp#exit
BJ-DCR-2655-2#crypto isakmp key 0 hello address 192.168.104.2
```

（3）第二阶段定义变换集合：

```
BJ-DCR-2655-2_config#crypto ipsec transform-set one
BJ-DCR-2655-2_config_crypto_trans#transform-type esp-aes128 esp-sha- hmac
BJ-DCR-2655-2_config_crypto_trans#exit
```

（4）创建使用 IKE 的加密映射表：

```
BJ-DCR-2655-2_config#crypto map toFB 1 ipsec-isakmp
BJ-DCR-2655-2_config_crypto_map#set transform-set one
BJ-DCR-2655-2_config_crypto_map#match address BJ
BJ-DCR-2655-2_config_crypto_map#set peer 192.168.104.2
BJ-DCR-2655-2_config_crypto_map#exit
```

（5）将加密映射表应用于接口：

```
BJ-DCR-2655-2_config#interface g0/4
BJ-DCR-2655-2_config_g0/4#crypto map toFB
```

在 FB-DCR-2655 上完成以下步骤。

（1）对路由器进行基础配置：

```
FB-DCR-2655#conf
FB-DCR-2655_config#interface g0/4
FB-DCR-2655_config_g0/4#ip add 192.168.104.2 255.255.255.0
FB-DCR-2655_config_g0/4#exit
```

（2）配置 IPSec 用于保护的加密数据流：

```
FB-DCR-2655_config#ip access-list extended yw
FB-DCR-2655_config_ext_nacl#permit ip 192.168.0.0 255.255.0.0 192.168.
0.0 255.255.0.0
FB-DCR-2655_config_ext_nacl#exit
```

（3）创建第一阶段 IKE 策略：

```
FB-DCR-2655#crypto isakmp policy 1
FB-DCR-2655_isakmp#authentication pre-share
FB-DCR-2655_isakmp#encryption aes
FB-DCR-2655_isakmp#hash sha
FB-DCR-2655_isakmp#exit
FB-DCR-2655#crypto isakmp key 0 hello address 192.168.104.1
```

（3）第二阶段定义变换集合：

```
FB-DCR-2655_config#crypto ipsec transform-set one
FB-DCR-2655_config_crypto_trans#transform-type esp-aes128 esp-sha-hmac
FB-DCR-2655_config_crypto_trans#exit
```

（4）创建使用 IKE 的加密映射表：

```
FB-DCR-2655_config#crypto map toBJ 1 ipsec-isakmp
FB-DCR-2655_config_crypto_map#set transform-set one
```

```
FB-DCR-2655_config_crypto_map#match address BJ
FB-DCR-2655_config_crypto_map#set peer 192.168.104.1
FB-DCR-2655_config_crypto_map#exit
```

（5）将加密映射表应用于接口：

```
FB-DCR-2655_config#interface g0/4
FB-DCR-2655_config_g0/4#crypto map toBJ
```

赛点链接

（2018 年）路由部分第三小题：……RT1、RT2 之间使用与 FW-2 的接口互联地址……使用 IKE 协商 IPSec 安全联盟……

易错解析

在进行 IPsec 对流量加密以前，首先要保证网络可达。IKE 协商使用端口 500 的 UDP，确保 UDP 端口 500 的通信在 IKE 和 IPSec 使用的接口上不被禁止。在有些情况下需要在访问列表中增加一条规则来明确地允许 UDP 端口 500 的报文。

实训 29　路由重发布、路由引入控制

实训目的

1．了解路由重分布、路由引入控制的工作原理、运行机制；
2．熟练掌握路由重分布、路由引入控制的相关配置。

背景描述

达通集团网络管理员计划在总部核心路由器 BJ-DCR-2655-1 实现 OSPF 路由协议与 RIP 路由协议相互引入，从而实现总部、分部需访问 Internet 的业务部门与公网 Internet 互通。

实现出口防火墙 BJ-DCFW-1800 只学习总部、分部需访问 Internet 的业务部门访问 Internet 的路由。

实训拓扑

实训拓扑如图 1-29-1 所示。

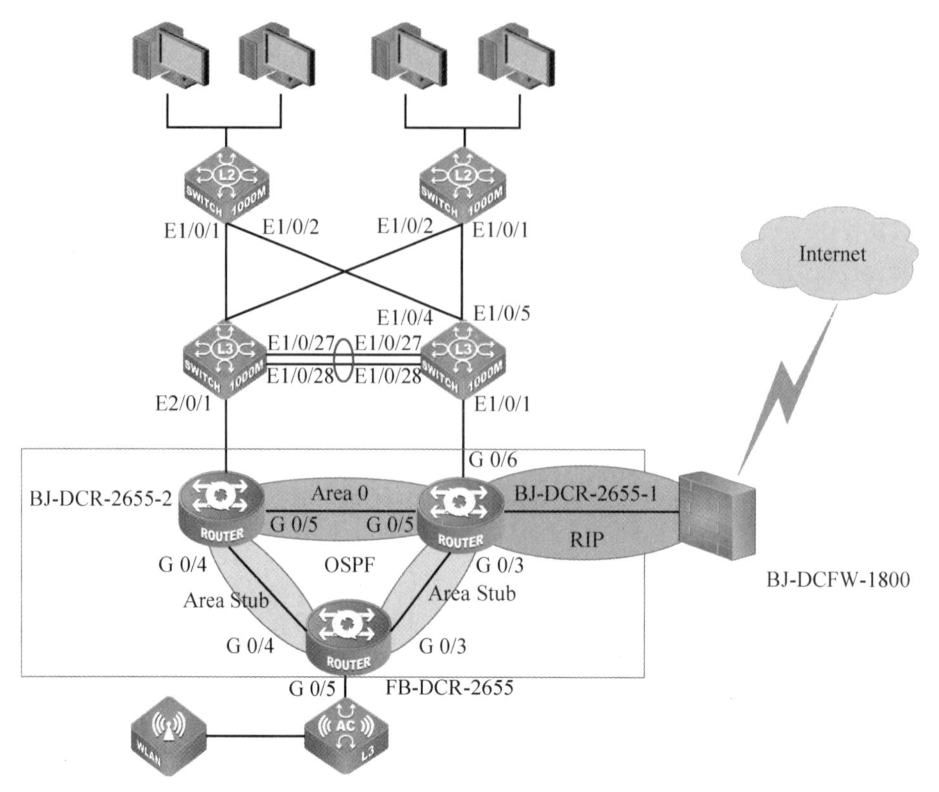

图 1-29-1　实训拓扑

需求分析

在总部核心路由器 BJ-DCR-2655-1 配置 OSPF 路由协议与 RIP 路由协议相互引入，并配置路由策略实现 OSPF 路由协议向 RIP 路由协议引入时只引入总部，分部需访问 Internet 业务部门路由。

数据规划

数据规划见表 1-29-1。

表 1-29-1　数据规划

需要访问 Internet 的部门	VLAN 号	部 门 网 段
总部技术支持部	40	192.168.40.0/24
总部服务器管理部	50	192.168.50.0/24
分部 DTJT-Internet	131	192.168.131.0/24

实训原理

路由重分发的工作原理：通过在各种路由协议的配置中添加一定的配置将路由协议广播到另外的路由协议中，让各个路由协议都能检测到运行其他的路由协议的网段，从而实现数据的传输。在大型公司中经常会出现网络设备之间运行多种网络协议的情况，各种网络协议之间如果不进行一定的配置，那么设备之间是不能互通信息的，在这种情况下就出现了路由重分发技术，路由重分发的作用就是为了实现多种路由协议之间的协同工作。

实训步骤

1．配置思路：首先完成 OSPF 与 RIP 区域设备的基础配置；然后进行路由重发布与引入控制的操作，包括配置前缀列表、配置路由策略等。

2．操作步骤：

实验需要在完成 OSPF 与 RIP 的基础配置以后进行：

（1）配置前缀列表：

```
BJ-DCR-2655-1_config#ip prefix-list list1 permit 192.168.40.0/24
BJ-DCR-2655-1_config#ip prefix-list list1 permit 192.168.50.0/24
BJ-DCR-2655-1_config#ip prefix-list list1 permit 192.168.131.0/24
```

（2）配置路由策略：

```
BJ-DCR-2655-1_config#route-map map1
BJ-DCR-2655-1_config_route_map1#match ip address prefix-list list1
BJ-DCR-2655-1_config_route_map1#exit
```

（3）路由重分发、路由引入控制：

```
BJ-DCR-2655-1_config#router ospf 110
BJ-DCR-2655-1_config_ospf_110#redistribute rip
BJ-DCR-2655-1_config_ospf_110#exit
BJ-DCR-2655-1_config#router rip
BJ-DCR-2655-1_config#redistribute ospf 110 route-map map1
```

赛点链接

（2018 年）路由部分第五小题：……总部 RT1 配置路由重分布、路由控制策略，实现如下要求……

易错解析

一般做多路由协议间的重分发要做双向的，即先将路由协议 A 重分发到路由协议 B 后，再执行路由协议 B 到路由协议 A 的重分发，或是配置单向的重分发后，再添加一条指向对方的默认路由。

第二篇　服务器配置及应用

第一部分　云平台安装与部署

实训 1　云平台基础设置

实训目的

1．能成功搭建云平台的生产环境；
2．能在云平台上完成基础设置；
3．能在云平台上创建虚拟网络。

背景描述

达通集团有 20 多台服务器支撑着公司所有信息化系统的运行，经过多年的运行，大部分服务器已经到了使用年限，经常因为硬件故障导致服务无法访问，急需升级、更新硬件。由于经费不足，又涉及管理及安全问题，所以管理员想采用虚拟化技术建立云计算平台。

需求分析

采用云计算平台技术，仅需一次投资，就可方便地为现有及未来的每个需求建立相应的虚拟服务器，避免硬件采购带来的浪费。管理员决定使用 DCC-CRL 1000 云服务实训平台来搭建测试环境，具体要求见表 2-1-1。

表 2-1-1　云服务实训平台网络信息

网络名称	VLAN号	外部网络	子网名称	子网网络地址（24）	网关 IP	激活 DHCP	地址池范围
Vlan20	20	是	Vlan20-subnet	10.80.20.0	10.80.20.254	是	10.80.20.100～10.80.20.200
Vlan30	30	是	Vlan30-subnet	10.80.30.0	10.80.30.254	是	10.80.30.100～10.80.30.200
Vlan40	40	是	Vlan40-subnet	10.80.40.0	10.80.40.254	是	10.80.40.100～10.80.40.200
Vlan100	100	是	Vlan100-subnet	192.168.100.0	192.168.100.1	是	192.168.100.100～192.168.100.200

实训原理

云服务实训平台是一款软/硬件结合的集日常实训使用及产品本身开源架构学习探究于一体的综合型产品。其中硬件部分是一台基于 X86 结构的定制化的高性能服务器，软件部分是一套基于开源云计算管理平台项目 OpenStack，并针对硬件环境实现自动化安装部署和系统重置、Licence 许可等功能的定制化软件。整个软件还附送日常实训可以使用的 Windows 系统及 Linux 系统映像，在云服务实训平台中还提供了卷功能，供平台中的虚拟机扩展硬盘使用。整个云服务实训平台网络架构采用 OpenStack 中的 VLAN 网络，可以方便地实现系统内部虚拟机和外部系统的互联互通。整个产品在使用及探究过程中可以随时通过配套的 U 盘重置系统，恢复到初始状态。

实训步骤

步骤 1：使用计算机连接到云服务实训平台管理端口，通过谷歌浏览器登录云实训平台，默认域为 default，输入用户名为 admin，密码为 dcncloud，单击“连接”按钮，如图 2-1-1 所示。

图 2-1-1　登录界面

步骤 2：登录云平台后，登录界面默认显示“项目”界面，如图 2-1-2 所示。

图 2-1-2　“项目”界面

步骤 3：在“管理员”→“系统”→“网络”界面，按照要求创建网络 Vlan20、Vlan30、Vlan40 和 Vlan100，单击“提交”按钮，如图 2-1-3～图 2-1-6 所示。

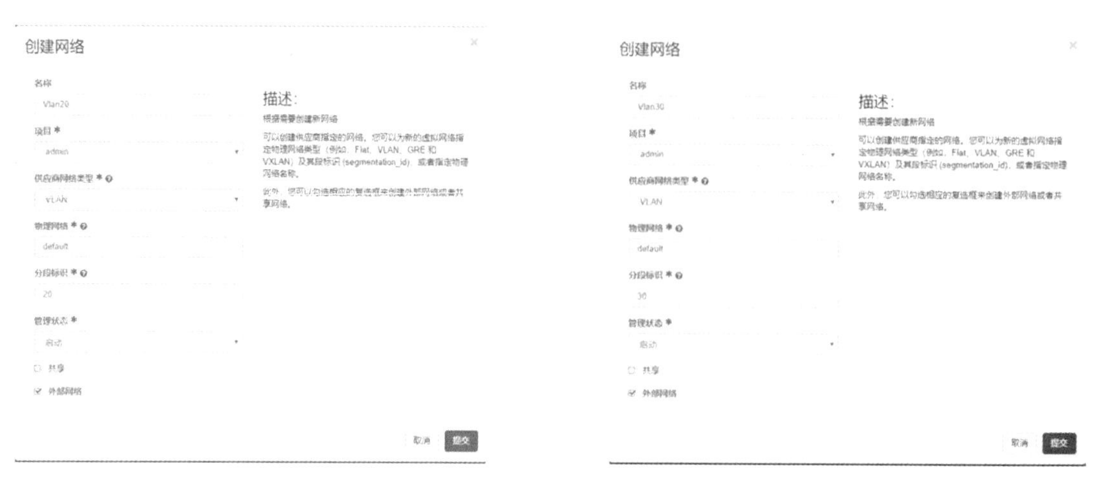

图 2-1-3　创建 Vlan20　　图 2-1-4　创建 Vlan30

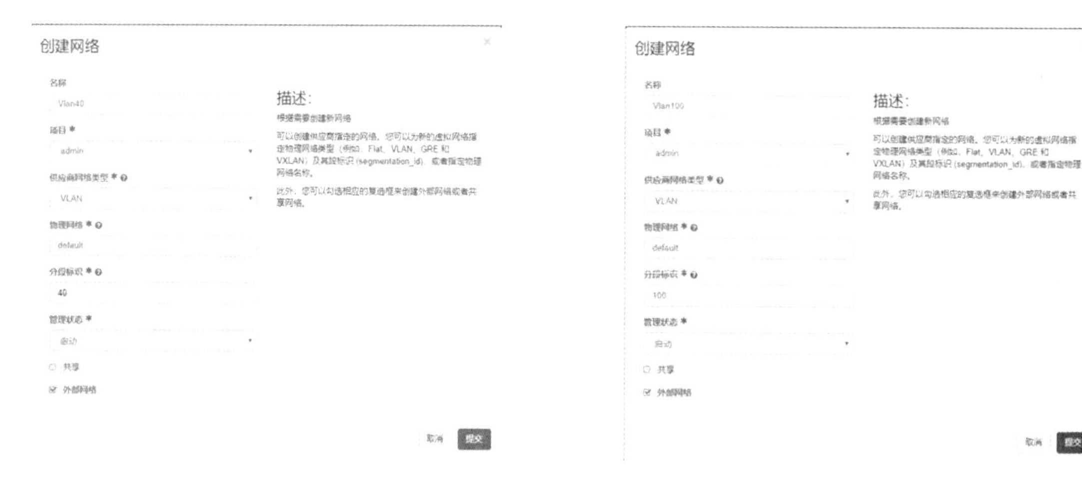

图 2-1-5　创建 Vlan40　　图 2-1-6　创建 Vlan100

步骤 4：VLAN 创建的结果如图 2-1-7 所示。

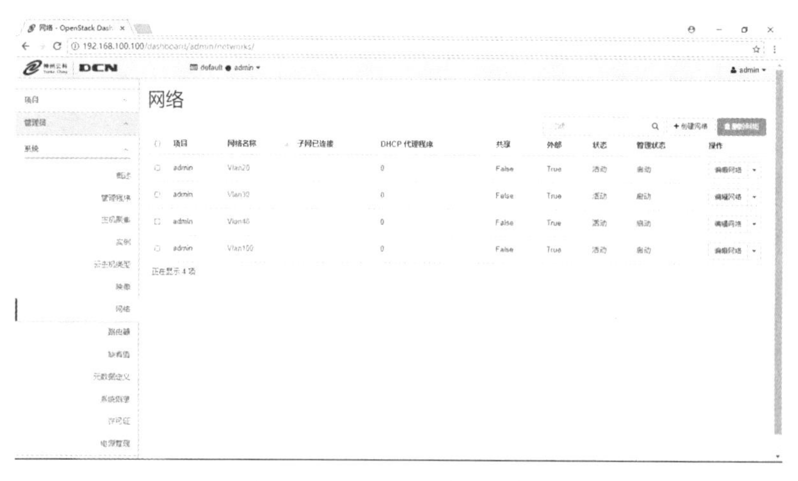

图 2-1-7　VLAN 创建结果

步骤 5：在“管理员”→“系统”→“网络”界面，单击名称为“Vlan20”的网络名称，在“子网”处创建 Vlan20 相应的子网，输入子网名称为“Vlan20-subnet”、网络地址为“10.80.20.0/24”、IP 版本为“IPv4”、网关 IP 为“10.80.20.254”，单击“下一步”按钮，如图 2-1-8 所示。

步骤 6：在“子网详情”处，输入分配池为“10.80.20.100，10.80.20.200”，单击“已创建”按钮，如图 2-1-9 所示。

图 2-1-8 创建 Vlan20 子网　　　　图 2-1-9 创建 Vlan20 子网详情

步骤 7：在“网络”→“子网”界面，可看到创建的“Vlan20-subnet”的详细信息，如图 2-1-10 所示。

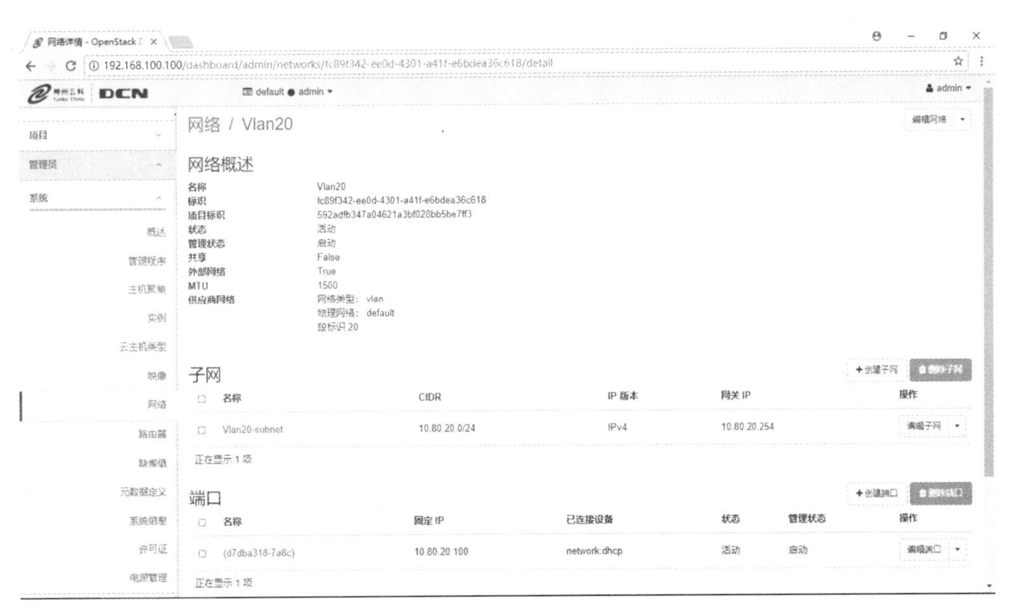

图 2-1-10 Vlan20-subnet 详细信息

步骤 8：在“管理员”→“系统”→“网络”界面，单击名称为“Vlan30”的网络名称，创建 Vlan30 相应的子网，单击“下一步”按钮，如图 2-1-11 所示。

步骤 9：在“子网详情”处，输入分配池为“10.80.30.100，10.80.30.200”，单击“已

创建”按钮，如图 2-1-12 所示。

步骤 10：在“管理员”→“系统”→“网络”→“子网”界面，可看到刚刚创建的“Vlan30-subnet”的详细信息，如图 2-1-13 所示。

步骤 11：在“管理员”→“系统”→“网络”界面，单击名称为“Vlan40”的网络名称，创建 Vlan40 相应的子网，单击“下一步”按钮，如图 2-1-14 所示。

图 2-1-11　创建 Vlan30 子网　　　　图 2-1-12　创建 Vlan30 子网详情

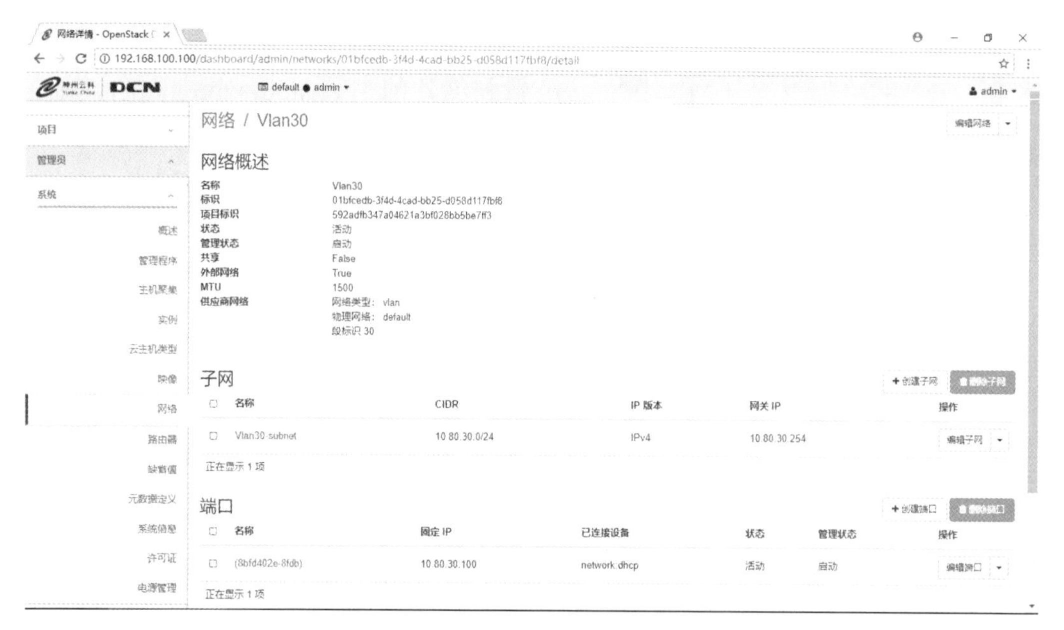

图 2-1-13　Vlan30-subnet 详细信息

步骤 12：在“子网详情”处，输入分配池为“10.80.40.100，10.80.40.200”，单击“已创建”按钮，如图 2-1-15 所示。

步骤 13：在“管理员”→“系统”→“网络”→“子网”界面，可看到创建的“Vlan40-subnet”的详细信息，如图 2-1-16 所示。

图 2-1-14　创建 Vlan40 子网

图 2-1-15　创建 Vlan40 子网详情

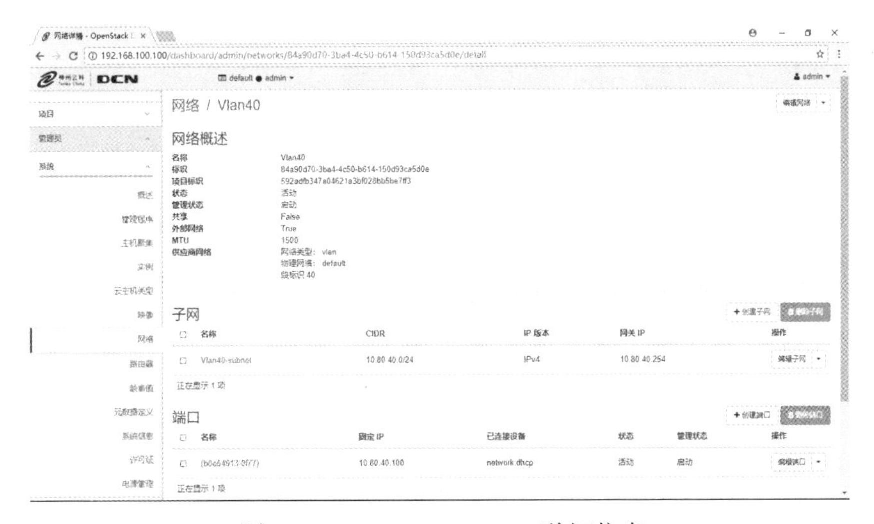

图 2-1-16　Vlan40-subnet 详细信息

步骤 14：在“管理员”→“系统”→“网络”界面，单击名称为“Vlan100”的网络名称，创建 Vlan100 相应的子网，单击“下一步”按钮，如图 2-1-17 所示。

步骤 15：在“子网详情”处，输入分配池为“192.168.100.100，192.168.100.200”，单击“已创建”按钮，如图 2-1-18 所示。

图 2-1-17　创建 Vlan100 子网

图 2-1-18　创建 Vlan100 子网详情

步骤 16：在“管理员”→“系统”→“网络”→“子网”界面，可看到刚刚创建的“Vlan100-subnet”的详细信息，如图 2-1-19 所示。

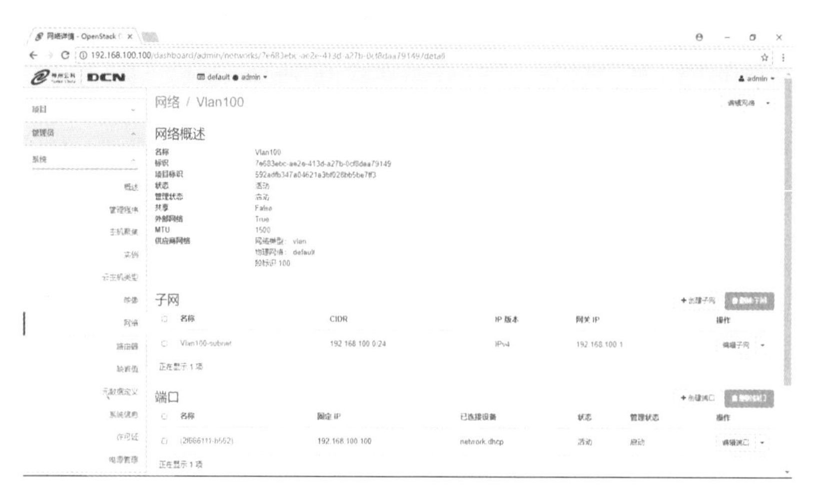

图 2-1-19　Vlan100-subnet 详细信息

步骤 17：在“管理员”→“系统”→“网络”界面，通过网络名称对所创建的网络进行排序，检查是否符合需求分析的要求，如图 2-1-20 所示。

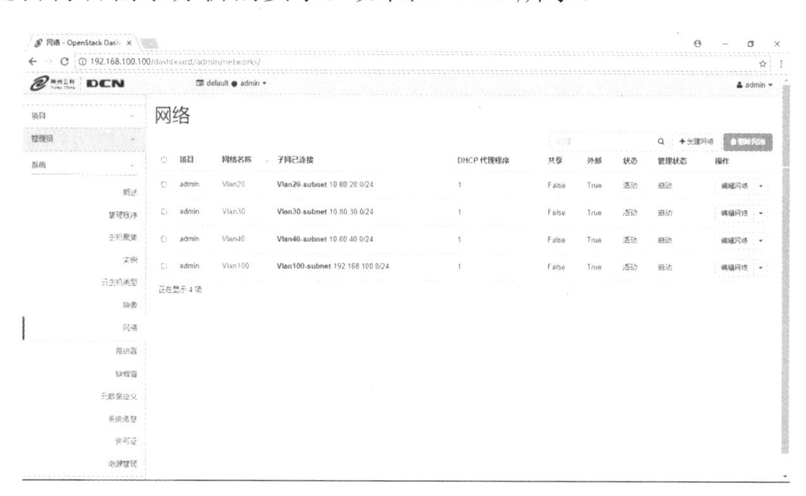

图 2-1-20　创建 4 个 VLAN 后的相关信息

赛点链接

（2018 年）按照“表 4：云平台网络信息表”的要求创建 4 个外部网络，这些外部网络所使用的 VLAN 均为总部业务 VLAN，详细操作过程请参照“云服务实训平台用户操作手册”。

（2018 年）创建 3 块云硬盘，将卷命名为 hd1～hd3，其中 hd1～hd3 大小为 10GB。

易错解析

云平台的基础设置是 2018 年新的考点，虽然简单，但在创建网络时，注意勾选“外部网络”选项，使实例可以通过云实训平台业务口与物理网络通信，已经创建完成后，通过编辑网络对“外部网络”进行勾选是无效的。通过编辑“子网”→“子网详情”对地址池进行设置时，地址范围间用英文字符“,”分割，其余符号无法正常生效。

实训 2　创建虚拟主机

实训目的

1. 能在云平台创建虚拟主机；
2. 能对虚拟机实例进行操作；
3. 能完成云平台上不同虚拟机的部署。

背景描述

达通集团搭建好了云计算平台，现网络管理员想通过云实训平台来创建虚拟主机等，于是管理员决定通过浏览器来完成虚拟主机的创建。

需求分析

云实训平台搭建好以后，需要创建虚拟主机才能正常使用，可以通过浏览器进行远程访问，进行虚拟主机的创建。具体要求见表 2-2-1。

表 2-2-1　云实训平台虚拟主机信息

虚拟主机名称	镜像模板（源）	云主机类型（flavor）	内存、硬盘信息	网络（与设备关联）
win2012-A1	win2012	window-large	4GB、40GB	Vlan100
win2008-A3	win2008	window-large	2GB、30GB	Vlan100
Centos-A1	centos6.5-mini	linux-small	1G、30GB	Vlan40

实训原理

云服务实训平台的虚拟主机即云平台实例，创建虚拟主机需要考虑四部分内容：虚拟主机名称用于对云实训平台各实例进行区分；镜像模板决定实例所选用的统一平台；云主机类型决定实例的硬件配置，会对实例的性能产生重要影响；网络决定实例所连接的虚拟 VLAN 网络，对该实例最终所获取的 IP 地址等网络参数起决定性作用。

实训步骤

步骤 1：在“项目”→“计算”→“实例”→“创建实例”界面，可看到“详细信息”

页面，依据需求分析表设置 Instance Name 为“Win2012-A1”、可用区域为“nova”、Count 为“1”，如图 2-2-1 所示。

图 2-2-1　配置 Win2012-A1 详细信息

步骤 2：在“源”菜单处，选择引导源为“映像”，单击下方“+”按钮选择可用映像，这里选择“win2012”，如图 2-2-2 所示。

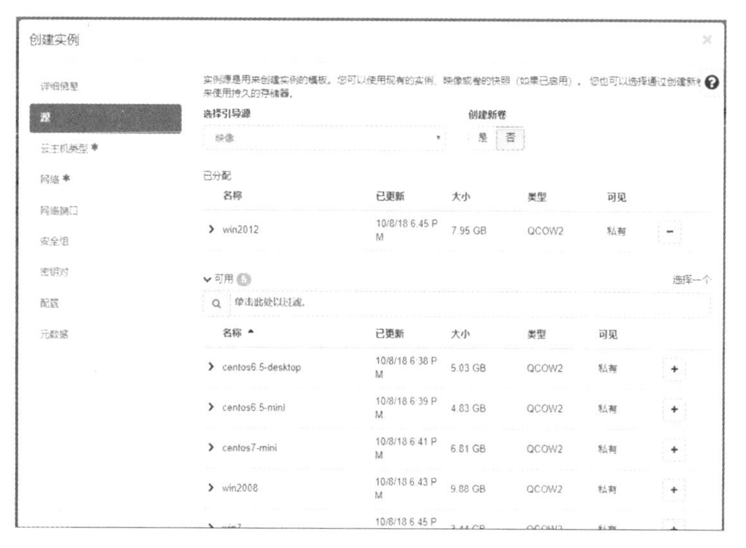

图 2-2-2　配置 Win2012-A1 源

步骤 3：在“云主机类型”菜单处，单击下方“+”按钮选择可用的云主机类型，这里选择“window-large”，如图 2-2-3 所示。

步骤 4：在“网络”菜单处，单击下方“+”按钮选择可用的网络类型，这里选择“Vlan100”，最后单击“创建实例”按钮，完成虚拟主机“Win2012-A1”的创建，如图 2-2-4 所示。

步骤 5：单击“项目”→“计算”→“实例”→“创建实例”菜单，可看到“详细信息”页面，依据需求分析表设置 Instance Name 为“Win2008-A3”、可用区域为“nova”、Count 为“1”，如图 2-2-5 所示。

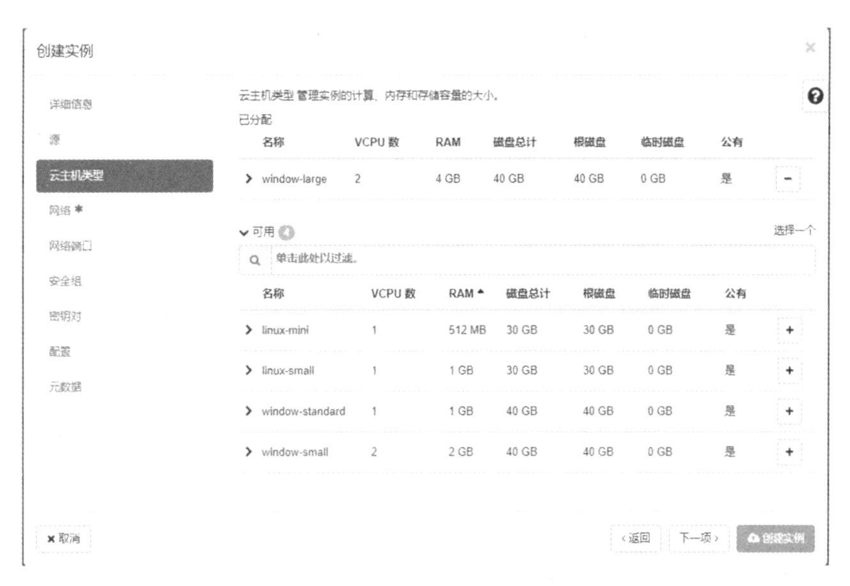

图 2-2-3　配置 Win2012-A1 云主机类型

图 2-2-4　配置 Win2012-A1 网络

图 2-2-5　配置 Win2008-A3 详细信息

步骤 6：在“源”菜单处，选择引导源为“映像”，单击下方“+”按钮选择可用映像，这里选择“win2008”，如图 2-2-6 所示。

图 2-2-6　配置 Win2008-A3 源

步骤 7：在“云主机类型”菜单处，单击下方“+”按钮选择可用的云主机类型，这里选择“window-large”，如图 2-2-7 所示。

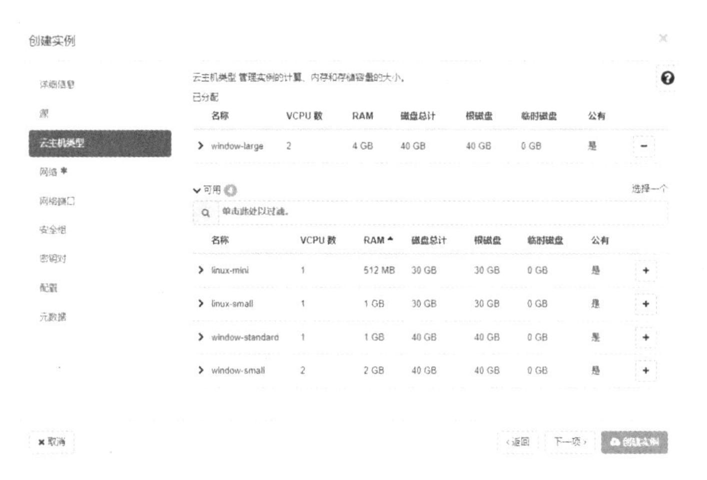

图 2-2-7　配置 Win2008-A3 云主机类型

步骤 8：在“网络”菜单处，单击下方“+”按钮选择可用的网络类型，这里选择“Vlan100”，最后单击“创建实例”按钮，完成虚拟主机“Win2008-A3”的创建，如图 2-2-8 所示。

图 2-2-8　配置 Win2008-A3 网络

步骤 9：在“项目”→“计算”→“实例”→“创建实例”处，可看到“详细信息”页面，依据需求分析表设置 Instance Name 为“Centos-A1”、可用区域为“nova”、Count 为“1”，如图 2-2-9 所示。

图 2-2-9　配置 Centos-A1 详细信息

步骤 10：在“源”菜单处，选择引导源为“映像”，单击下方“+”按钮选择可用映像，这里选择“centos6.5-mini”，如图 2-2-10 所示。

图 2-2-10　配置 Centos-A1 源

步骤 11：在“云主机类型”菜单处，单击下方“+”按钮选择可用的云主机类型，这里选择“linux-small”，如图 2-2-11 所示。

步骤 12：在“网络”菜单处，单击下方“+”按钮选择可用的网络类型，这里选择“Vlan40”，最后单击“创建实例”按钮，完成虚拟主机“Centos-A1”的创建，如图 2-2-12 所示。

步骤 13：在“项目”→“计算”→“实例”界面，通过实例名称对所创建的虚拟主机进行排序，检查是否符合需求分析的要求，如图 2-2-13 所示。

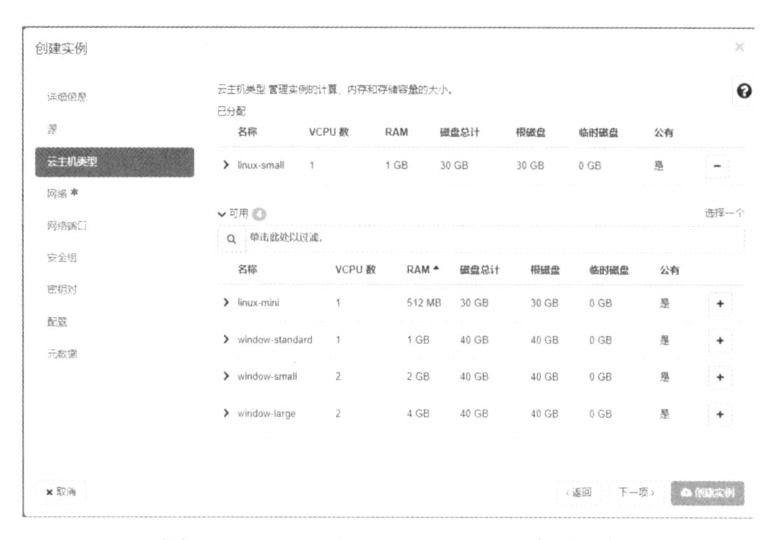

图 2-2-11　配置 Centos-A1 云主机类型

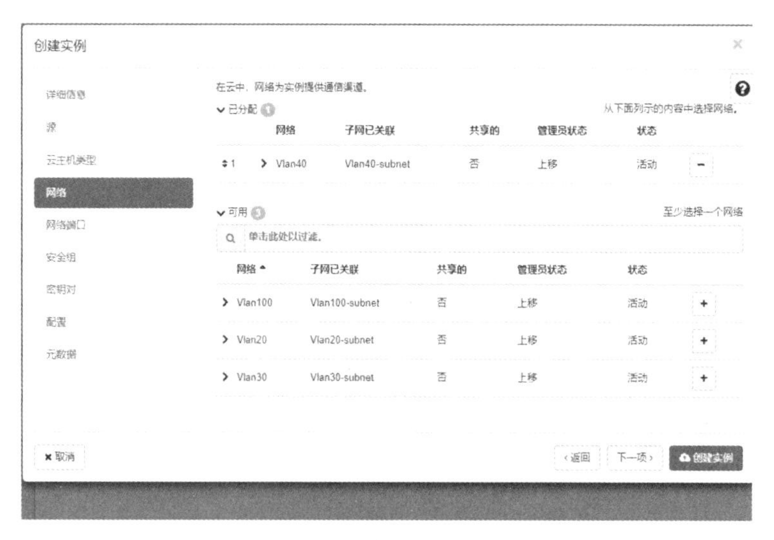

图 2-2-12　配置 Centos-A1 网络

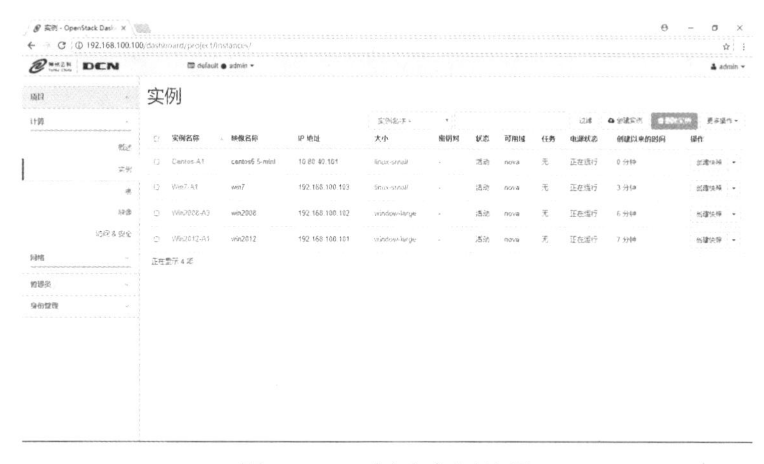

图 2-2-13　创建实例结果

赛点链接

（2018 年）按照“表 5：虚拟主机信息表”所示，按要求生成虚拟主机，详细操作过程请参照“云服务实训平台用户操作手册”。

易错解析

在云实训平台上创建虚拟主机是比较容易的，在设置虚拟机名称时应当避免采用特殊字符，通过 Count 可以实现批量创建虚拟主机。由于制作镜像模板时对根磁盘大小已经有所设置，因此云主机类型根磁盘容量不得小于制作镜像模板时的容量，一般 Windows 服务器类镜像不小于 40GB，Linux 与 Windows 桌面类镜像不小于 30GB。使用虚拟主机时，手工设置的 IP 地址必须与云平台实例页面所显示 IP 地址一致，否则会导致虚拟主机与外部物理网络无法通信。

第二部分 Windows 操作系统

实训 3 Windows AD 域迁移、只读域

实训目的

1．能理解域迁移和只读域的概念和作用；

2．能实现 Windows 域的迁移；

3．能实现 Windows 只读域的配置。

背景描述

达通集团由于业务规模的扩大，新购置了服务器和操作系统，但旧的服务器上还有域控制器在运行。由于旧服务器无法升级，需要先将域控服务移到新的服务器上，还需要有一个服务器用来缓存域控制器的认证信息，用于分公司的登录验证，网络管理员决定采用 Windows 域迁移等办法来解决这一问题。

需求分析

随着公司员工的增多，信息中心的管理难度也随之增大了，加上服务器操作系统的升级，在不影响正常工作的情况下，进行迁移操作是可行的；使用只读域控制器来缓存 DC 的认证信息，确实是明智的选择，所以管理员的决定是正确的。服务器角色分配见表 2-3-1。

表 2-3-1 服务器角色分配

计算机名	角色	IP 地址（/24）	所需设置
DC.tianyi.com	旧 DC（2008 系统）	IP：10.10.10.68 DNS：10.10.10.68	迁移五大角色和 DNS、降级后变为 RODC 控制器
S1.tianyi.com	新 DC（2012 系统）	IP：10.10.10.101 DNS：10.10.10.68	升级变为新的 DC

实训原理

对于域结构的网络来说，域控制器的重要性不言而喻，如果网络中唯一的域控制器突然崩溃，而事先没有做好备份，那将是一场灾难，所以有条件的话，还是建议在网络中备有额外域控制器。在网络中的域控制器都会自动进行复制，如果一台机器坏掉的话，额外

域控制器可以随时接管工作，此时的额外域控制器可以承担用户认证、登录等工作。但是为了正常使用域资源，还需要将域控制器的五种角色转移到额外域控制器中。

1. AD 域环境中的五大主机角色

在 Windows Server 多主机复制环境中，任何域控制器理论上都可以更改 ActiveDirectory 中的任何对象。但实际上并非如此，某些 AD 功能不允许在多台 DC 上完成，否则可能会造成 AD 数据库一致性错误，这些特殊的功能被称为“灵活单一主机操作”，常用 FSMO 来表示，拥有这些特殊功能执行能力的主机被称为 FSMO 角色主机。在 Win AD 域中，FSMO 有五种角色，下面分别介绍。

（1）架构主机（Schema Master）

架构主机控制活动目录整个林中所有对象和属性的定义。具有架构主机角色的 DC 是可以更新目录架构的唯一 DC，这些架构更新会从架构主机复制到目录林中的所有其他域控制器中。架构主机是基于目录林的，整个目录林中只有一个架构主机。

（2）域命令主机（Domain Naming Master）：域级别（在域中只有一台 DC 拥有该角色）

域命令主机向目录林中添加新域，从目录林中删除现有的域，添加或删除描述外部目录的交叉引用对象。

（3）PDC 模拟器（PDC Emulator）

向后兼容低级客户端和服务器，担任 NT 系统中的 PDC 角色。

PDC 模拟器向后兼容低级客户端和服务器，担任 NT 系统中的 PDC 角色。

域的 PDC 模拟器对域具有权威性，作为本域权威时间服务器，为本域中其他 DC 以及客户机提供时间同步服务，林中根域的 PDC 模拟器又为其他域 PDC 模拟器提供时间同步。

PDC 模拟器作为密码最终验证服务器，当用户在本地 DC 登录，而本地 DC 验证本地用户输入密码无效时，本地 DC 会查询 PDC 模拟器，询问密码是否正确。

PDC 模拟器可以修改组策略模板，组策略对象（GPO）由两部分构成——GPT 和 GPC，其中 GPC 存放在 AD 数据库中，GPT 默认存放 PDC 模拟器在\\windows\sysvol\sysvol\目录下，然后通过 DFS 复制到本域其他 DC 中。name 域主机浏览器，提供通过网上邻居查看域环境中所有主机的功能。

（4）RID 主机（RID Master）

在 Windows 环境中，所有的安全主体都有 SID，SID 由域 SID+序列号组合而成，后者被称为“相对 ID”（Relative ID，RID）。在 Windows 环境中，由于任何 DC 都可以创建安全主体，为保证整个域中每个 DC 所创建的安全主体对应的 SID 在整个域范围的唯一性，设立该主机角色，负责向其他 DC 分配 RID 池（默认一次性分配 500 个），所有非 RID 主机在创建安全实体时，都从分配给的 RID 池中分配 RID，以保证 SID 不会发生冲突！当非 RID 主机中分配的 RID 池使用到 80%时，该 DC 会向域的 RID 主机发送对其他 RID 的请求，并申请分配下一个 RID 地址池。

（5）基础架构主机（Infrastructure Master）

基础架构主机的作用是负责对跨域对象引用进行更新，以确保所有域间操作对象的一致性。如果基础架构主机与 GC 在同一台 DC 上，基础架构主机就不会更新到任何对象。所以在多域情况下，强烈建议不要将基础架构主机设为 GC。

2. 只读域控制器（Read-Only Domain Controller，RODC）

RODC 是 Windows Server 2008 推出之后引入的一活动目录特性，与其他域控制器一样包含 AD 数据库，但 RODC 默认不保存域用户账户密码，并且 RODC 中包含的数据库也是只读的，只能单向从其他可读写域控制器请求信息，但无法将更改信息同步到其他可写域控制器。RODC 一般用于企业分支机构（办事处、分公司、驻外站点等），考虑到人员数量及宽带运营成本等，设置只读域控制器可简化区域技术人员维护工作、降低员投入成本，便于管理，提高本地办公效率，同时可改善当地网络环境的安全性。

实训步骤

1. 将 S1 加入域作为域成员

步骤 1：右击“我的电脑”图标，在弹出的快捷菜单中，选择“属性”命令，打开“系统属性”对话框，如图 2-3-1 所示。

步骤 2：在“计算机名”选项卡中，单击“更改”按钮，打开“计算机名/域更改”对话框，如图 2-3-2 所示。

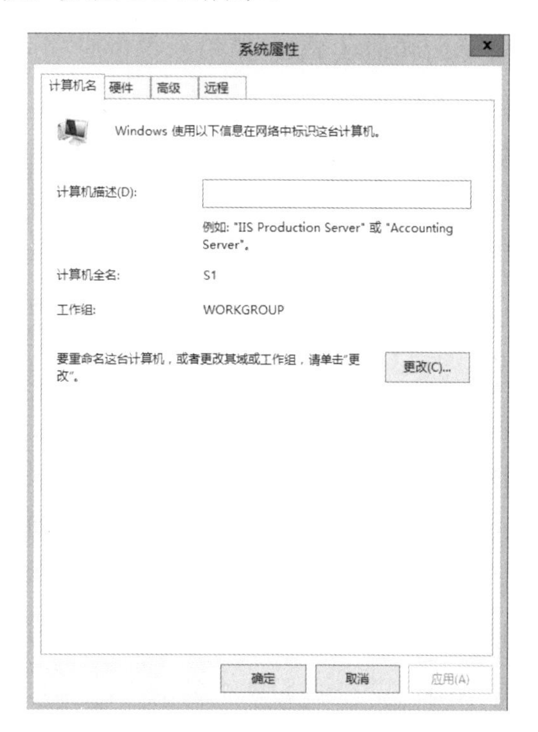

图 2-3-1 “系统属性”对话框

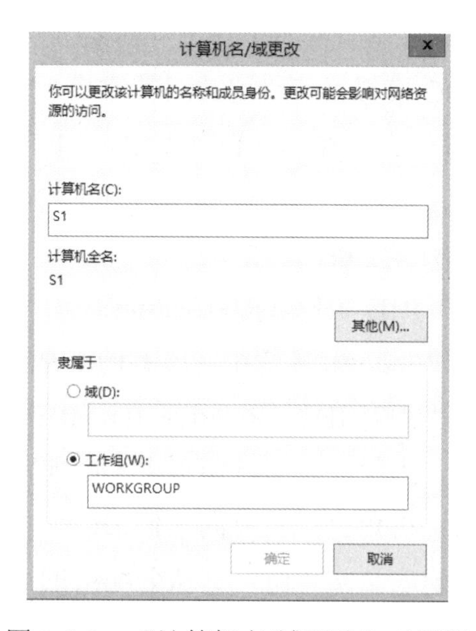

图 2-3-2 “计算机名/域更改”对话框

步骤3：选中“域”单选按钮，并填写所要加入的域“tianyi.com”，单击“确定”按钮，如图2-3-3所示。

步骤4：客户机S1将通过DNS服务器查询是否有域名为“tianyi.com”的域控制器存在，解析成功后出现“Windows 安全”对话框。需要在对话框中输入域账户名称和密码进行登录，如图2-3-4所示。

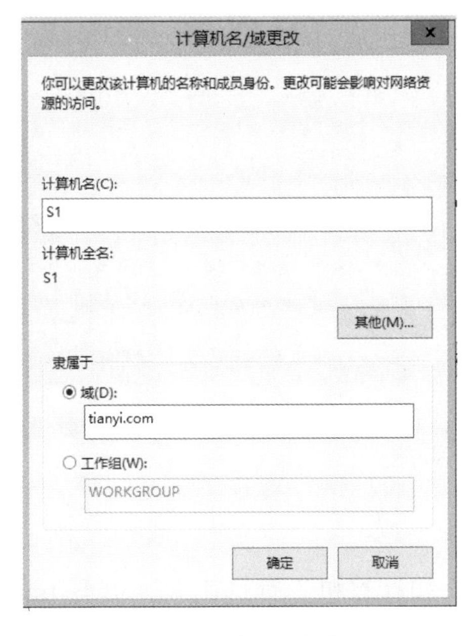

图2-3-3 将S1加入域

图2-3-4 输入域账户名称和密码

步骤5：域控制器核实用户权限有效、客户机的设置得到认可后，显示计算机S1加入域，单击“确定”按钮，如图2-3-5所示。

步骤6：系统弹出“计算机名/域更改”对话框，提示必须重新启动计算机才能应用这些更改，单击“确定”按钮，如图2-3-6所示。

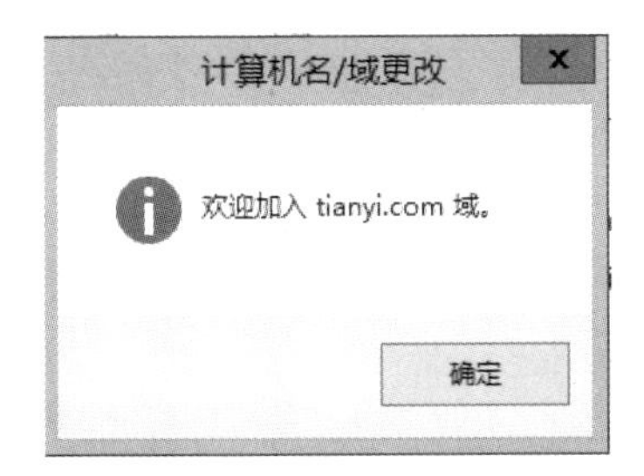

图2-3-5 成功加入域

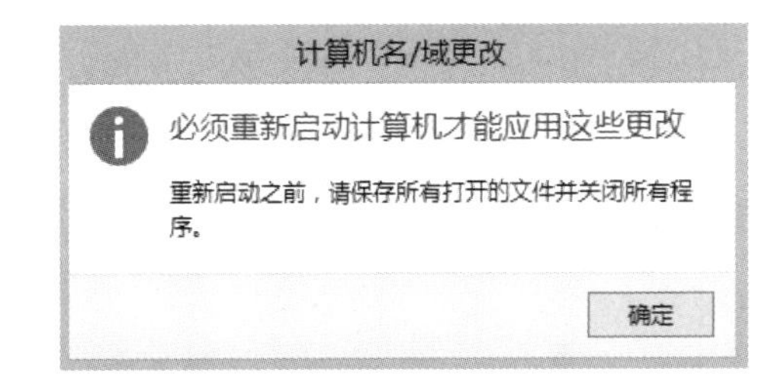

图2-3-6 提示重新启动计算机

步骤7：返回“系统属性”选项后，看到计算机全名已经更改为“S1.tianyi.com”，表明该计算机已经成功加入Active Directory域，单击“关闭”按钮，如图2-3-7所示。

步骤8：单击“立即重新启动”按钮，计算机再次启动后即完成了加域操作，如图2-3-8所示。

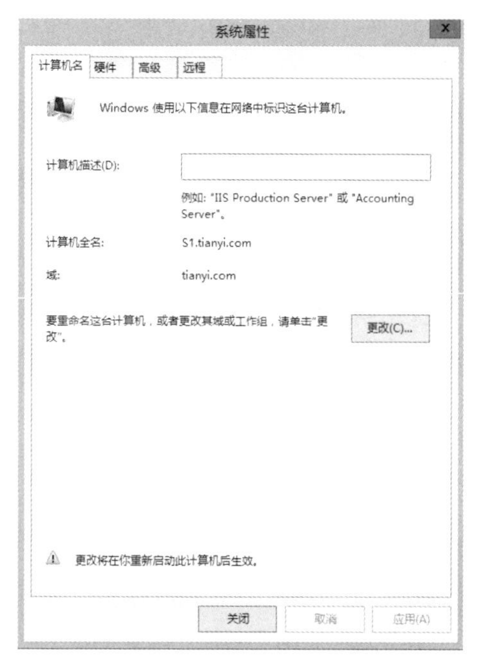

图 2-3-7 “系统属性”对话框

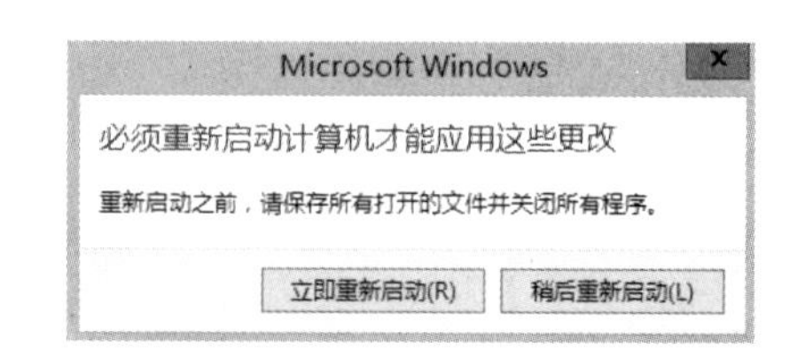

图 2-3-8 立即重新启动计算机

2. 在域控制器中查看成员计算机

在域控制器 DC 上，打开“Active Directory 用户和计算机”管理工具，展开 tianyi.com 域后，双击“Computers”即可查看域成员计算机，说明 S1 加入 tianyi.com 域成功，如图 2-3-9 所示。

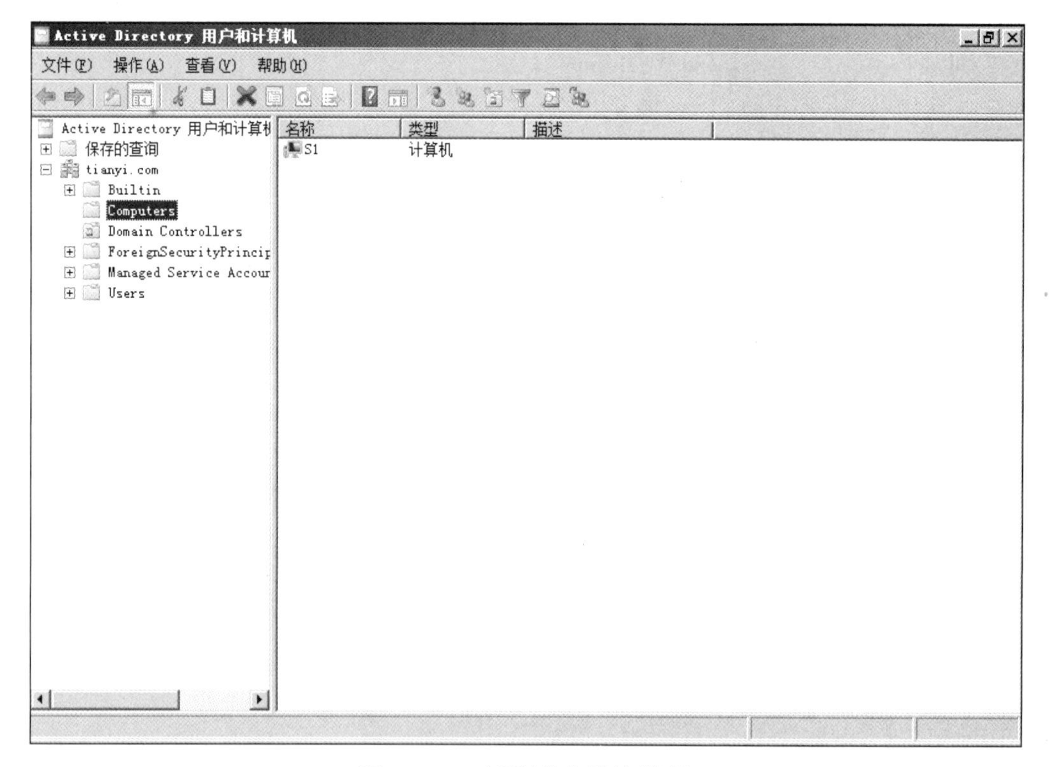

图 2-3-9 查看域成员计算机

3. 添加 AD 活动目录和升级域控制器

步骤 1：单击“服务器管理器”，弹出“服务器管理器-仪表板”对话框，如图 2-3-10 所示。

图 2-3-10　“服务器管理器-仪表板”对话框

步骤 2：在“仪表板”界面单击“添加角色和功能”选项，进入“添加角色和功能向导”界面，单击“下一步”按钮，如图 2-3-11 所示。

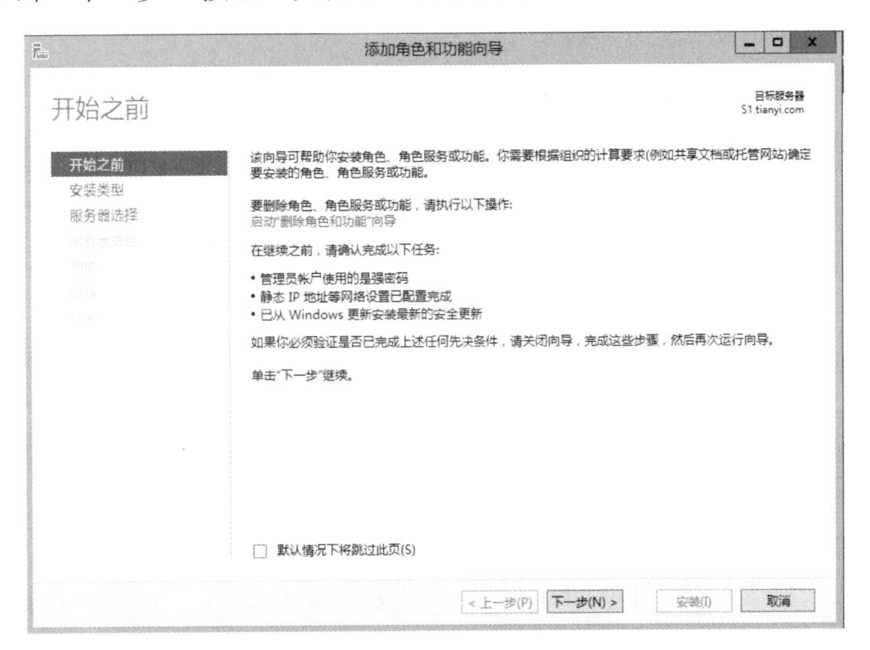

图 2-3-11　“添加角色和功能向导”界面

步骤 3：在“安装类型”选项中，选中“基于角色或基于功能的安装”单选框，再单击“下一步”按钮，如图 2-3-12 所示。

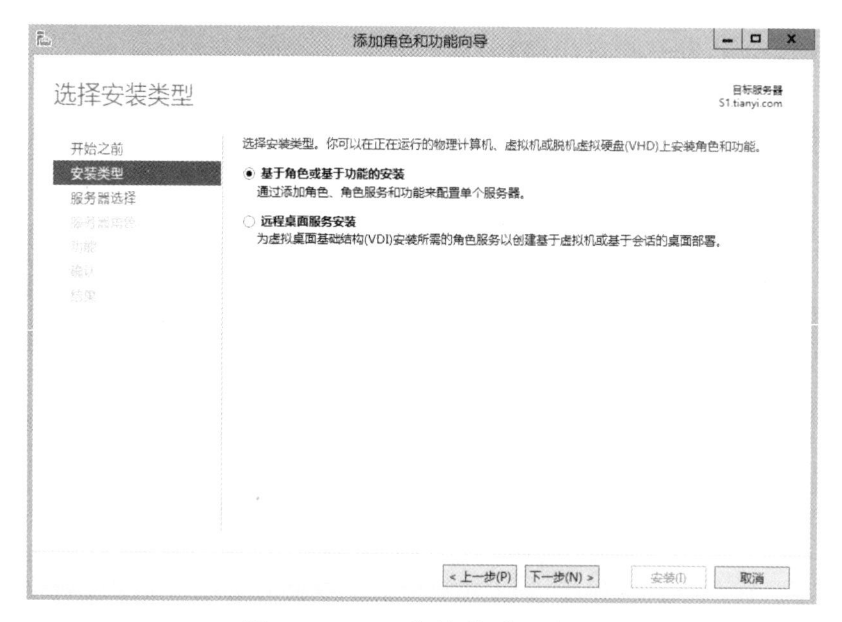

图 2-3-12　“安装类型”选项

步骤 4：在“服务器选择”选项中，选择“从服务器池中选择服务器”→“S1.tianyi.com”，单击“下一步”按钮，如图 2-3-13 所示。

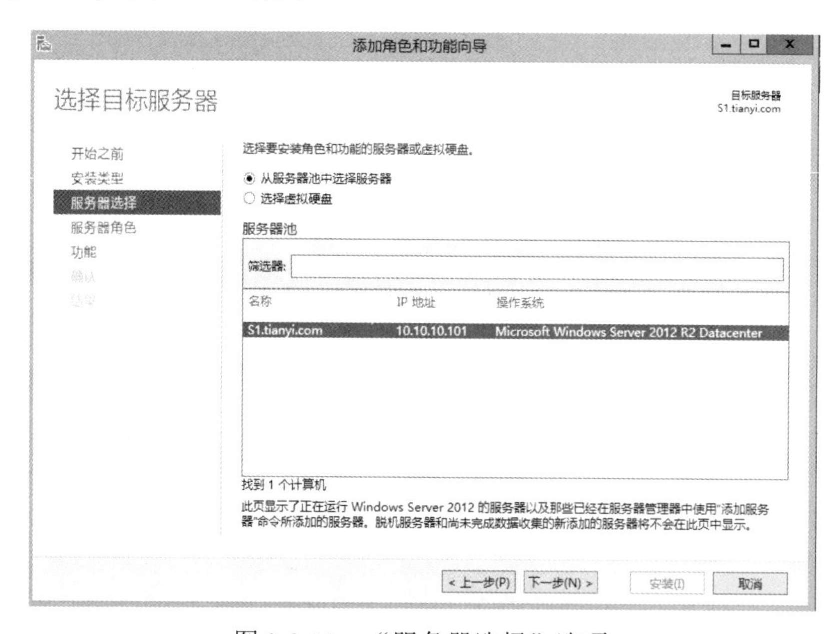

图 2-3-13　“服务器选择”选项

步骤 5：在“服务器角色”选项中，勾选“Active Directory 域服务”和“DNS 服务器”复选框，如图 2-3-14 所示。

步骤 6：在选择“Active Directory 域服务”服务器角色时，会弹出关于域服务的“添加角色和功能向导”对话框，单击“添加功能”按钮，如图 2-3-15 所示。

步骤 7：在选择“DNS 服务器”角色时，会弹出关于 DNS 服务器的“添加角色和功能向导”对话框，单击“添加功能”按钮，如图 2-3-16 所示。

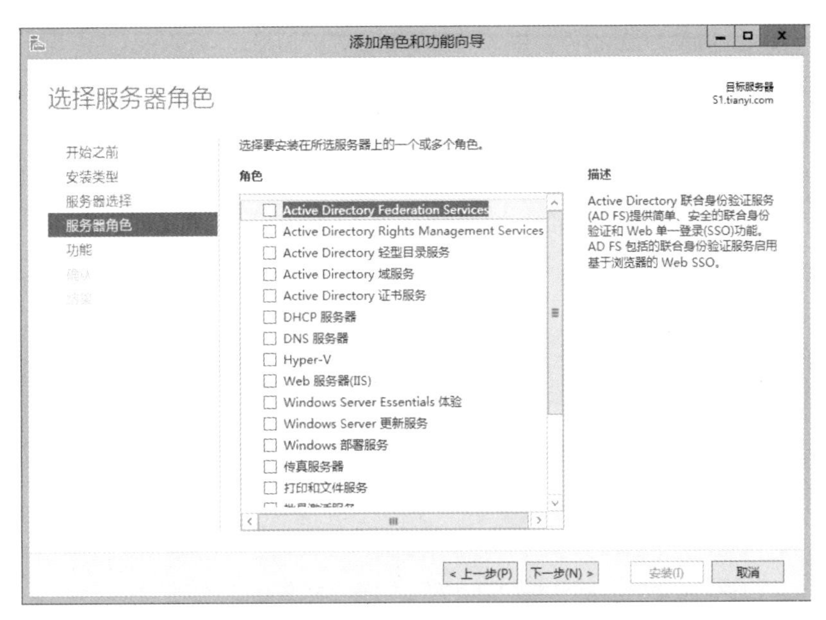

图 2-3-14　“服务器角色”选项

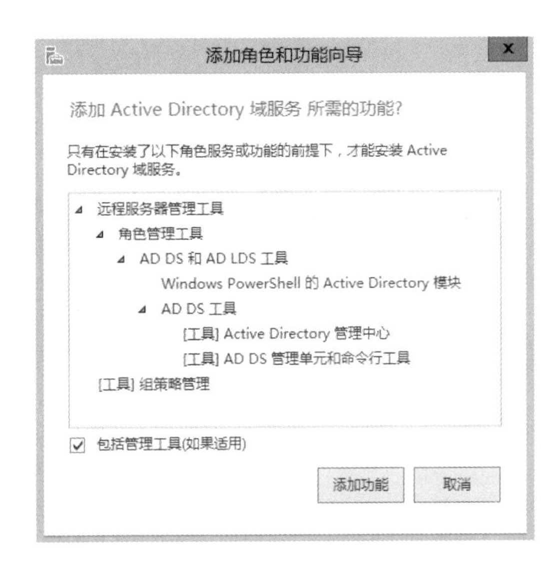

图 2-3-15　“添加角色和功能向导”对话框

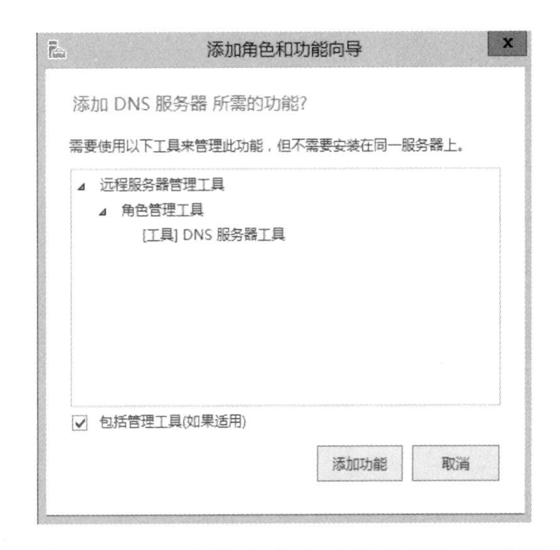

图 2-3-16　“添加角色和功能向导”对话框

步骤 8：在“服务器角色”选项中，“Active Directory 域服务”和“DNS 服务器”复选框已被选中，单击“下一步”按钮，如图 2-3-17 所示。

步骤 9：在“功能”选项中，单击“下一步”按钮，如图 2-3-18 所示。

步骤 10：在“Active Directory 域服务”的“AD DS”选项中，单击“下一步”按钮，如图 2-3-19 所示。

步骤 11：在“确认”选项中，单击“安装”按钮，如图 2-3-20 所示。

步骤 12：在“安装进度”选项中，可以看到功能安装进度，如图 2-3-21 所示。

步骤 13：安装完毕，在“结果”选项中，选择“将此服务器提升为域控制器”条目，如图 2-3-22 所示。

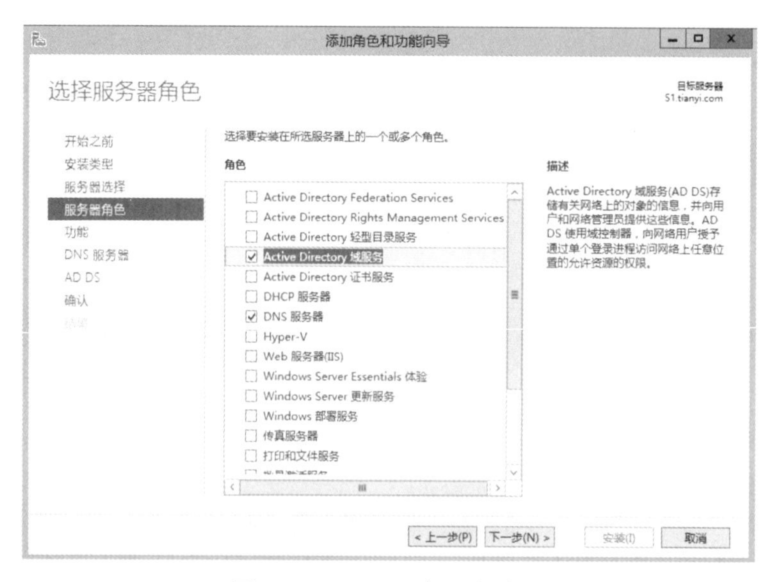

图 2-3-17 “服务器角色”选项

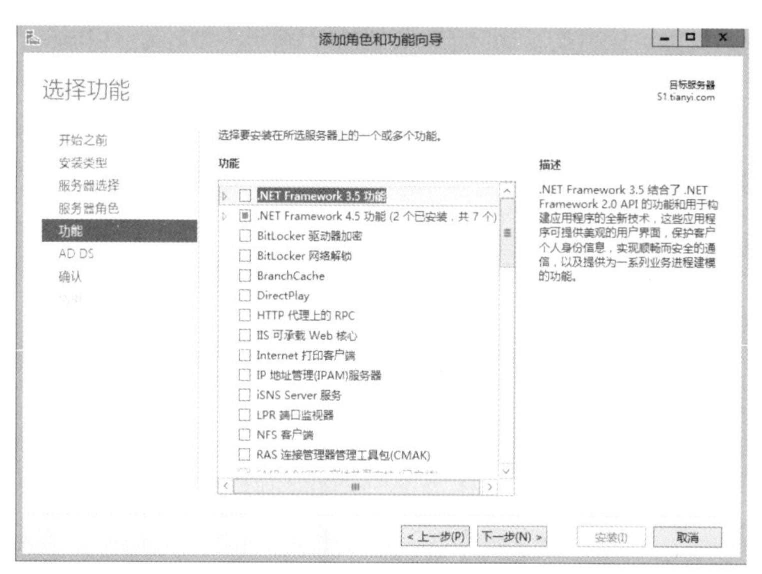

图 2-3-18 “功能”选项

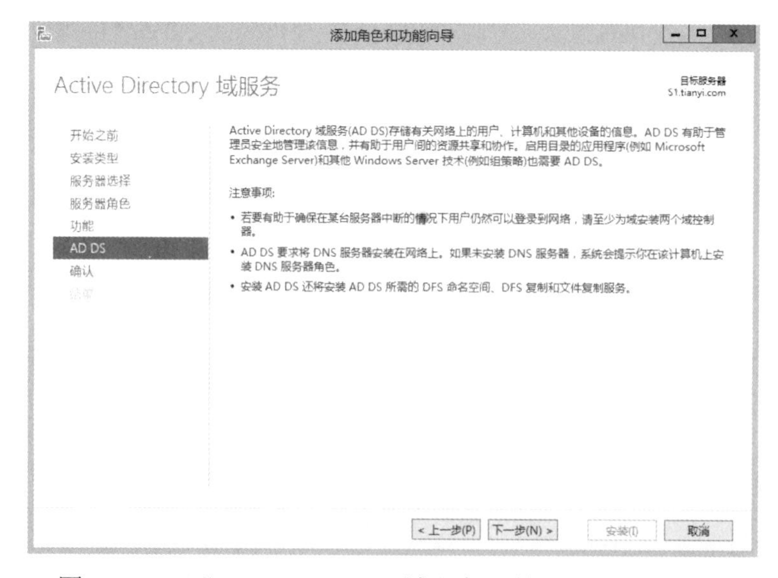

图 2-3-19 “Active Directory 域服务”的“AD DS”选项

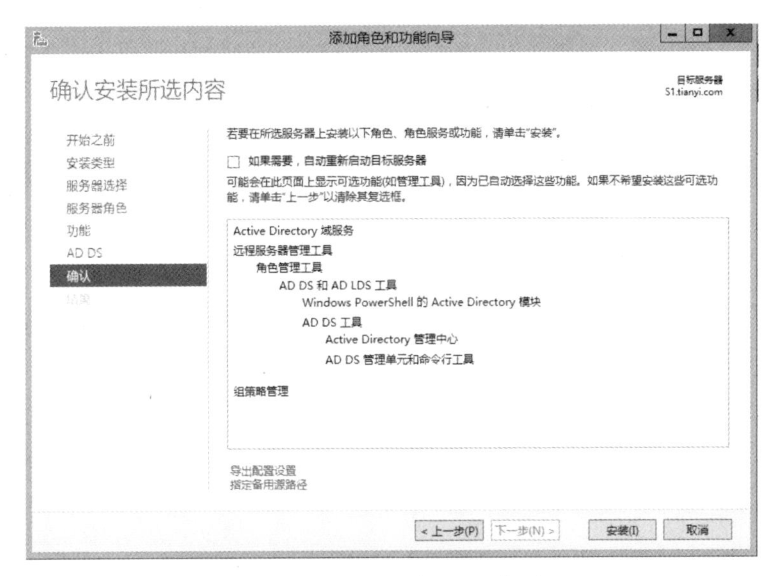

图 2-3-20　“确认”选项

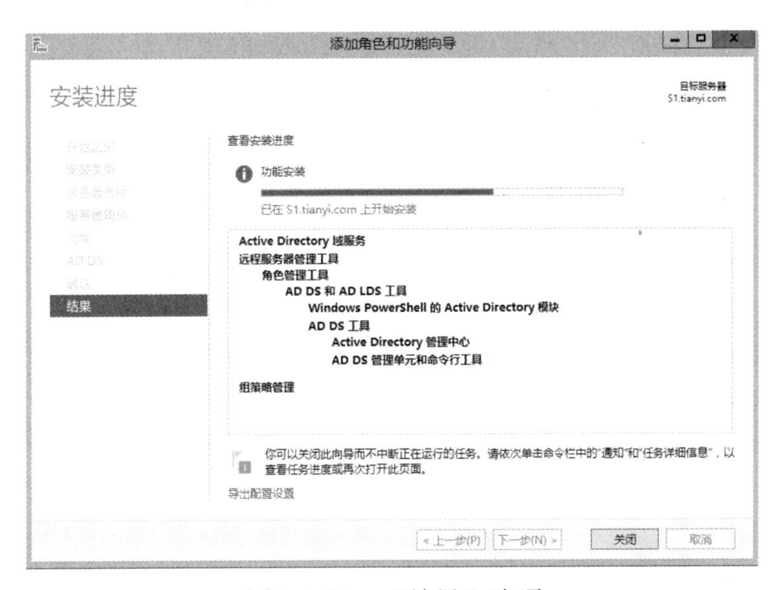

图 2-3-21　“结果”选项

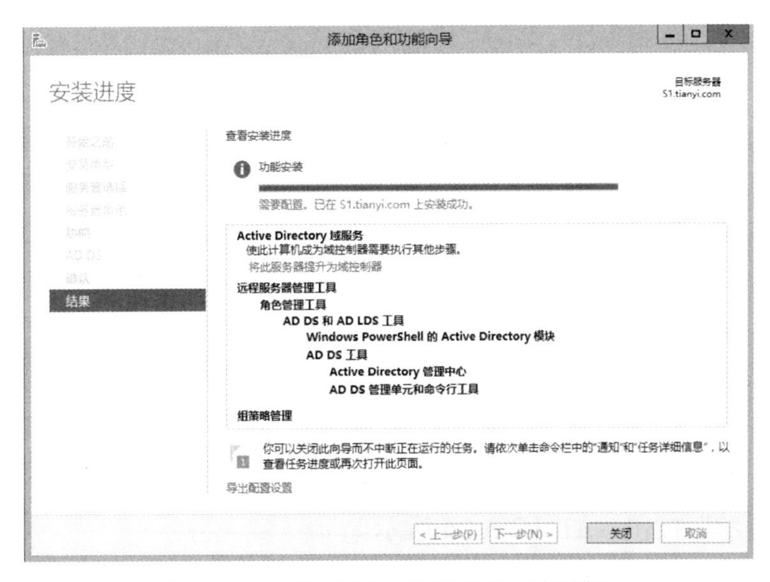

图 2-3-22　将此服务器提升为域控制器

步骤 14：在“部署配置”选项中，选中“将域控制器添加到现有域”单选框，并在“域（O）：”处输入“tianyi.com”，单击“下一步”按钮，如图 2-3-23 所示。

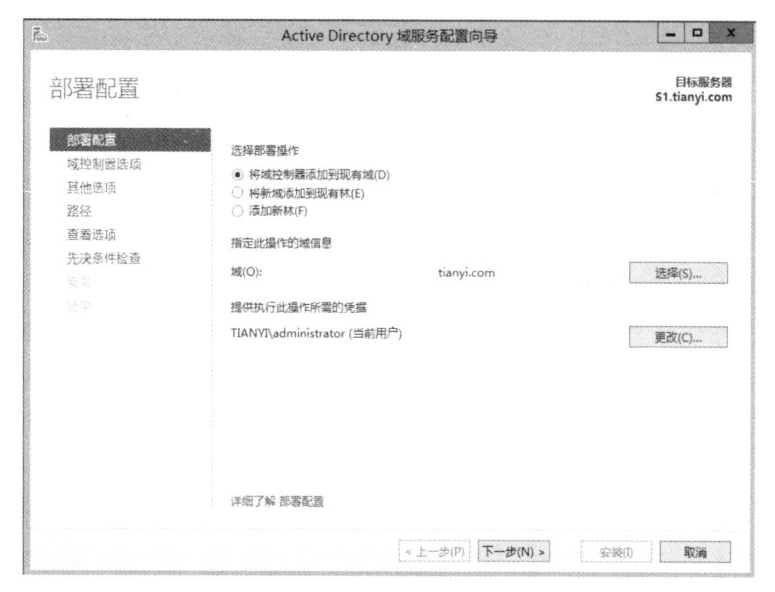

图 2-3-23　“部署配置”选项

步骤 15：在“域控制器选项”选项中，设置目录服务还原模式（DSRM）密码，连续输入两次，单击“下一步”按钮，如图 2-3-24 所示。

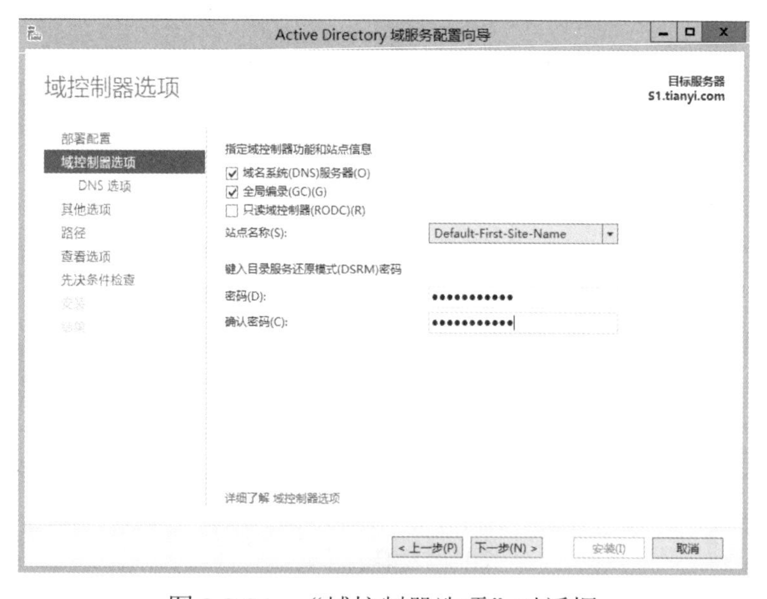

图 2-3-24　“域控制器选项”对话框

步骤 16：在“DNS 选项”选项中，保留默认值，单击“下一步”按钮，如图 2-3-25 所示。

步骤 17：在“其他选项”选项中，在“复制自”下拉列表框中选择“DC.tianyi.com”选项，单击“下一步”按钮，如图 2-3-26 所示。

步骤 18：在“路径”选项中，单击“下一步”按钮，如图 2-3-27 所示。

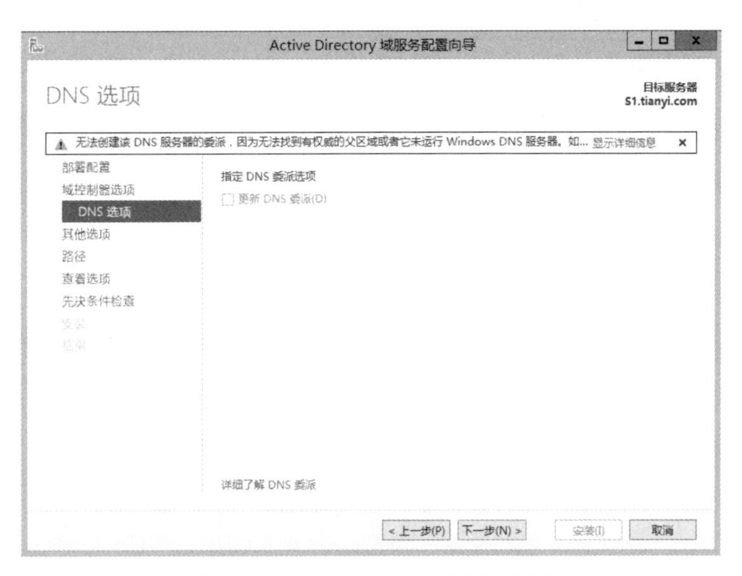

图 2-3-25　“DNS 选项”选项

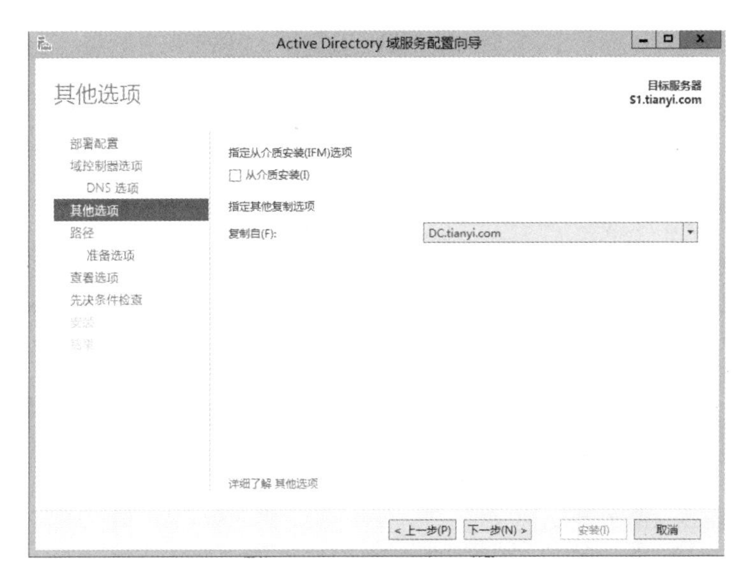

图 2-3-26　“其他选项”选项

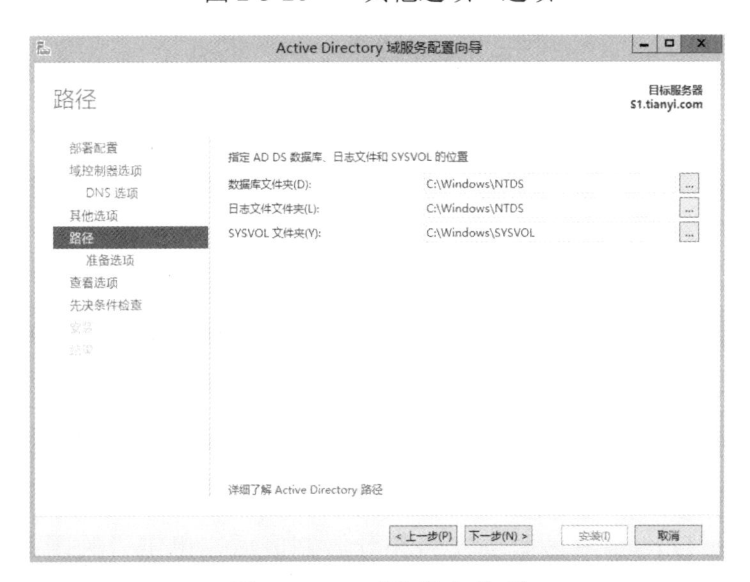

图 2-3-27　“路径”选项

步骤 19：在“准备选项”选项中，单击“下一步”按钮，如图 2-3-28 所示。

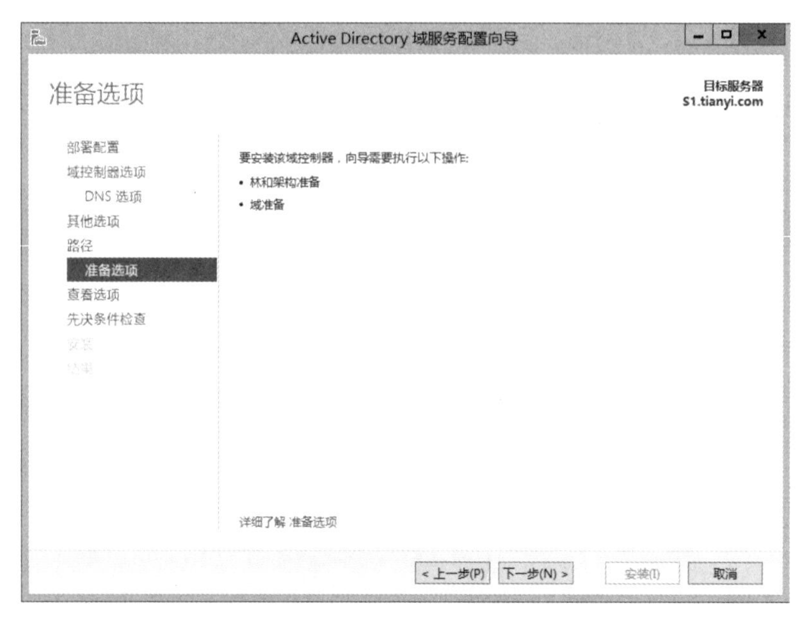

图 2-3-28　“准备选项”选项

步骤 20：在“查看选项”选项中，单击“下一步”按钮，如图 2-3-29 所示。

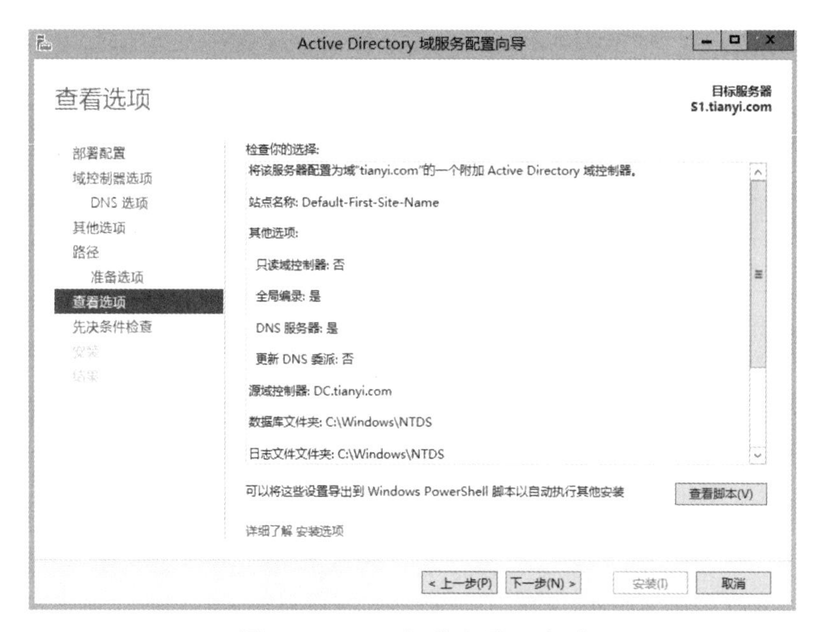

图 2-3-29　“查看选项”选项

步骤 21：在“先决条件检查”选项中，等先决条件检查通过后，单击“安装”按钮，如图 2-3-30 所示。

步骤 22：在“安装”选项中，可看到 Active Directory 域服务正在安装和升级，如图 2-3-31 所示。

步骤 23：Active Directory 域服务安装和升级完成后，单击“关闭”按钮，重新启动计算机完成域控制器的安装和升级，如图 2-3-32 所示。

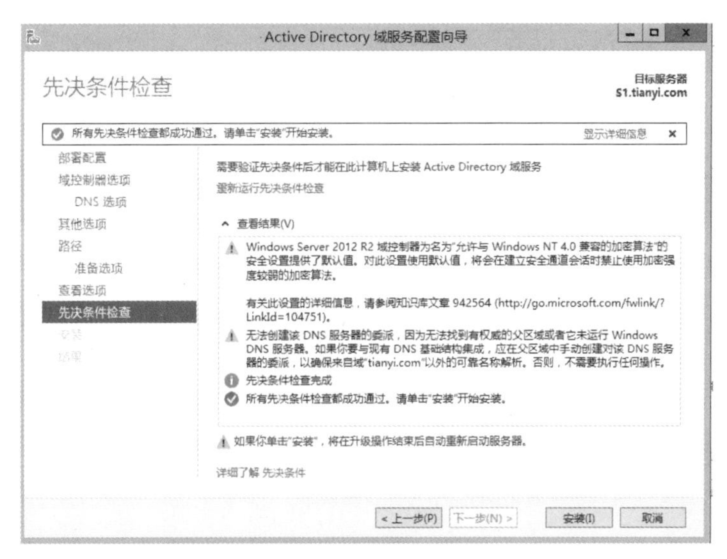

图 2-3-30　“先决条件检查”选项

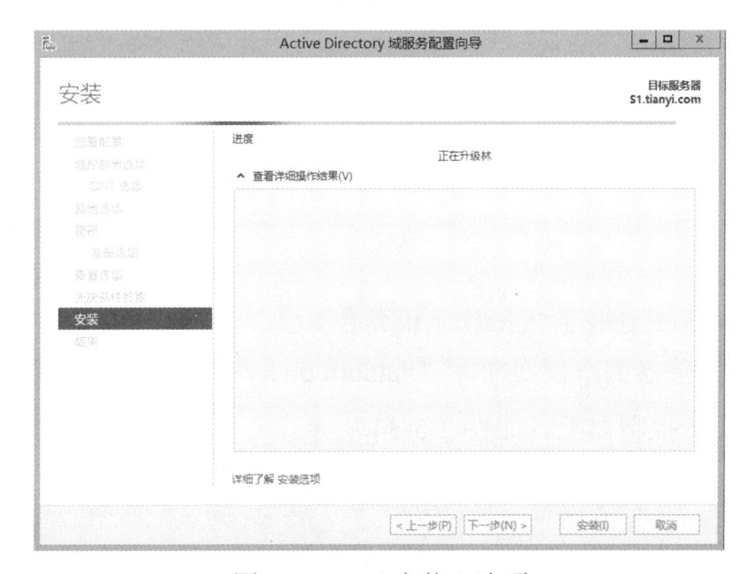

图 2-3-31　“安装”选项

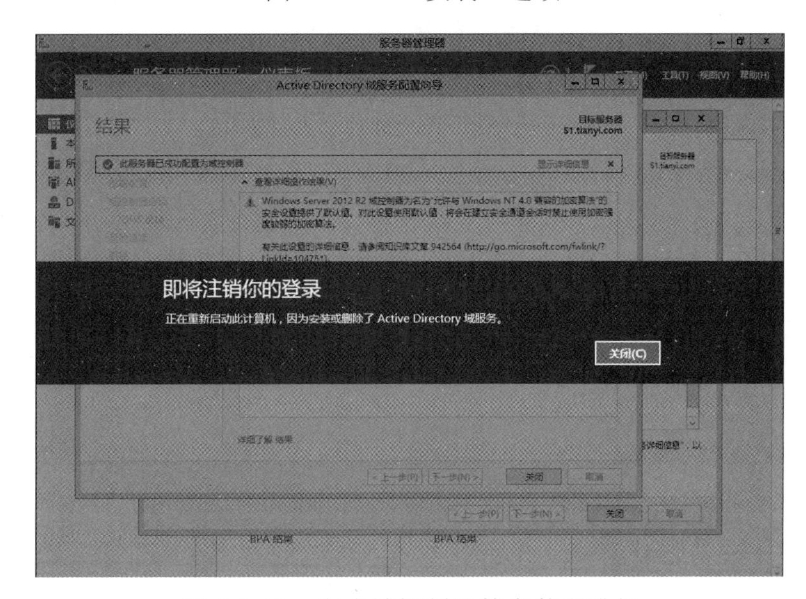

图 2-3-32　完成域控制器的安装和升级

步骤 24：在“Active Directory 管理中心”对话框中，可看到 S1 服务器已成为域控制器，如图 2-3-33 所示。

图 2-3-33　S1 服务器已成为域控制器

4．迁移五大角色

利用 ntdsutil.exe 工具迁移五大操作主机角色。

步骤 1：在 S1 服务器上，使用命令“netdom query fsmo”进行查询，可看到操作主机的五大角色还在 DC 域控制器上，如图 2-3-34 所示。

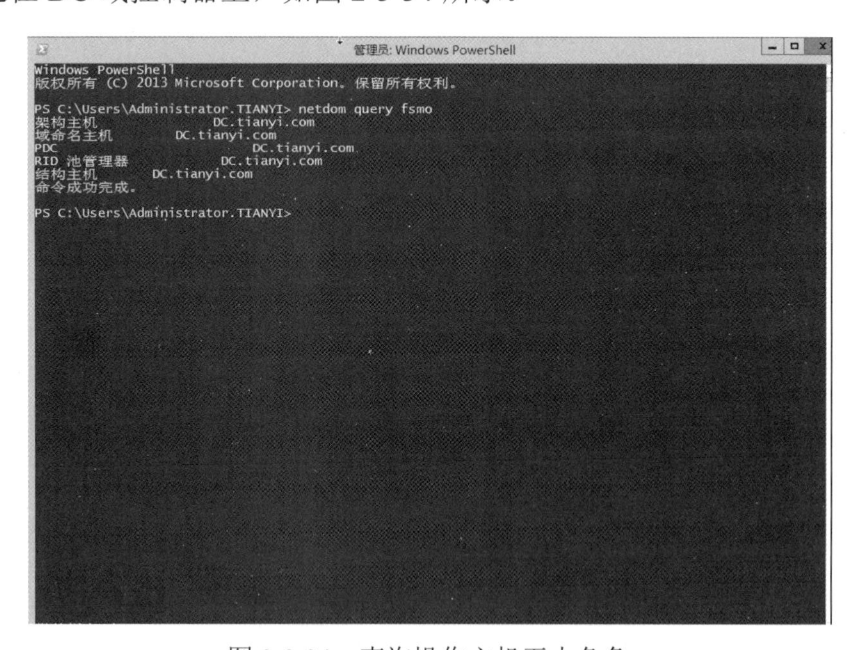

图 2-3-34　查询操作主机五大角色

步骤 2：在 S1 域控制器上，以管理员身份打开“PowerShell”，输入“ntdsutil.exe”命令显示 ntds 工具提示符，如图 2-3-35 所示。

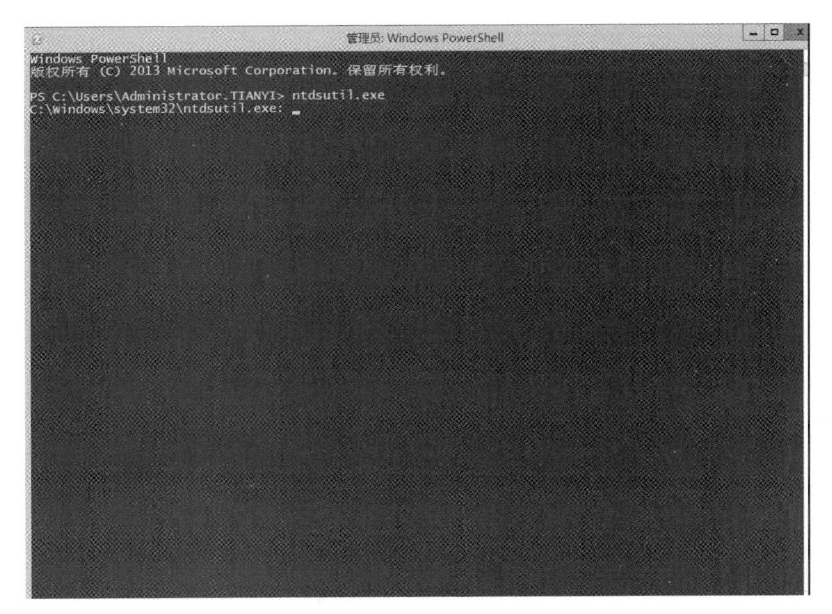

图 2-3-35　进入 ntds 工具提示符

步骤 3：在“ntdsutil.exe：”工具提示符下，输入“Roles”命令调整操作主机角色，如图 2-3-36 所示。

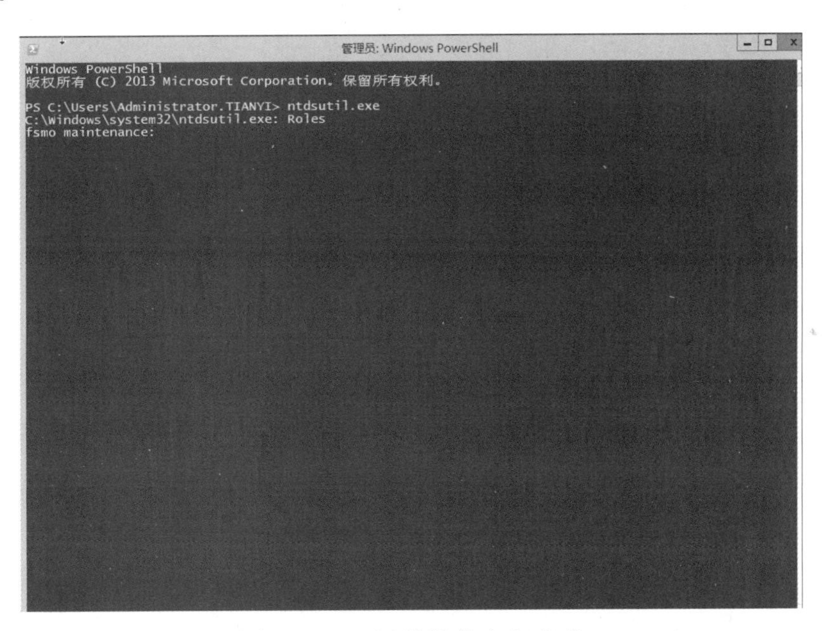

图 2-3-36　调整操作主机角色

步骤 4：在“fsmo maintenance：”提示符下，输入“connections”命令。进入连接模式，如图 2-3-37 所示。

步骤 5：在“Server connections：”提示符下，输入“connect to server S1”命令。连接到可用 S1 服务器上，如图 2-3-38 所示。

步骤 6：在“Server connections：”提示符下，输入“quit”命令返回上层“fsmo maintenance：”提示符下，如图 2-3-39 所示。

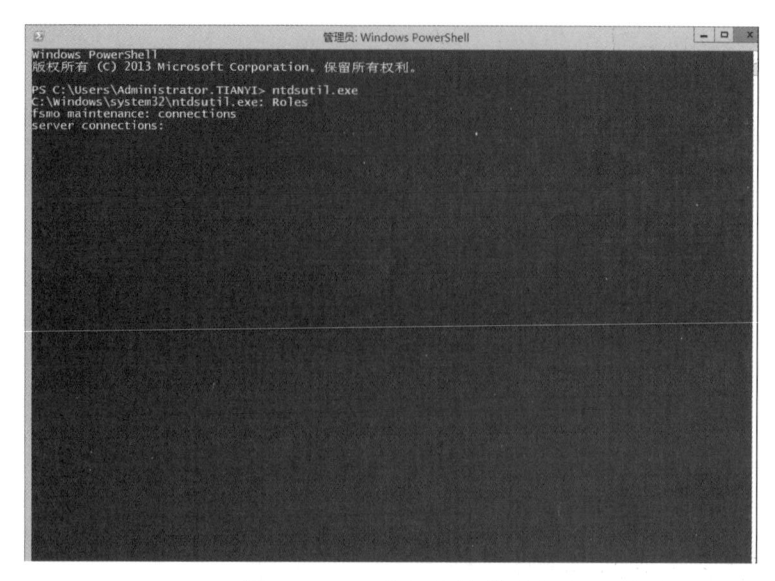

图 2-3-37　进入连接模式

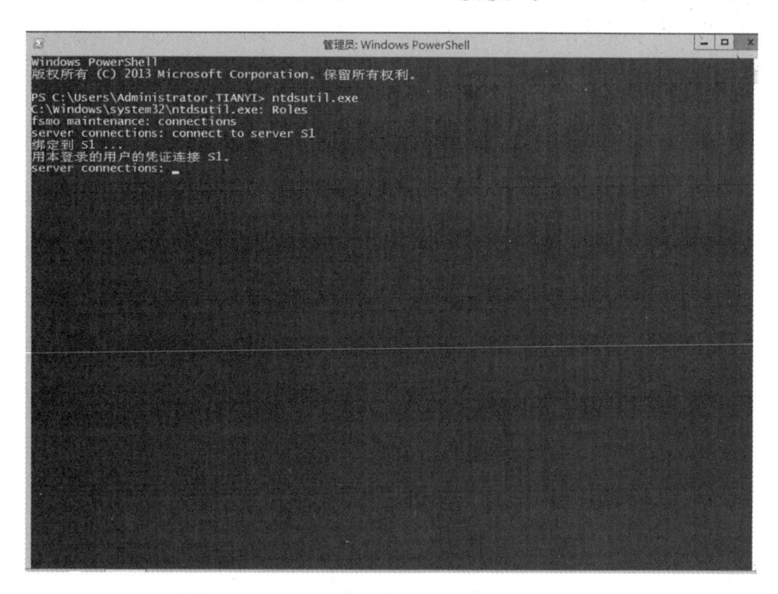

图 2-3-38　连接到可用 S1 服务器上

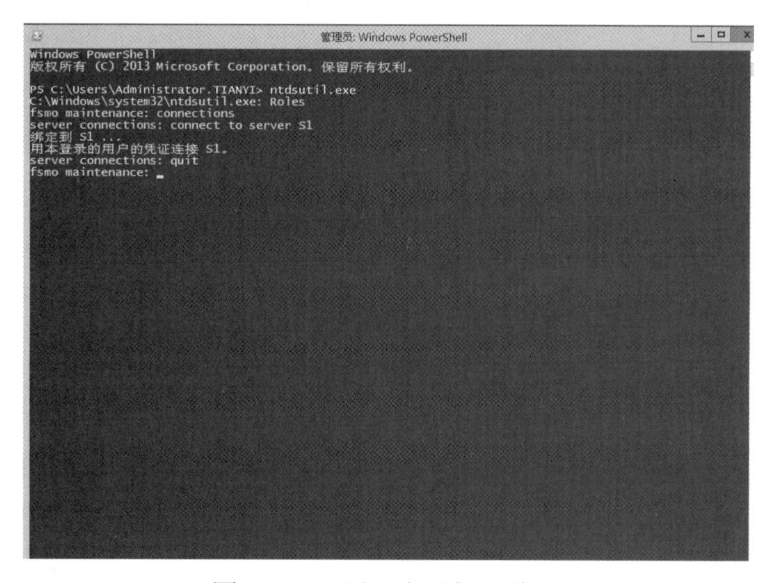

图 2-3-39　返回上层提示符下

步骤 7：在“fsmo maintenance：”提示符下，输入“transfer naming master”命令迁移命名主机角色，弹出“角色传送确认对话”对话框，单击“是”按钮，如图 2-3-40 所示。

图 2-3-40　迁移命名主机角色

步骤 8：显示命名主机角色迁移结果，如图 2-3-41 所示。

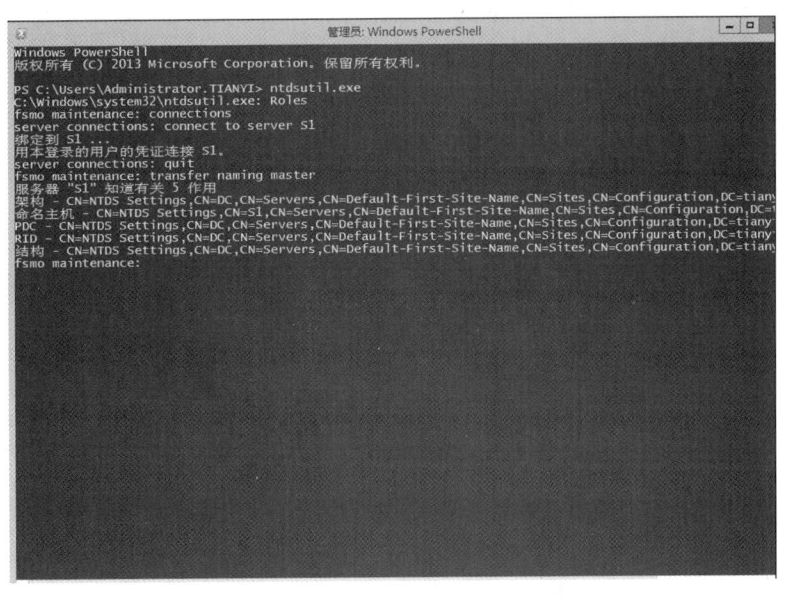

图 2-3-41　显示命名主机角色迁移结果

步骤 9：在“fsmo maintenance：”提示符下，输入“transfer infrastructure master”命令迁移基础架构主机角色，弹出“角色传送确认对话”对话框，单击“是”按钮，如图 2-3-42 所示。

步骤 10：显示基础架构主机角色迁移结果，如图 2-3-43 所示。

步骤 11：在“fsmo maintenance：”提示符下，输入“transfer PDC”命令迁移 PDC 主机角色，弹出“角色传送确认对话”对话框，单击“是”按钮，如图 2-3-44 所示。

图 2-3-42　迁移基础架构主机角色

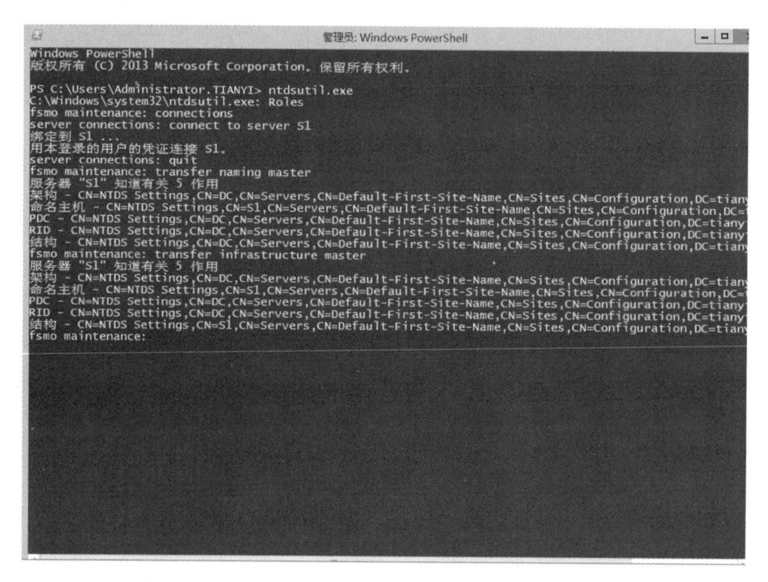

图 2-3-43　显示基础架构主机角色迁移结果

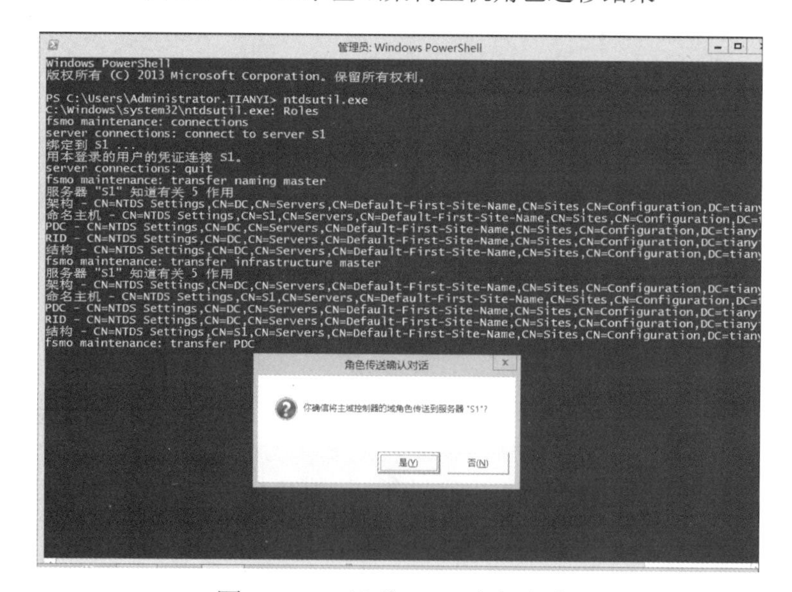

图 2-3-44　迁移 PDC 主机角色

步骤 12：显示 PDC 主机角色迁移结果，如图 2-3-45 所示。

图 2-3-45　显示 PDC 主机角色迁移结果

步骤 13：在“fsmo maintenance：”提示符下，输入“transfer RID Master”命令迁移 RID 主机角色，弹出“角色传送确认对话”对话框，单击“是”按钮，如图 2-3-46 所示。

图 2-3-46　迁移 RID 主机角色

步骤 14：显示 RID 主机角色迁移结果，如图 2-3-47 所示。

步骤 15：在“fsmo maintenance：”提示符下，输入“transfer schema master”命令迁移架构主机角色，弹出“角色传送确认对话”对话框，单击“是”按钮，如图 2-3-48 所示。

步骤 16：显示架构主机角色迁移结果，如图 2-3-49 所示。

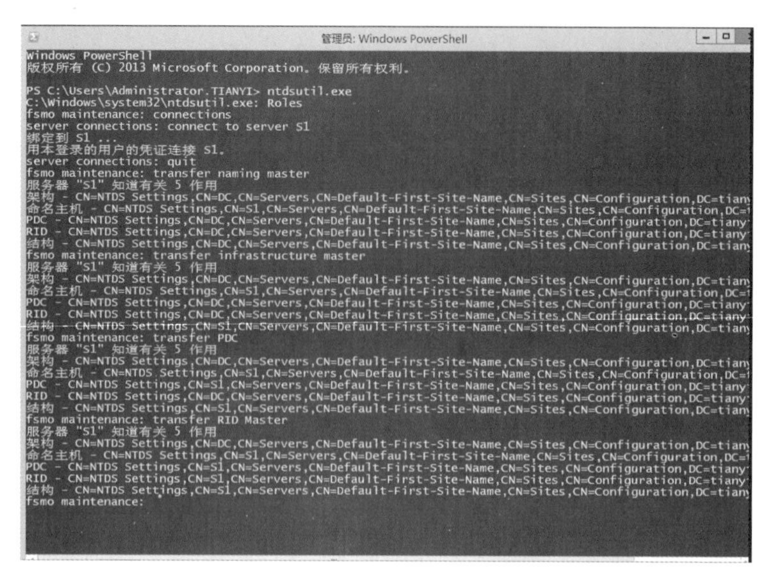

图 2-3-47　显示 RID 主机角色迁移结果

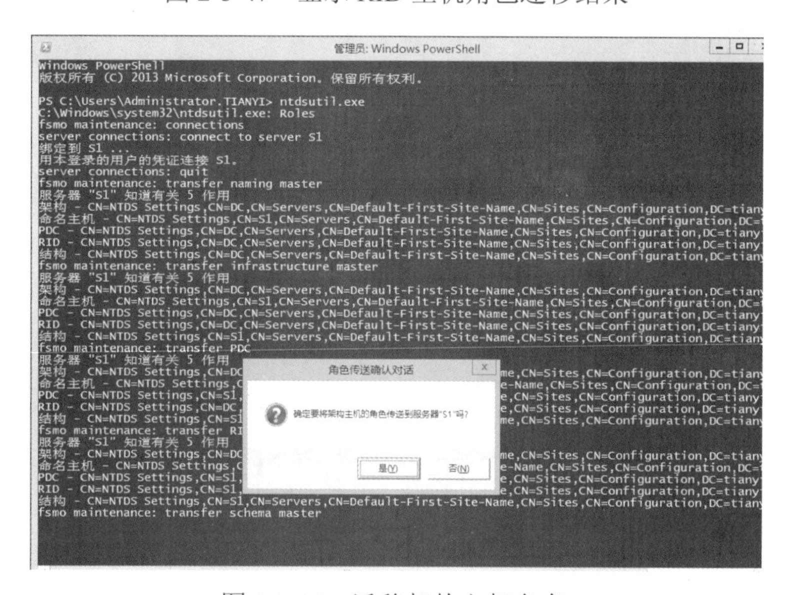

图 2-3-48　迁移架构主机角色

图 2-3-49　显示架构主机角色迁移结果

步骤 17：在“fsmo maintenance:”提示符下，输入“quit”命令回到“ntdsutil.exe”工具提示符下。在“ntdsutil.exe”工具提示符下，输入“quit”命令回到“cmd”提示符下。在“cmd”提示符下，输入“netdom query fsmo”命令查看角色转移情况，可看到操作主机五大角色迁移成功，如图 2-3-50 所示。

```
管理员: Windows PowerShell
RID - CN=NTDS Settings,CN=DC,CN=Servers,CN=Default-First-Site-Name,CN=Sites,CN=Configuration,DC=tiany
结构 - CN=NTDS Settings,CN=DC,CN=Servers,CN=Default-First-Site-Name,CN=Sites,CN=Configuration,DC=tian
fsmo maintenance: transfer infrastructure master
服务器 "S1" 知道有关 5 作用
架构 - CN=NTDS Settings,CN=DC,CN=Servers,CN=Default-First-Site-Name,CN=Sites,CN=Configuration,DC=tian
命名主机 - CN=NTDS Settings,CN=S1,CN=Servers,CN=Default-First-Site-Name,CN=Sites,CN=Configuration,DC=
PDC - CN=NTDS Settings,CN=DC,CN=Servers,CN=Default-First-Site-Name,CN=Sites,CN=Configuration,DC=tiany
RID - CN=NTDS Settings,CN=DC,CN=Servers,CN=Default-First-Site-Name,CN=Sites,CN=Configuration,DC=tiany
结构 - CN=NTDS Settings,CN=S1,CN=Servers,CN=Default-First-Site-Name,CN=Sites,CN=Configuration,DC=tian
fsmo maintenance: transfer PDC
服务器 "S1" 知道有关 5 作用
架构 - CN=NTDS Settings,CN=DC,CN=Servers,CN=Default-First-Site-Name,CN=Sites,CN=Configuration,DC=tian
命名主机 - CN=NTDS Settings,CN=S1,CN=Servers,CN=Default-First-Site-Name,CN=Sites,CN=Configuration,DC=
PDC - CN=NTDS Settings,CN=S1,CN=Servers,CN=Default-First-Site-Name,CN=Sites,CN=Configuration,DC=tiany
RID - CN=NTDS Settings,CN=DC,CN=Servers,CN=Default-First-Site-Name,CN=Sites,CN=Configuration,DC=tiany
结构 - CN=NTDS Settings,CN=S1,CN=Servers,CN=Default-First-Site-Name,CN=Sites,CN=Configuration,DC=tian
fsmo maintenance: transfer RID Master
服务器 "S1" 知道有关 5 作用
架构 - CN=NTDS Settings,CN=DC,CN=Servers,CN=Default-First-Site-Name,CN=Sites,CN=Configuration,DC=tian
命名主机 - CN=NTDS Settings,CN=S1,CN=Servers,CN=Default-First-Site-Name,CN=Sites,CN=Configuration,DC=
PDC - CN=NTDS Settings,CN=S1,CN=Servers,CN=Default-First-Site-Name,CN=Sites,CN=Configuration,DC=tiany
RID - CN=NTDS Settings,CN=S1,CN=Servers,CN=Default-First-Site-Name,CN=Sites,CN=Configuration,DC=tiany
结构 - CN=NTDS Settings,CN=S1,CN=Servers,CN=Default-First-Site-Name,CN=Sites,CN=Configuration,DC=tian
fsmo maintenance: transfer schema master
服务器 "S1" 知道有关 5 作用
架构 - CN=NTDS Settings,CN=S1,CN=Servers,CN=Default-First-Site-Name,CN=Sites,CN=Configuration,DC=tian
命名主机 - CN=NTDS Settings,CN=S1,CN=Servers,CN=Default-First-Site-Name,CN=Sites,CN=Configuration,DC=
PDC - CN=NTDS Settings,CN=S1,CN=Servers,CN=Default-First-Site-Name,CN=Sites,CN=Configuration,DC=tiany
RID - CN=NTDS Settings,CN=S1,CN=Servers,CN=Default-First-Site-Name,CN=Sites,CN=Configuration,DC=tiany
结构 - CN=NTDS Settings,CN=S1,CN=Servers,CN=Default-First-Site-Name,CN=Sites,CN=Configuration,DC=tian
fsmo maintenance: quit
C:\Windows\system32\ntdsutil.exe: quit
PS C:\Users\Administrator.TIANYI> netdom query fsmo
架构主机                S1.tianyi.com
域命名主机              S1.tianyi.com
PDC                     S1.tianyi.com
RID 池管理器            S1.tianyi.com
结构主机                S1.tianyi.com
命令成功完成。

PS C:\Users\Administrator.TIANYI>
```

图 2-3-50　查询迁移是否成功

5. 降级 DC 域控级别

步骤 1：在原域控服务器 DC 上，选择“开始”→“运行”命令打开“运行”对话框，输入“dcpromo”，单击“确定”按钮，如图 2-3-51 所示。

步骤 2：在“Active Directory 域服务安装向导”对话框中，单击“下一步”按钮，如图 2-3-52 所示。

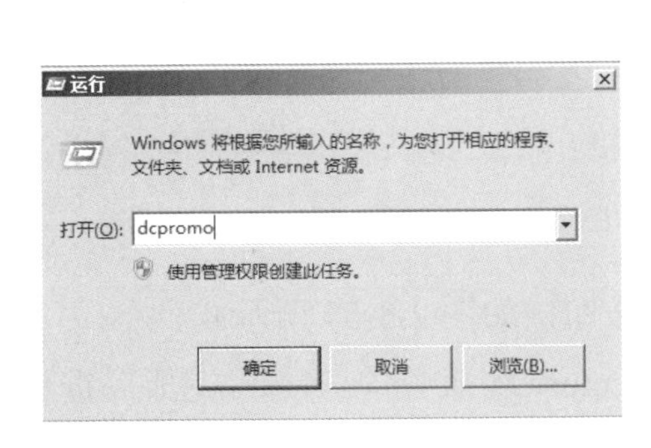

图 2-3-51　“运行”对话框

图 2-3-52　Active Directory 域服务安装向导

步骤 3：安装向导提示。“此 Active Directory 域控制器是全局编目服务器……”，单击

“确定”按钮，如图 2-3-53 所示。

步骤 4：在“删除域”对话框中，由于该原域控制器不是域中的最后一个域控制器，直接单击“下一步”按钮，如图 2-3-54 所示。

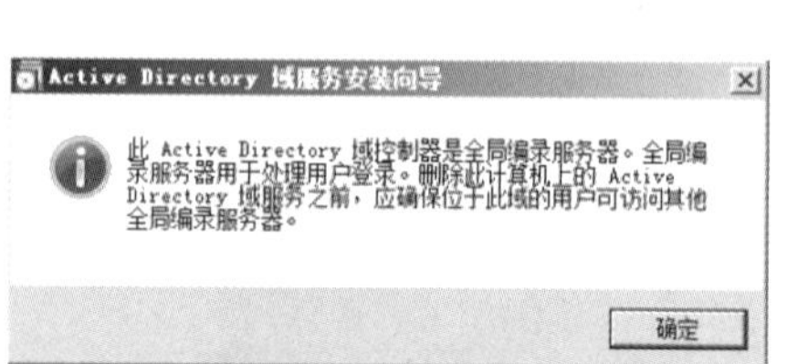

图 2-3-53　检查域控制器是否为全局编目服务器

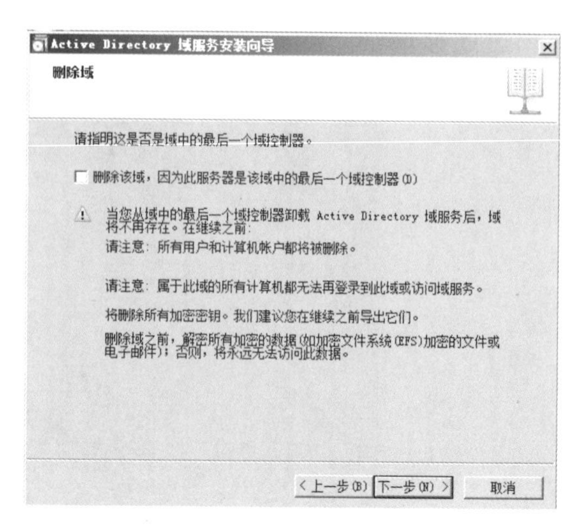

图 2-3-54　删除域

步骤 5：安装向导弹出“正在检查是否需要删除 DNS 委派...”框，等待进入下一步，如图 2-3-55 所示。

步骤 6：在“Administrator 密码”对话框中，输入两遍目录服务还原模式的密码，单击“下一步”按钮，如图 2-3-56 所示。

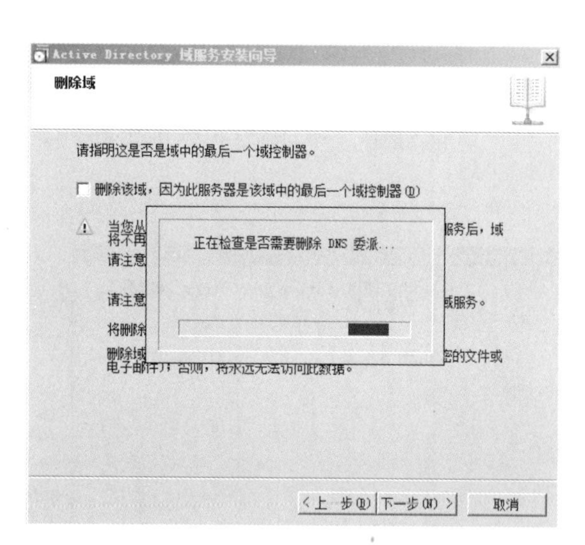

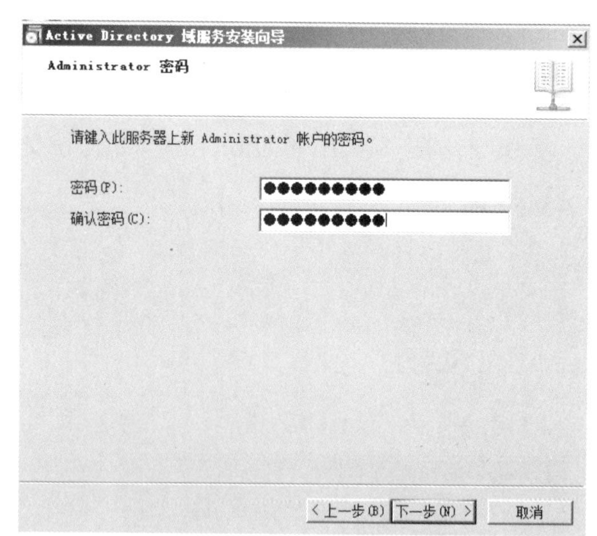

图 2-3-55　检查 DNS 委派

图 2-3-56　Administrator 密码

步骤 7：在“摘要”对话框中，单击“下一步”按钮，如图 2-3-57 所示。

步骤 8：安装向导提示“向导正在配置 Active Directory 域服务”，勾选“完成后重新启动”复选框，如图 2-3-58 所示。

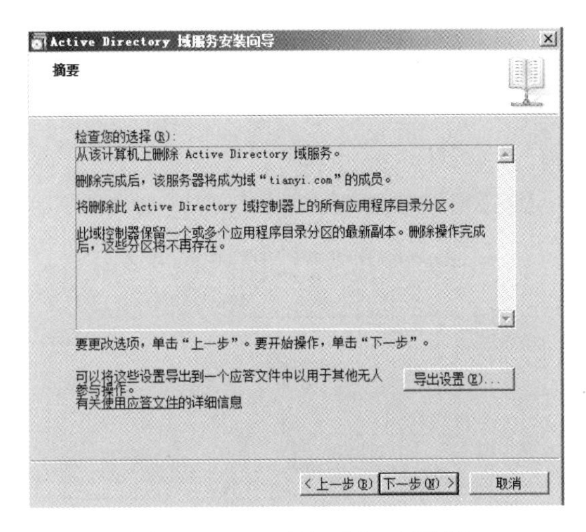

图 2-3-57 “摘要”对话框

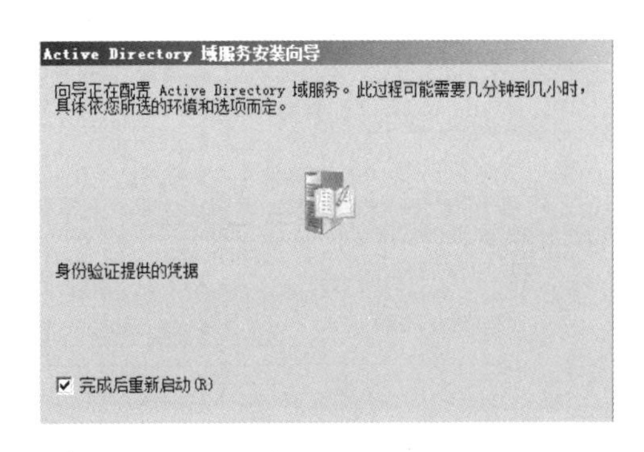

图 2-3-58 向导正在配置 Active Directory 域服务

步骤 9：在域控制器 S1 上，选择“开始”→“管理工具”→“Active Directory 用户和计算机”→“tianyi.com”→“Domain Controllers”，可查看域控制器只有 S1 服务器，说明 DC 已经不再是域控制器，如图 2-3-59 所示。

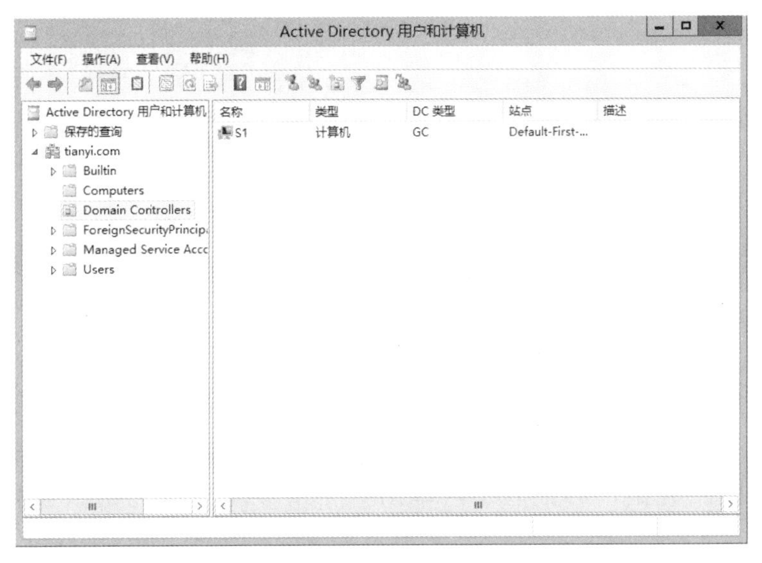

图 2-3-59 查看域控制器

6. 将域成员 DC 升级为 RODC 域控制器

步骤 1：在原域控服务器 DC 上，设置首选 DNS 服务器的 IP 地址为域控制器 S1 的 IP 地址“10.10.10.101”，如图 2-3-60 所示。

步骤 2：在原域控服务器 DC 上，打开“运行”对话框并输入“dcpromo”，单击“确定”按钮，如图 2-3-61 所示。

步骤 3：在“Active Directory 域服务安装向导”对话框中，单击“下一步”按钮，如图 2-3-62 所示。

步骤 4：在“操作系统兼容性”对话框中，单击“下一步”按钮，如图 2-3-63 所示。

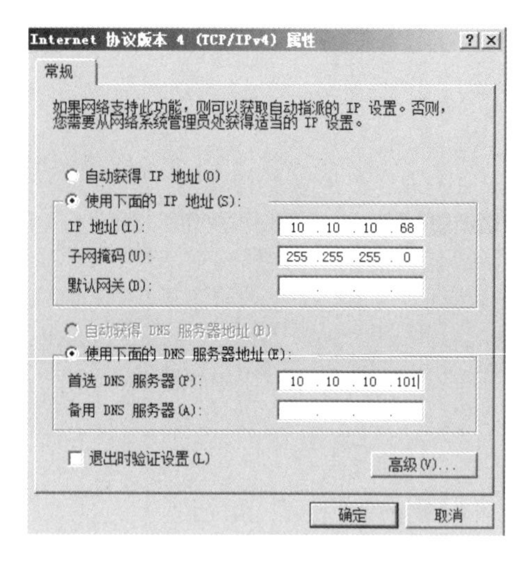

图 2-3-60　设置首选 DNS 服务器的 IP 地址

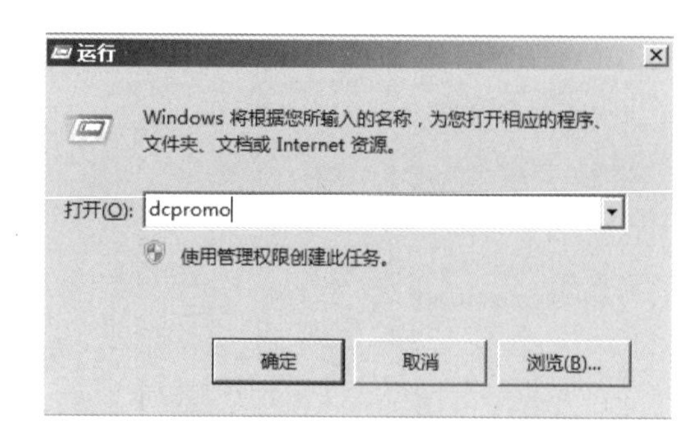

图 2-3-61　“运行”对话框

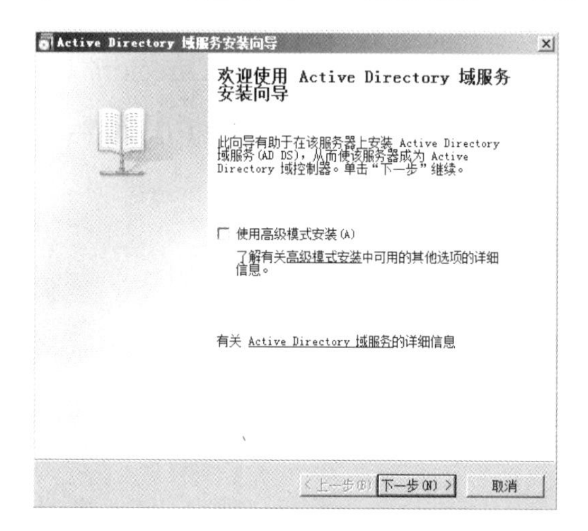

图 2-3-62　Active Directory 域服务安装向导

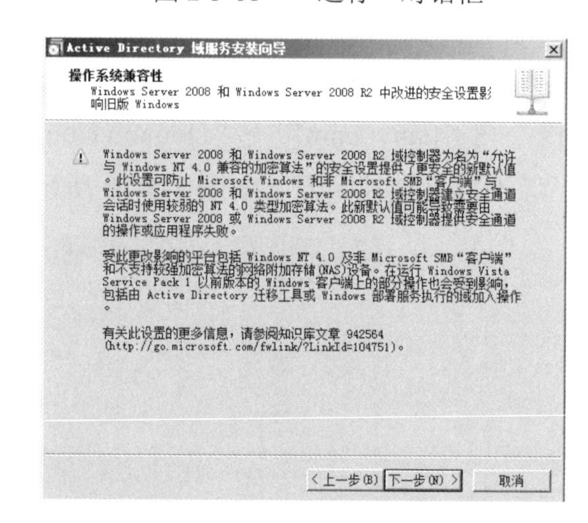

图 2-3-63　“操作系统兼容性”对话框

步骤 5：在“选择某一部署配置”对话框中，选择“现有林”→“向现有域添加域控制器”选项，单击“下一步”按钮，如图 2-3-64 所示。

步骤 6：在“网络凭据”对话框中，单击“下一步”按钮，如图 2-3-65 所示。

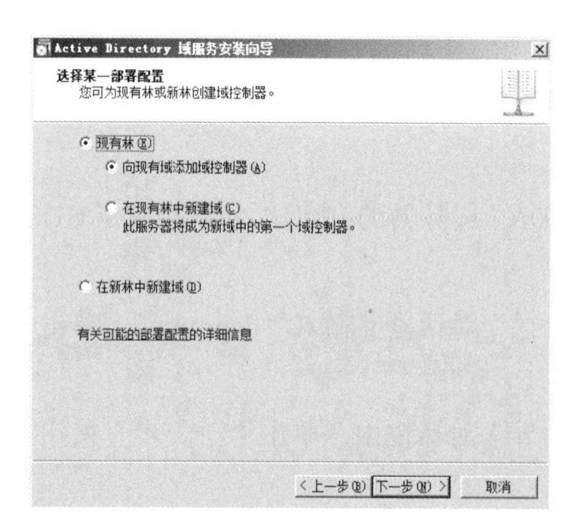

图 2-3-64　“选择某一部署配置”对话框

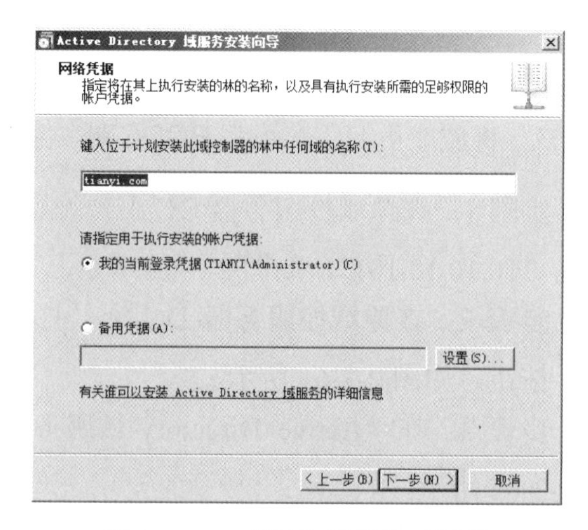

图 2-3-65　“网络凭据”对话框

步骤 7：在“选择域”对话框中，单击“下一步”按钮，如图 2-3-66 所示。

步骤 8：在“请选择一个站点”对话框中，单击“下一步”按钮，如图 2-3-67 所示。

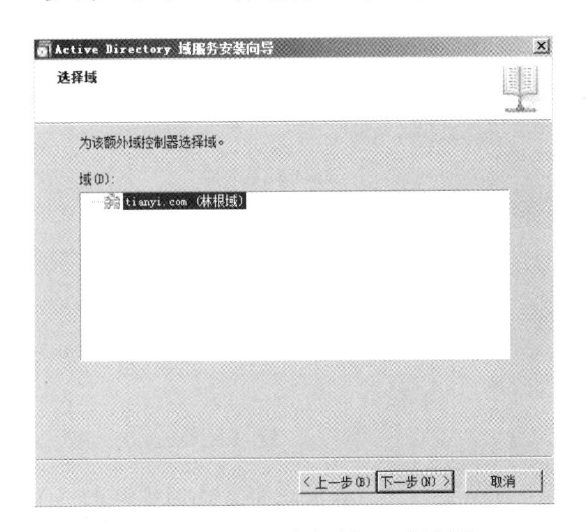

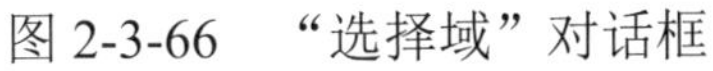

图 2-3-66　“选择域”对话框

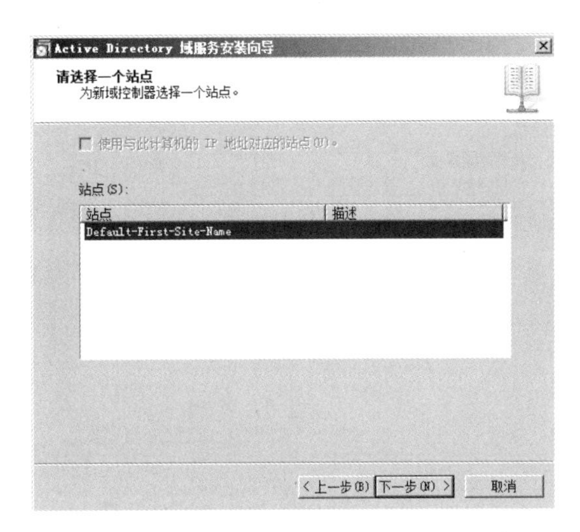

图 2-3-67　“请选择一个站点”对话框

步骤 9：在“其他域控制器选项”对话框中，勾选“只读域控制器（RODC）”复选框，单击“下一步”按钮，如图 2-3-68 所示。

步骤 10：在“用于 RODC 安装和管理的委派”对话框中，单击“下一步”按钮，如图 2-3-69 所示。

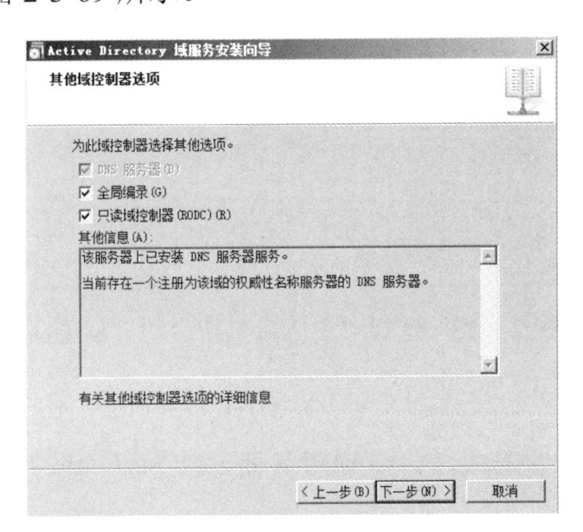

图 2-3-68　“其他域控制器选项”对话框

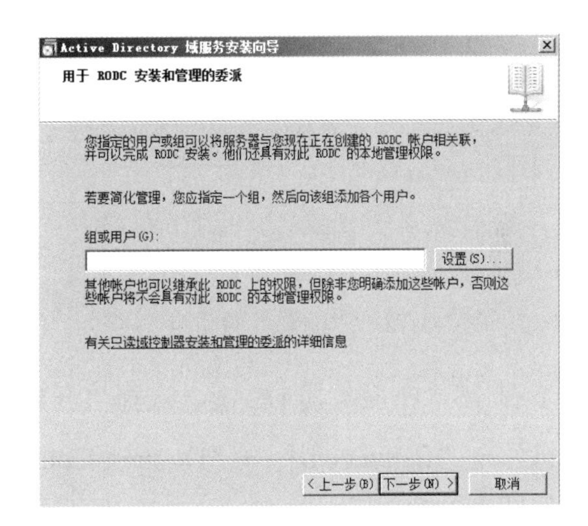

图 2-3-69　“用于 RODC 安装和管理的委派”对话框

步骤 11：在“数据库、日志文件和 SYSVOL 的位置”对话框中，单击“下一步”按钮，如图 2-3-70 所示。

步骤 12：在“目录服务还原模式的 Administrator 密码”对话框中，输入两遍目录服务还原模式的密码，单击“下一步”按钮，如图 2-3-71 所示。

步骤 13：在“摘要”对话框中，单击“下一步”按钮，如图 2-3-72 所示。

步骤 14：安装向导提示“向导正在配置 Active Directory 域服务……”，勾选“完成后重新启动”复选框，如图 2-3-73 所示。

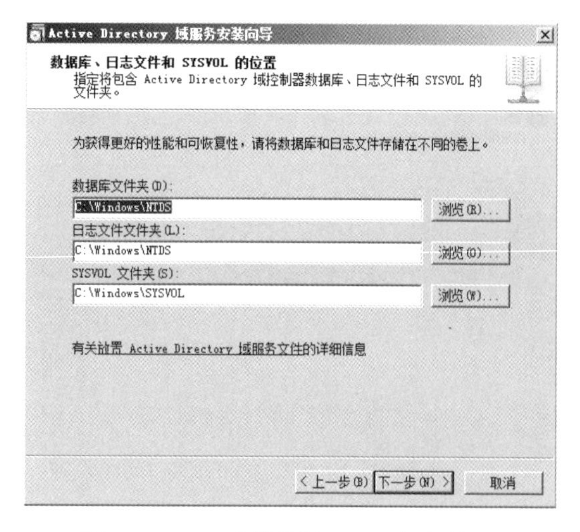

图 2-3-70　“数据库、日志文件和 SYSVOL 的位置”对话框

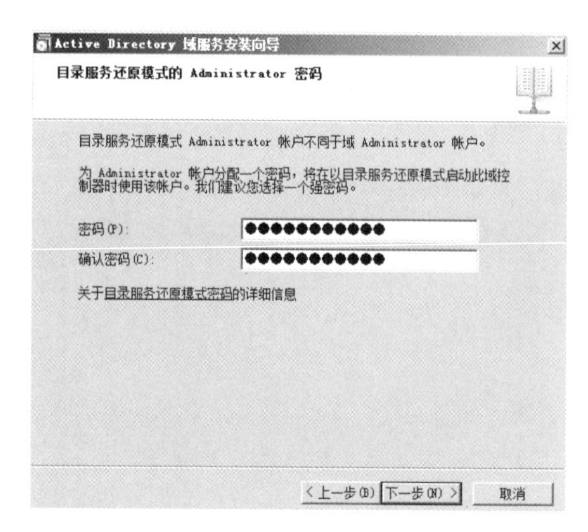

图 2-3-71　“目录服务还原模式的 Administrator 密码”对话框

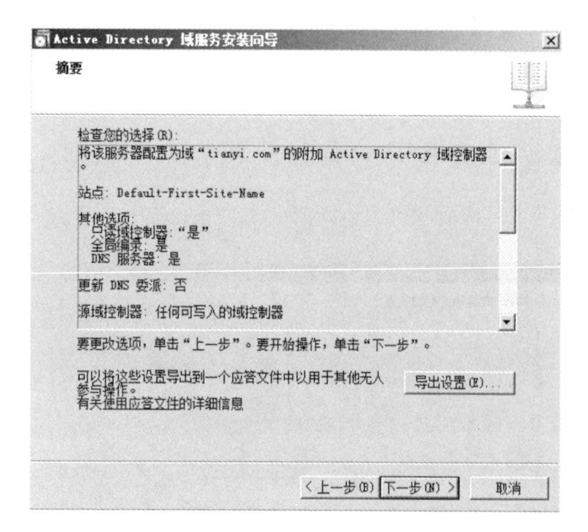

图 2-3-72　“摘要”对话框

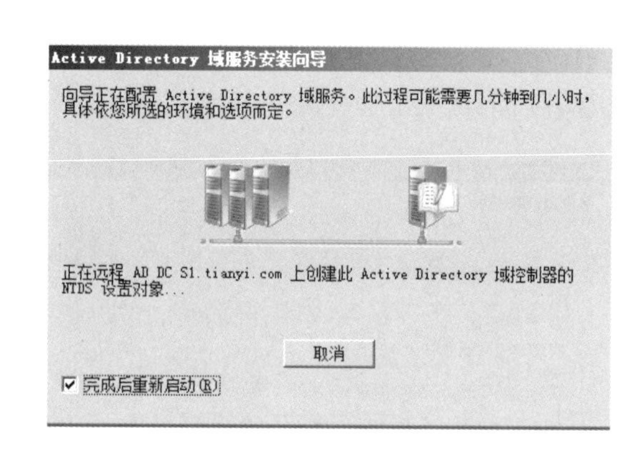

图 2-3-73　选择“完成后重新启动”复选框

步骤 15：在服务器 DC 上，选择“开始”→“管理工具”→“Active Directory 用户和计算机”→“tianyi.com”→“Domain Controllers”选项，可看到服务器 DC 为只读域控制器，如图 2-3-74 所示。

赛点链接

（2018 年）将 PC1 上标识为“服务器 1”的服务器启动，对其进行滚动升级，将原来 skillschina.com 域的域控制器“服务器 1”升级到新安装的 Windows Server 2012 R2 服务器“云主机 1”。

（2018 年）将“服务器 1”服务器作为 RODC 服务器，加入到 skillschina.com 域中。

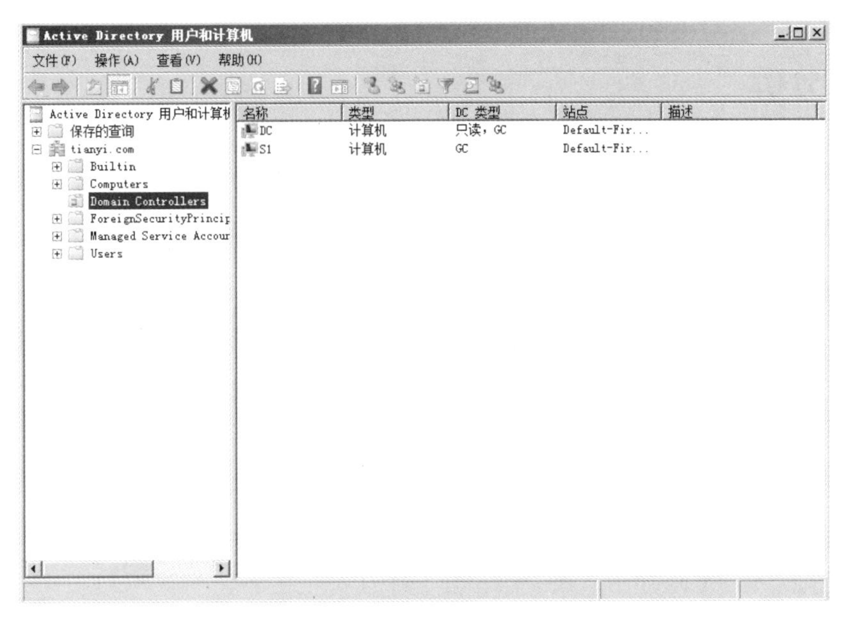

图 2-3-74　“Active Directory 用户和计算机”对话框

易错解析

在域控制器中，DC 的迁移和 RODC 的考点是比较普遍的，在 2018 年国赛中就出现过迁移的知识点，RODC 的知识点也曾经出现过，只不过这次是综合在一起来考的。需要注意的是：在 2018 年的试题中，DC 和 DNS 不在同一台机器上，这为环境的准备带来了很大的难度，再就是在进行迁移时，要把五大角色都迁移，这是非常容易出错的地方。

实训 4　部署子域、委派域、转发器

实训目的

1. 能实现 Windows 子域的配置；
2. 能实现 Windows 委派域的配置；
3. 能实现转发器的配置；
4. 能正确测试子域、委派域和转发器。

背景描述

达通集团已经部署了自己的 DNS 服务器，随着公司业务的发展已经成立了北京和广州运营分部，北京分部与总部共用办公环境，广州分部则有自己的办公室，两地之间使用 VPN 组成公司内网环境。北京分部和广州分部的一些业务服务需要使用 DNS 解析，此外员工希望公司内部 DNS 服务器也能够解析公网的域名信息，网络管理员需要解决这一问题。

需求分析

针对公司的需求，网络管理员需要为北京、广州两个分部分别建立DNS子域，在子域下管理相关记录。北京分部可在原有存储总部查找区域的DNS服务器上建立子域，广州分部除了需要建立DNS子域外，还需在总部的DNS服务器上将区域委派给广州的DNS服务器来管理。员工对于公网域名的解析需求，可在公司内部DNS服务器上配置转发器，将这些请求转发给公网DNS服务器。服务器角色分配见表2-4-1。

表2-4-1　服务器角色分配

计算机名	角　色	IP地址（/24）	所需设置
S1.tianyi.com	子域、委派域、转发器	10.10.10.101	配置子域、委派域、转发器，测试

实训原理

子域，是相对父域来说的，指域名中的每一个段。各子域之间用小数点分隔开。放在域名最后的子域被称为最高级子域，或一级域，在它前面的子域为二级域。

委派是DNS的一种分布式管理方式，父域所在的DNS服务器可将对子域的管理（记录的添加、删除、修改）委派给另外一台DNS服务器，以实现管理的便捷和分层，这个被委派管理的子域被称为“委派域”。例如：DNS1为父域tianyi.com的DNS服务器，DNS2为子域gz.tianyi.com所在的DNS服务器（被委派）。客户端向DNS1发起对gz.tianyi.com的查询请求时，由于DNS1已将这个子域委派给DNS2来管理，因此DNS1会告知客户端DNS2的IP地址并由后者处理查询请求。

一般情况下，DNS服务器在收到DNS客户端的查询请求后，将在所管辖区域的数据库中寻找是否有该客户端的数据。如果该DNS服务器的区域数据库中没有该DNS客户端的数据，该DNS服务器需转向其他的DNS服务器进行查询。通俗来说，DNS转发器就是将本地DNS服务器无法解析的查询转发给网络上的其他DNS服务器。

企业内部的DNS服务器往往只包含企业所在DNS域的解析记录，而公网中区域记录的查询工作应交给公用DNS服务器（转发器）来完成。客户端只需将首选DNS指向企业内部DNS服务器，后者会将公网记录查询交给公用服务器，公用DNS服务器会处理当前的查询请求，即迭代查询。

实训步骤

1. 配置子域

步骤1：在“DNS管理器”选项中，右击正向查找区域“tianyi.com”，在弹出的快捷菜单中，选择“新建域”命令，如图2-4-1所示。

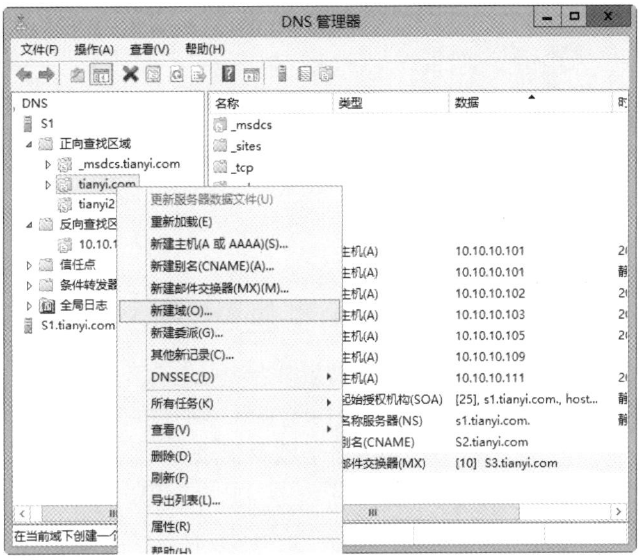

图 2-4-1　新建子域

步骤 2：在“新建 DNS 域”对话框中输入子域名称（注意此处不加父域名），然后单击“确定”按钮，如图 2-4-2 所示。

步骤 3：返回“DNS 管理器”选项，可看到子域“bj”创建完成。如需在子域内添加记录，则需要在对应子域上单击右键，在弹出的快捷菜单中，选择“新建主机（A 或 AAAA）”命令，如图 2-4-3 所示。

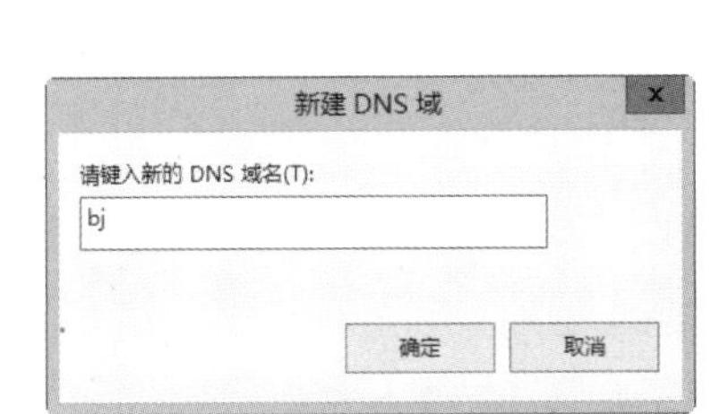

图 2-4-2　输入子域名称

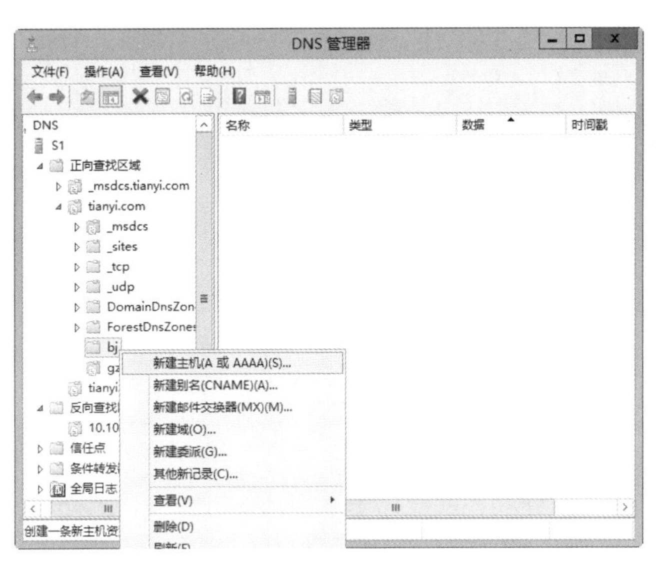

图 2-4-3　在子域内新建记录

步骤 4：在“新建主机”对话框中输入主机名称和其对应的 IP 地址，例如“bjs1”对应“192.168.1.101”，输入完毕后单击“添加主机”按钮。然后在弹出的创建成功提示对话框中单击“确定”按钮。

步骤 5：返回“DNS 管理器”选项，可看到子域记录创建完毕，如图 2-4-4 所示。其他记录类型的创建方法与在父域中基本相同，请自行尝试。

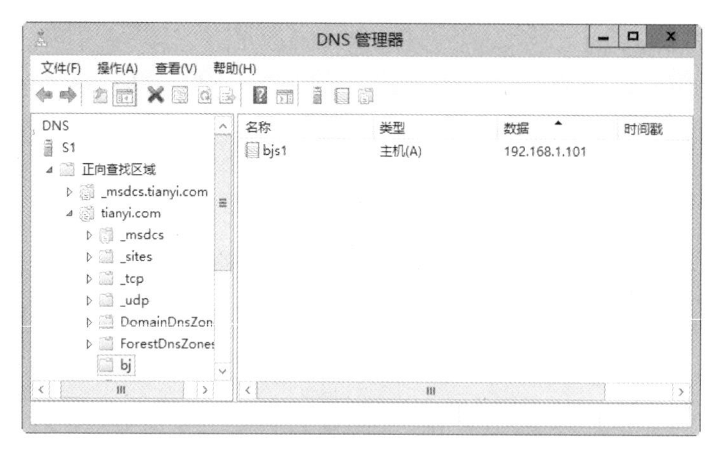

图 2-4-4　子域及记录

2. 配置委派域

1）在父域 DNS 服务器（本任务中使用服务器 S1，其 IP 地址为 10.10.10.101）中设置委派。

步骤 1：在“DNS 管理器”选项中，右击正向查找区域“tianyi.com”，在弹出的快捷菜单中，选择“新建委派”命令，如图 2-4-5 所示。

步骤 2：在“新建委派向导”对话框中，输入受委派的域名，然后单击“下一步”按钮，如图 2-4-6 所示。

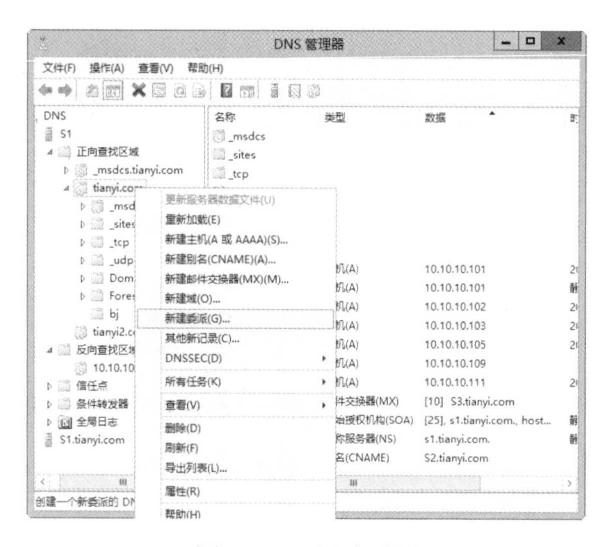

图 2-4-5　新建委派

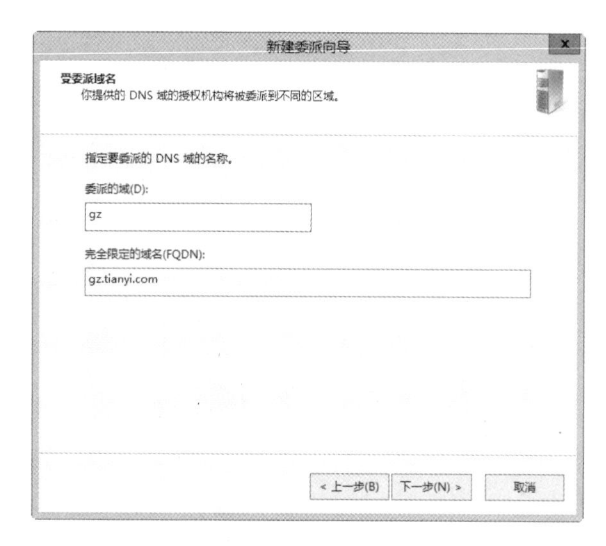

图 2-4-6　指定受委派的域

步骤 3：在“新建名称服务器记录”（名称服务器记录，也被 NS 记录）对话框中，输入被委派服务器的 FQDN 名，并单击“单击此处添加 IP 地址”指明其 IP 地址，然后单击“确定”按钮，如图 2-4-7 所示。

步骤 4：在“新建委派向导”对话框的“名称服务器”中，单击“下一步”按钮，如图 2-4-8 所示。

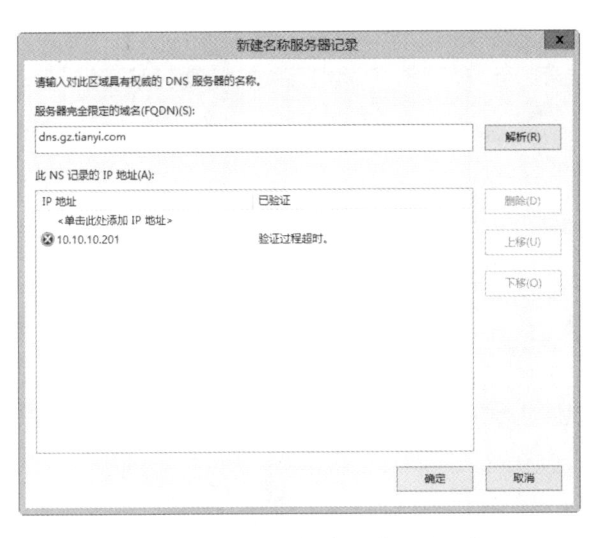

图 2-4-7　新建名称服务器记录

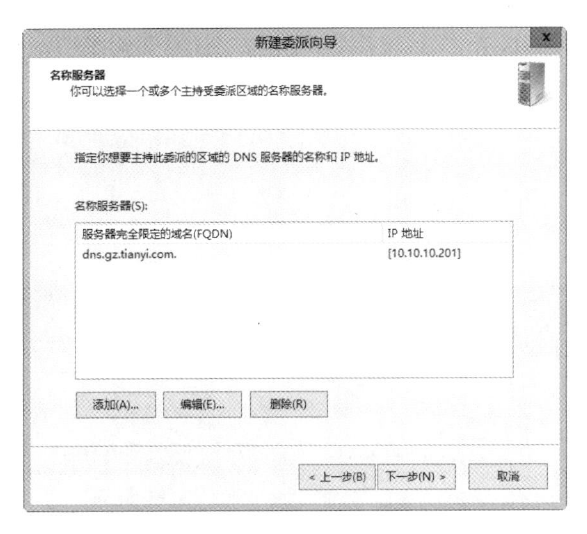

图 2-4-8　检查名称服务器记录

步骤 5：检查委派设置无误后，单击“完成”按钮，如图 2-4-9 所示。

步骤 6：返回“DNS 管理器”选项，可看到子域 gz 在其父域 tianyi.com 中的表现形式为指向被委派服务器的 NS 记录，如图 2-4-10 所示。

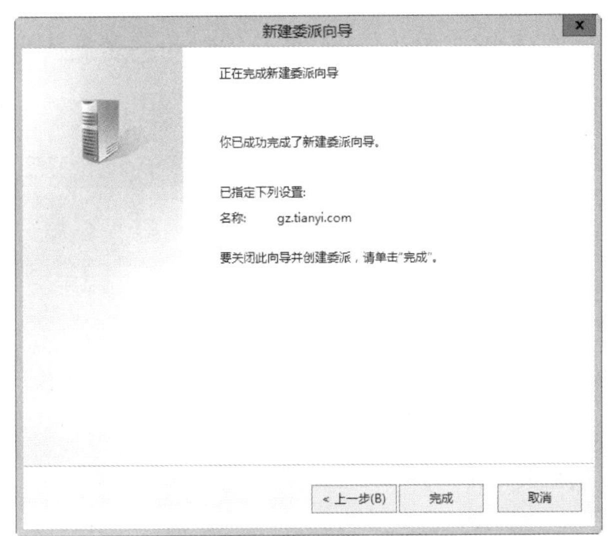

图 2-4-9　检查委派设置

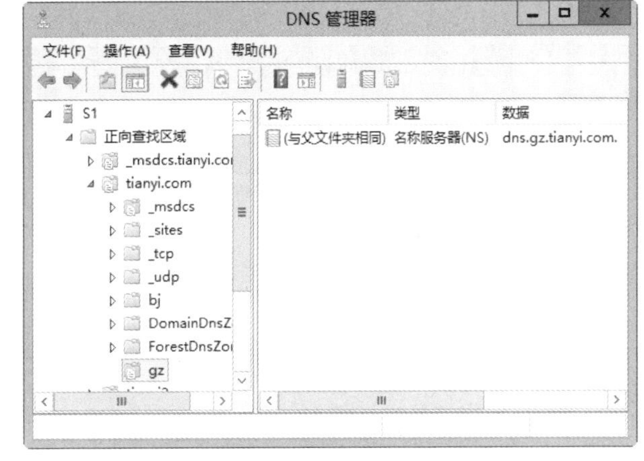

图 2-4-10　被委派域的 NS 记录

2）在被委派子域服务器（本任务中其 IP 地址为 10.10.10.201，是广州分部的一台独立服务器）上建立子域及其记录。

步骤 1：在被委派子域服务器上安装 DNS 服务，然后在“DNS 管理器”选项中，右击“正向查找区域”，在弹出的快捷菜单中，选择“新建区域”命令，如图 2-4-11 所示。

步骤 2：在“欢迎使用新建区域向导”对话框中，单击“下一步”按钮。

步骤 3：在“新建区域向导”对话框的“区域类型”中，选择“主要区域”后，单击“下一步”按钮。

步骤 4：在“新建区域向导”对话框的“区域名称”中，输入新建的区域名称“gz.tianyi.com”，然后单击“下一步”按钮，如图 2-4-12 所示。

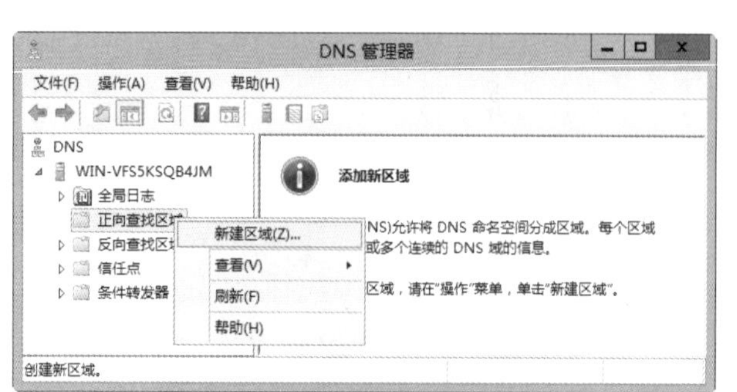

图 2-4-11　新建正向查找区域

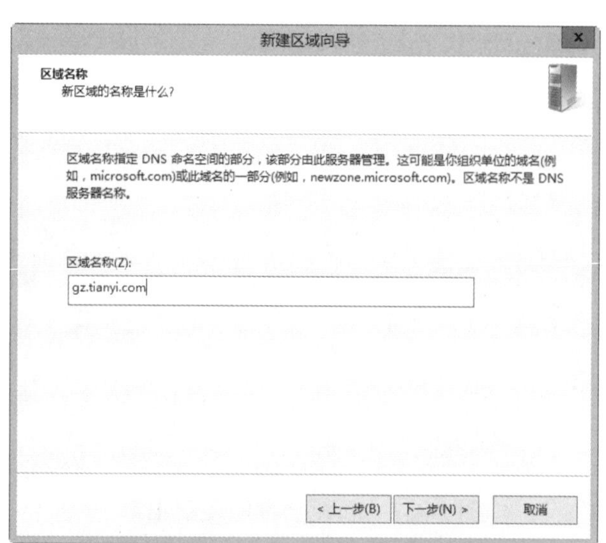

图 2-4-12　输入新建的区域名称

步骤 5：在“新建区域向导”对话框的“区域文件”中保留默认设置，单击“下一步”按钮，如图 2-4-13 所示。

步骤 6：在“新建区域向导”对话框的“动态更新”中，选择“不允许动态更新”单选按钮，然后单击“下一步”按钮，如图 2-4-14 所示。

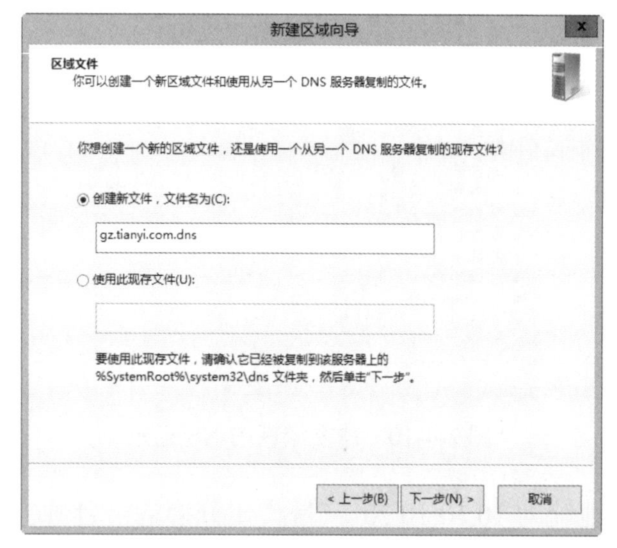

图 2-4-13　使用默认区域文件名称

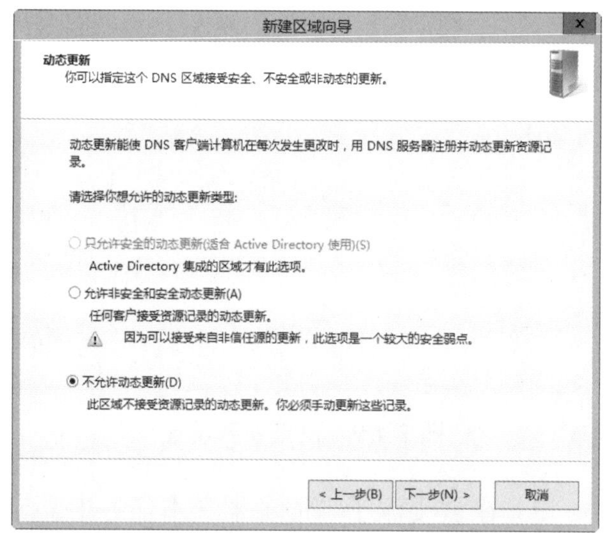

图 2-4-14　设置委派域不允许动态更新

步骤 7：在“正在完成新建区域向导”对话框中，单击“完成”按钮，即完成了子域的创建。

步骤 8：按需在委派域的 DNS 服务器中为 gz.tianyi.com 添加记录。至此，受委派域的 DNS 服务器设置完毕，如图 2-4-15 所示。

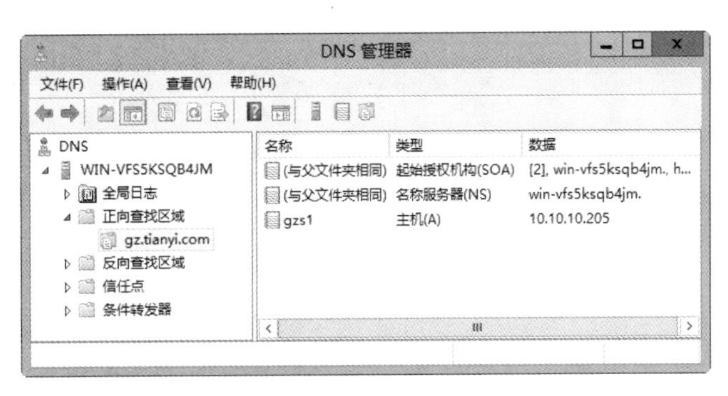

图 2-4-15　受委派域的 DNS 服务器设置记录

3. 配置转发器

步骤 1：在企业内部 DNS 服务器 S1 的“DNS 管理器”选项中，右击服务器“S1”，在弹出的快捷菜单中，选择“属性”命令，如图 2-4-16 所示。

步骤 2：在“S1 属性”对话框的“转发器”选项卡中，单击“编辑”按钮，如图 2-4-17 所示。

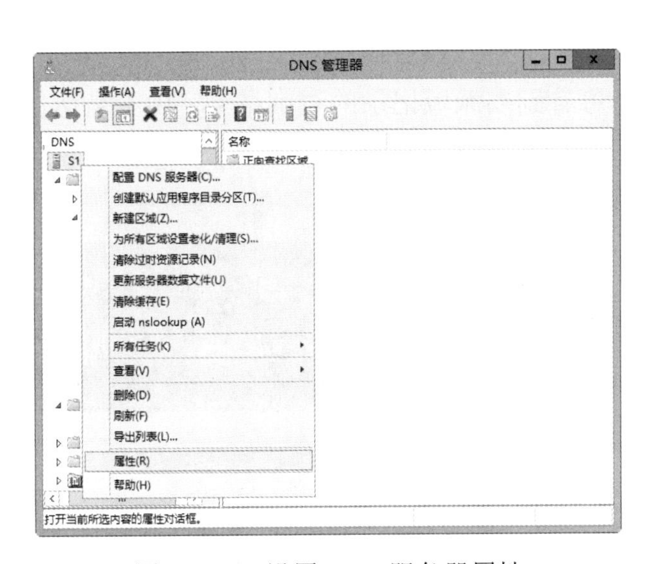

图 2-4-16　设置 DNS 服务器属性

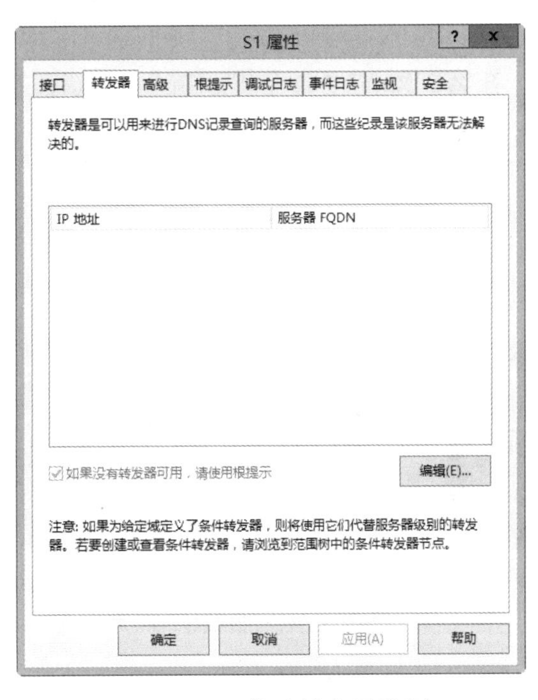

图 2-4-17　修改转发器设置

步骤 3：在“编辑转发器”对话框中，单击“单击此处添加 IP 地址或 DNS 名称”，输入公用 DNS 服务器 IP 地址，最后单击“确定”按钮，如图 2-4-18 所示。

步骤 4：返回“转发器”选项卡后，单击“确定”按钮，完成转发器配置，如图 2-4-19 所示。

4. 测试子域、委派域、转发器

将客户端的首选 DNS 服务器 IP 地址设置为企业内部 DNS 服务器，即 10.10.10.101。

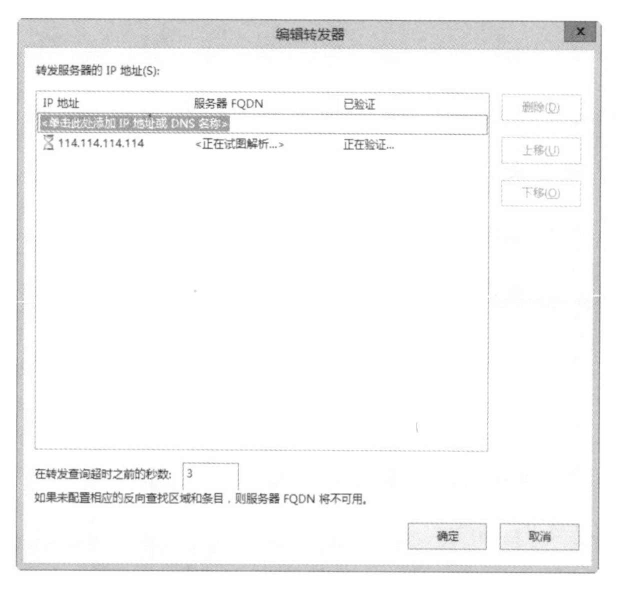

图 2-4-18　输入转发器 IP 地址

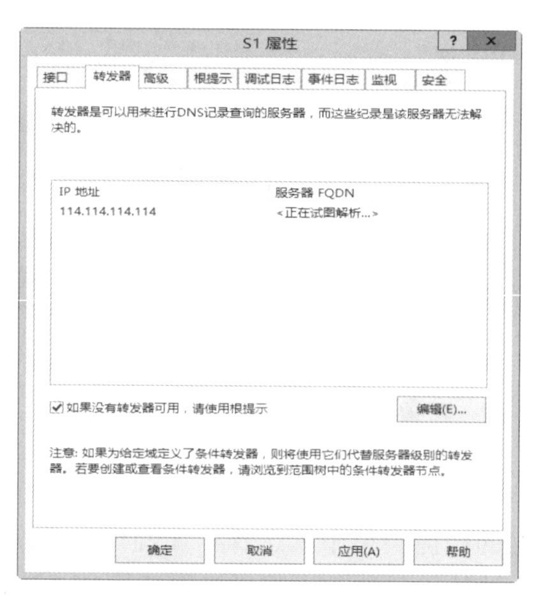

图 2-4-19　完成转发器配置

（1）测试子域。

在客户端的“命令提示符”下执行“nslookup bjs1.bj.tianyi.com”命令，可看到子域记录的查询结果，如图 2-4-20 所示。

（2）测试委派域。

执行“nslookup gzs1.gz.tianyi.com”命令，可看到委派域记录的查询结果。由于是迭代查询，结果中具有“非权威应答”提示，如图 2-4-21 所示。

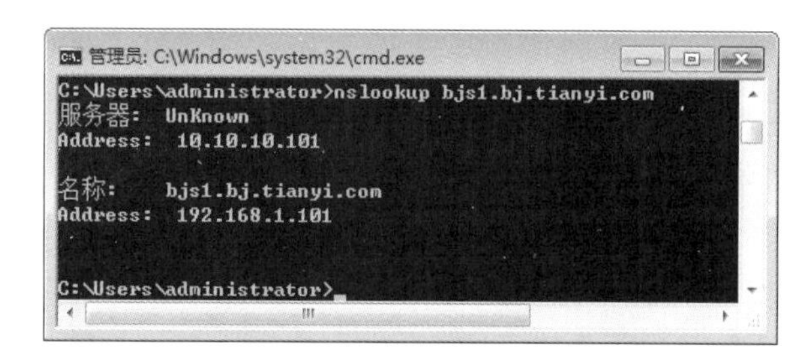

图 2-4-20　测试子域

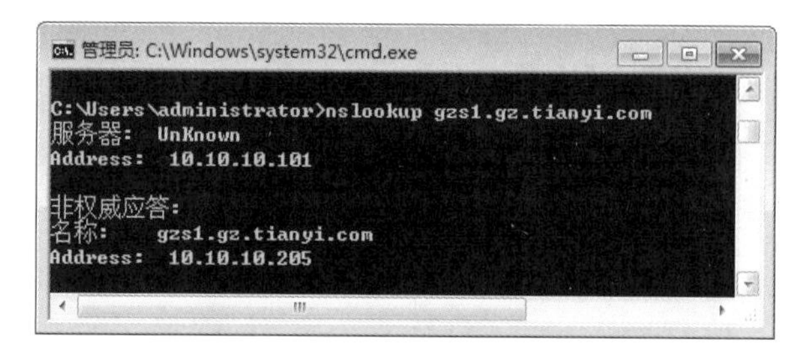

图 2-4-21　测试委派域

（3）测试转发器。

执行“nslookup www.baidu.com”命令来查询公网中的域名，可看到查询结果。由于也是迭代查询，结果中同样具有“非权威应答”提示，如图 2-4-22 所示。

图 2-4-22　测试转发器

赛点链接

（2018 年）将“服务器 2”的服务器升级为子域 bj.skillschina.com。

易错解析

实现子域、委派域和转发器的考点比较普遍，在 2018 年国赛中就出现过子域的知识点，委派域和转发器在以前的比赛中也出现过。需要注意的是：这三个考点相对比较容易，选手需要弄清楚考点的细节部分，不要因为做了而没有完全做对，或者截图错误导致丢分，这是选手非常容易出错的地方。

实训 5 部署 iSCSI 存储

实训目的

1. 能理解 iSCSI 存储的概念和作用；
2. 能理解 iSCSI 存储的应用环境；
3. 能实现在 Windows Server 2012 环境下使用 iSCSI 做存储的方法。

背景描述

达通集团的所有网络服务均使用服务器本地存储，随着公司的发展，业务量在逐年不断扩大，这也就对公司数据存储的速度和可靠性要求越来越高，网络管理员决定选用网络存储技术解决这一问题。

需求分析

针对公司对于网络存储的需求，可购买单独的存储服务器，应用服务器通过 iSCSI 技术连接和使用存储，所以管理员的决定是正确的。微软的 Windows Server 2012 R2 服务器操作系统，可以实现这一功能。服务器角色分配见表 2-5-1。

表 2-5-1 服务器角色分配

计算机名	角色	IP 地址（/24）	所需设置
S2.tianyi.com	iSCSI 存储服务器（目标端）	10.10.10.102	安装 iSCSI 存储服务器 创建 iSCSI 虚拟磁盘及目标

续表

计算机名	角色	IP 地址（/24）	所需设置
S5.tianyi.com	iSCSI 应用服务器（发起端）	10.10.10.105	使用 iSCSI 发起程序连接目标联机、初始化、格式化虚拟磁盘
S6.tianyi.com	iSCSI 应用服务器（发起端）	10.10.10.106	使用 iSCSI 发起程序连接目标联机、初始化、格式化虚拟磁盘

实训原理

iSCSI（Internet Small Computer System Interface，互联网小型计算机系统接口）协议，是一个利用 IP 网络来传输 SCSI 数据块的协议。iSCSI 使用基本的以太网硬件，即可解决存储的局限性，可跨服务器在不停机的情况下共享存储资源，降低了构建存储系统的成本。一般将 iSCSI 分为目标端、发起端，在目标上建立磁盘，在发起端调用。

iSCSI 是从发起端通过 IP 网络向目标服务器发送 SCSI 命令。在通信和使用过程中涉及以下几个概念：

（1）虚拟磁盘：在 Windows Server 2012 R2 等系统中，模拟 iSCSI 存储的一个磁盘分区。

（2）发起程序：在客户端上具备连接与访问存储服务器功能的软件。

（3）目标：在存储服务器上作为承载 iSCSI 磁盘的标识符，一般为 IQN（iSCSI 限定名称）格式，用来处理发起程序的访问请求。

（4）门户：也称为目标门户，通过网络向发起端提供目标的服务器。门户往往是一个提供 iSCSI 服务的服务器，使用 3260 端口。门户中可以有多个 iSCSI 目标，每个目标不能重名。一个目标中可以有一个或多个虚拟磁盘。

实训步骤

1. 安装 iSCSI 目标服务器

步骤 1：在“服务器管理器”选项中，依次选择“仪表板”→“快速启动”→“添加角色和功能”，打开“添加角色和功能向导”选项，单击“下一步”按钮。

步骤 2：在“安装类型”选项中，选择“基于角色或基于功能的安装”，然后单击“下一步”按钮。

步骤 3：在“服务器选择”选项中，选择“从服务器池中选择服务器”，选择“S2.tianyi.com”，然后单击“下一步”按钮。

步骤 4：在“服务器角色”选项中，依次展开“文件和存储服务”→“文件和 iSCSI 服务”，勾选“iSCSI 目标服务器”复选框，单击“下一步”按钮，如图 2-5-1 所示。

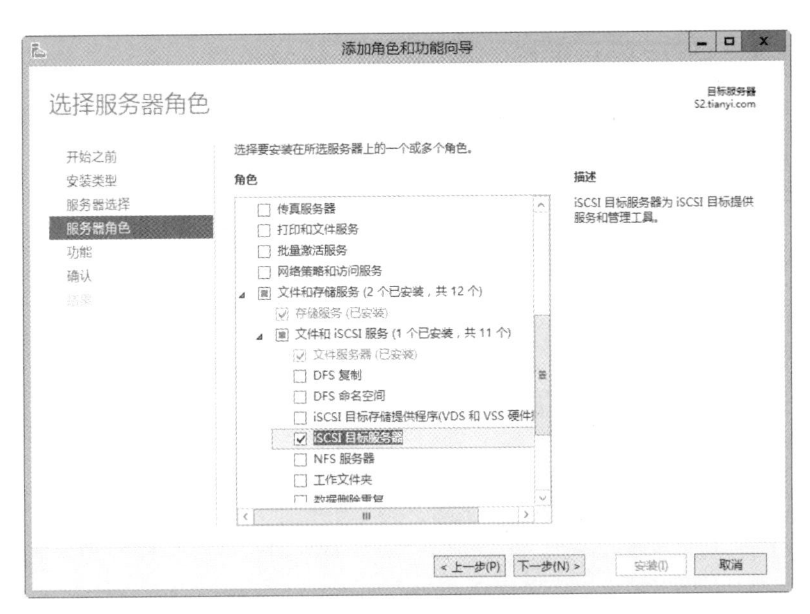

图 2-5-1 “服务器角色”选项

步骤 5：在“功能”选项中，单击“下一步”按钮。

步骤 6：在“确认”选项中，单击“安装”按钮，安装完毕后在“安装进度”选项中单击“关闭”按钮。

2. 创建 iSCSI 虚拟磁盘及目标

本任务中创建两个虚拟磁盘：Quorum 用于后续任务的仲裁见证，Files 用于数据存储。创建 iSCSI 虚拟磁盘的步骤以 Quorum 为例。

步骤 1：在“服务器管理”选项中，依次选择“文件和存储服务”服务器角色→“iSCSI”→“若要创建 iSCSI 虚拟磁盘，启动‘新建 iSCSI 虚拟磁盘’向导”链接，如图 2-5-2 所示。

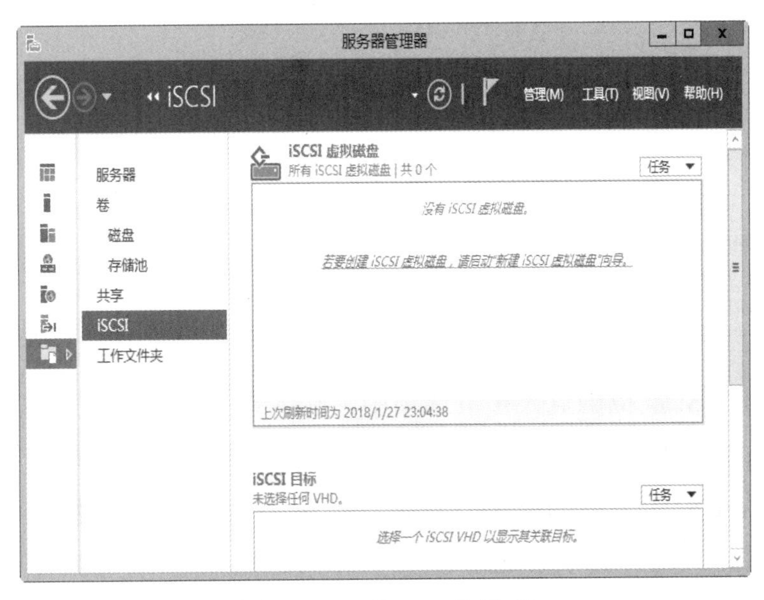

图 2-5-2 “iSCSI”选项

步骤 2：在“新建 iSCSI 虚拟磁盘向导”选项的“iSCSI 虚拟磁盘位置”选项中，指定虚拟机磁盘保存位置，然后单击“下一步”按钮，如图 2-5-3 所示。

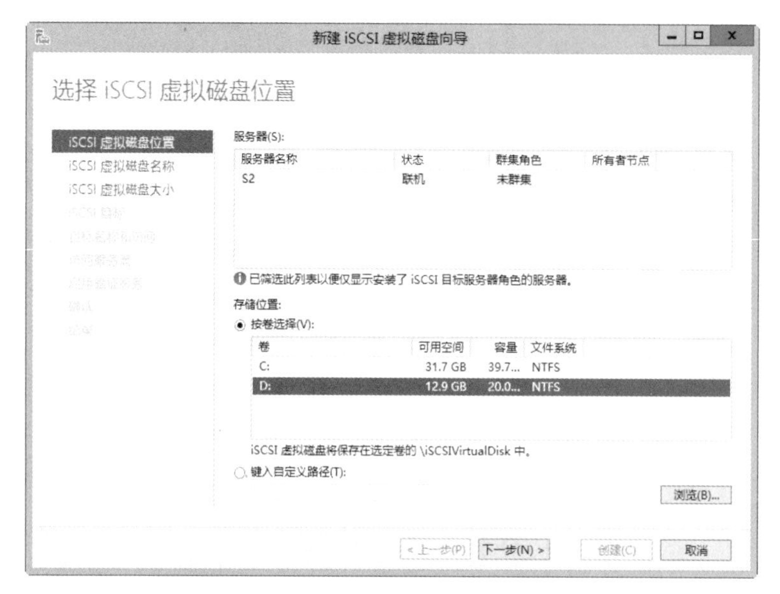

图 2-5-3　“iSCSI 虚拟磁盘位置”选项

步骤 3：在“iSCSI 虚拟磁盘名称”选项中，输入虚拟磁盘名称，此处以“Quorum”为例，然后单击“下一步”按钮，如图 2-5-4 所示。

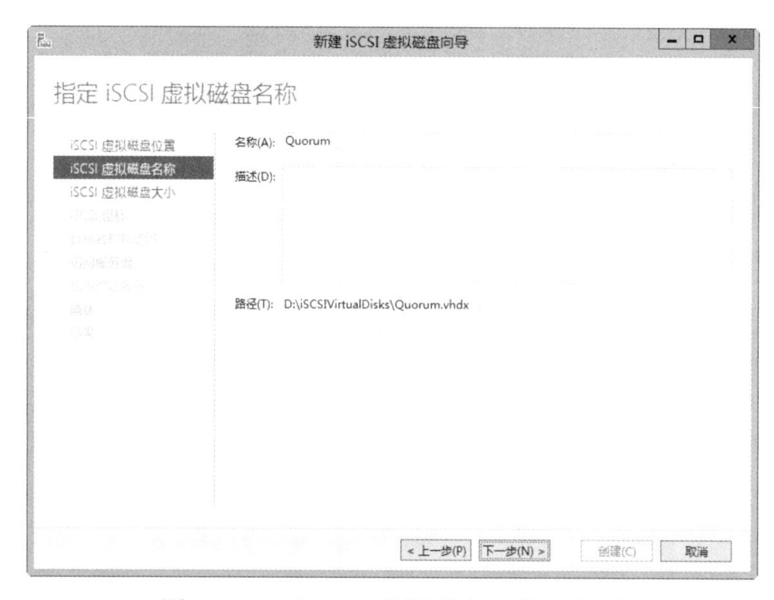

图 2-5-4　“iSCSI 虚拟磁盘名称”选项

步骤 4：在“iSCSI 虚拟磁盘大小”选项中，输入虚拟磁盘容量，以“MB”或“GB”为单位，选择“固定大小”，然后单击“下一步”按钮，如图 2-5-5 所示。

步骤 5：在“iSCSI 目标”选项中，选择“新建 iSCSI 目标”，然后单击“下一步”按钮，如图 2-5-6 所示。

步骤 6：在“目标名称和访问”选项中，输入 iSCSI 目标的名称，本任务使用“iSCSI-S2”，然后单击“下一步”按钮，如图 2-5-7 所示。

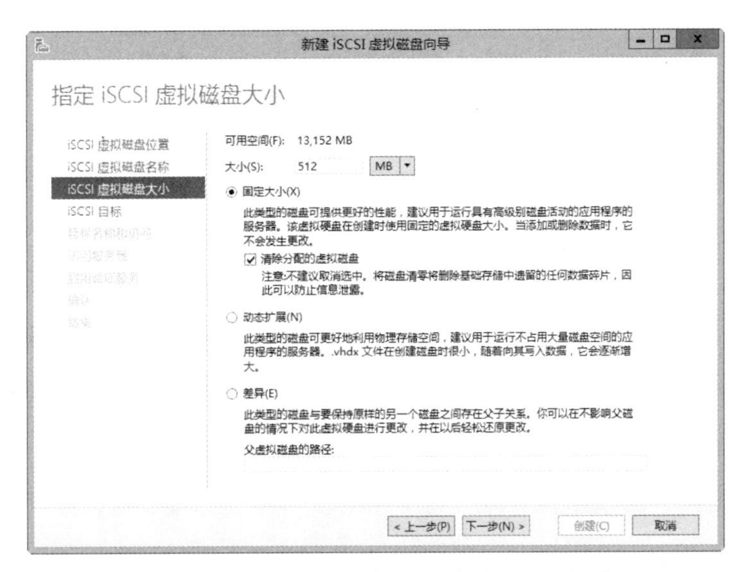

图 2-5-5 “iSCSI 虚拟磁盘大小”选项

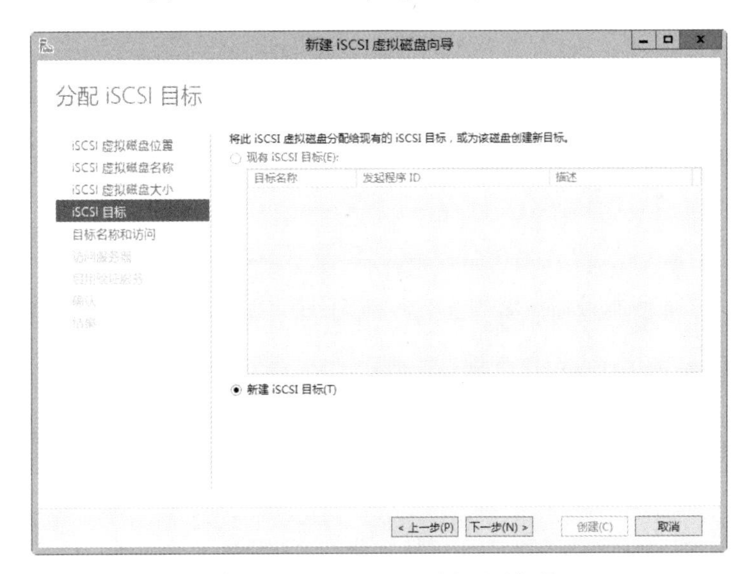

图 2-5-6 “iSCSI 目标”选项

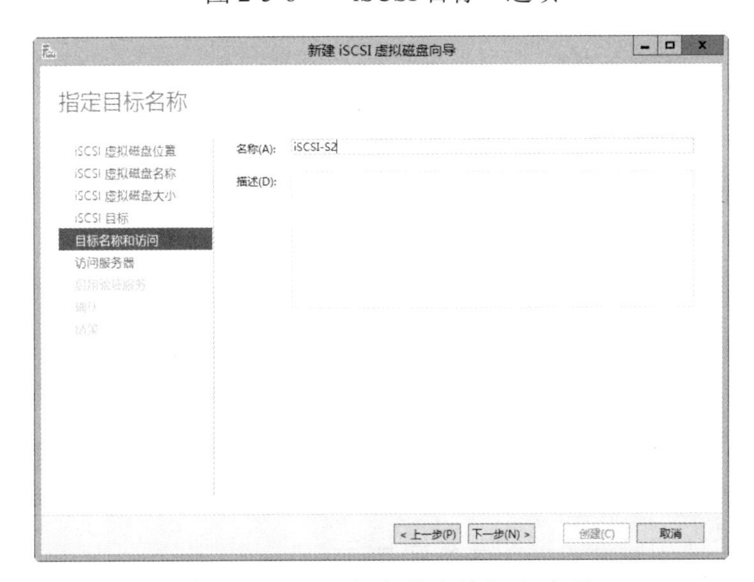

图 2-5-7 “目标名称和访问”选项

步骤 7：在“访问服务器”选项中，选择允许哪些服务器可以连接并使用 iSCSI 目标中的虚拟磁盘，此处单击“添加”按钮，如图 2-5-8 所示。

步骤 8：在弹出的“添加发起程序 ID”选项中，选中“输入选定类型的值”单选框→“类型”为“IP 地址”，在“值”下的文本框中输入服务器 S5 的 IP 地址，然后单击“确定”按钮，如图 2-5-9 所示。

图 2-5-8　“访问服务器”选项

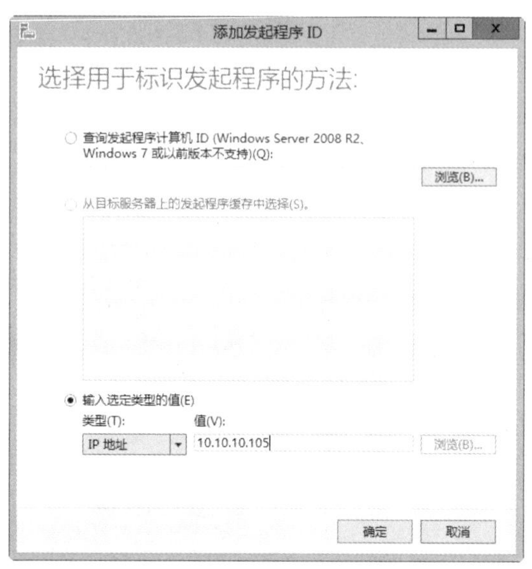

图 2-5-9　“添加发起程序 ID”选项

步骤 9：使用同样方法添加 S6，添加完成后单击“下一步”按钮，如图 2-5-10 所示。

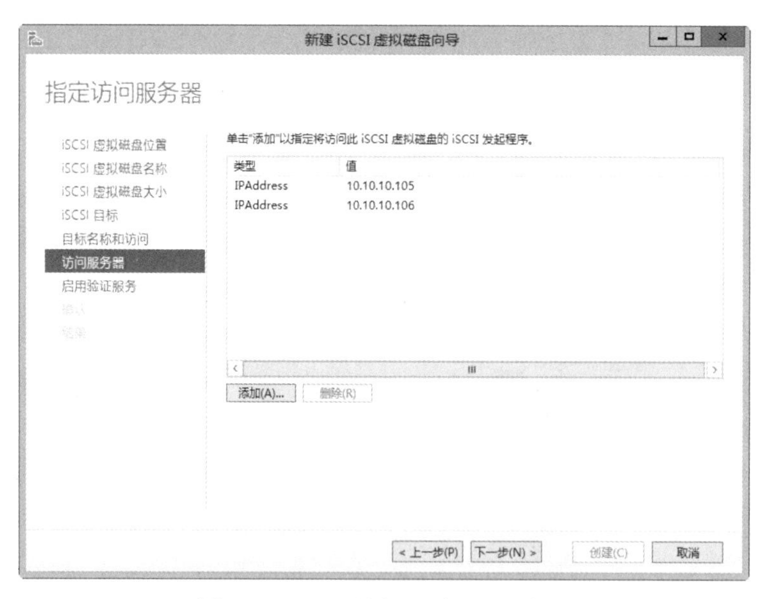

图 2-5-10　“访问服务器”选项

步骤 10：在“启用验证服务”选项中，可根据需要选择 CHAP 验证方式，此处直接单击“下一步”按钮不使用验证，如图 2-5-11 所示。

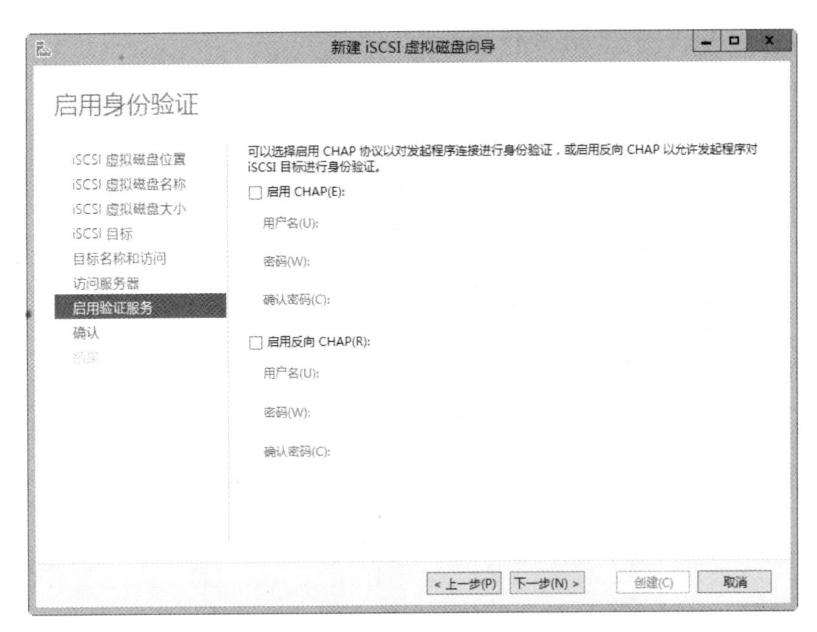

图 2-5-11　“启用验证服务”选项

步骤 11：在“确认”选项中，查看虚拟磁盘和目标设置，确认无误后单击“创建”按钮，如图 2-5-12 所示。

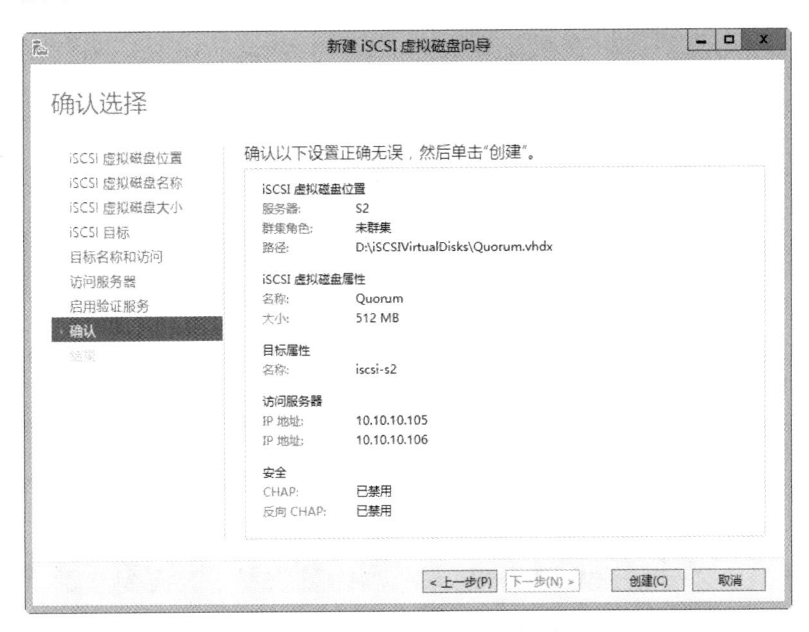

图 2-5-12　“确认”选项

步骤 12：成功创建 iSCSI 虚拟磁盘和目标后，在“结果”选项中单击“关闭”按钮，如图 2-5-13 所示。

步骤 13：使用上述步骤创建 iSCSI 虚拟磁盘“Files”，容量为 6GB，并调用现有 iSCSI 目标“iSCSI-S2”（汇总界面以小写字母显示），允许 S5、S6 访问，如图 2-5-14 所示。

步骤 14：虚拟磁盘、目标创建完毕后，返回 iSCSI 管理器选项，可查看 iSCSI 虚拟磁盘及 iSCSI 目标的信息，如图 2-5-15 所示。

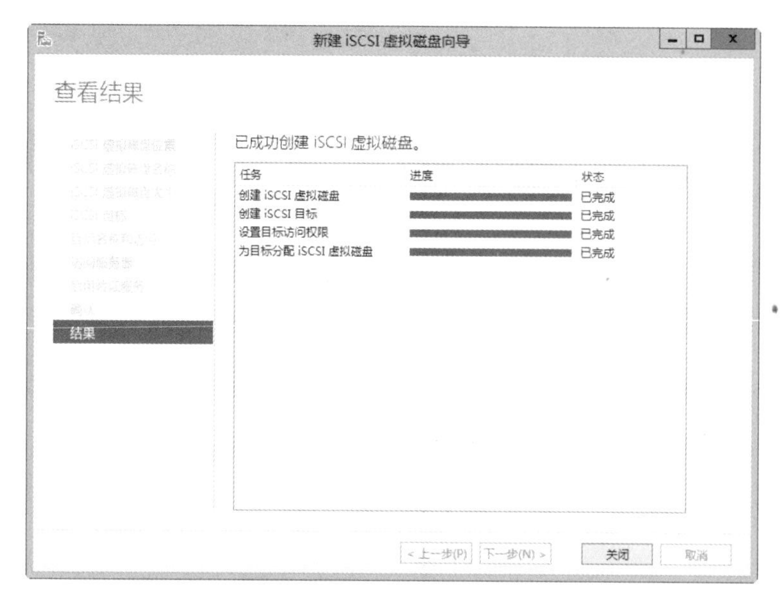

图 2-5-13 “结果”选项

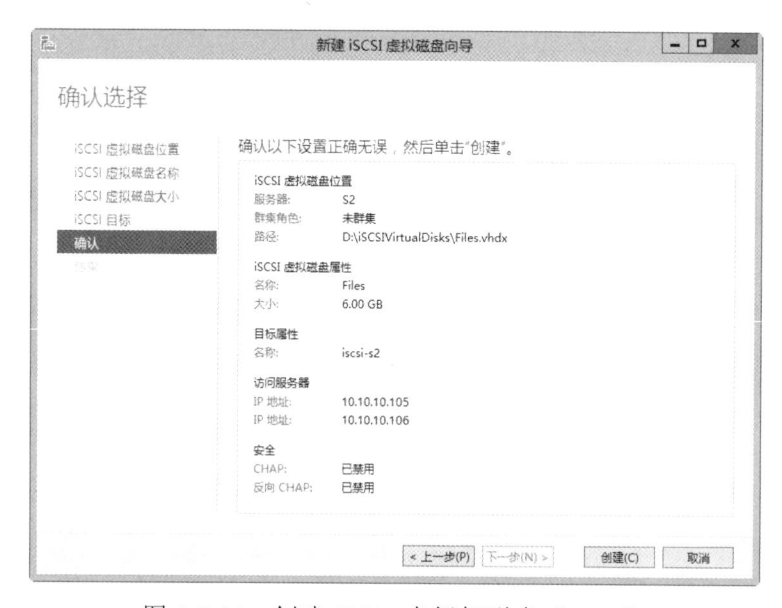

图 2-5-14 创建 iSCSI 虚拟机磁盘“Files”

图 2-5-15 iSCSI 虚拟磁盘、目标创建完毕

3. 使用 iSCSI 发起程序连接目标

此处以在服务器 S5 上使用 iSCSI 发起程序连接目标“iSCSI-S2”为例。

步骤 1：在“服务器管理器”选项中，单击“工具”菜单，选择“iSCSI 发起程序”命令，如图 2-5-16 所示。

步骤 2：在“Microsoft iSCSI”提示对话框中单击“是”按钮，启动 Microsoft iSCSI 服务，如图 2-5-17 所示。

图 2-5-16　服务器管理器

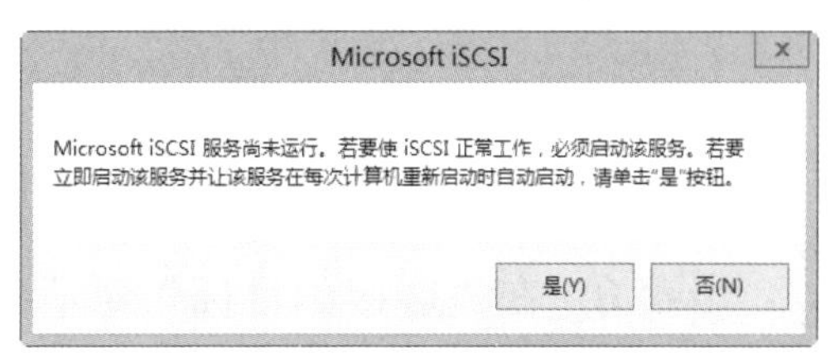

图 2-5-17　Microsoft iSCSI 服务启动提示

步骤 3：在“iSCSI 发起程序 属性”对话框的“发现”选项卡中，单击“发现门户”按钮，如图 2-5-18 所示。

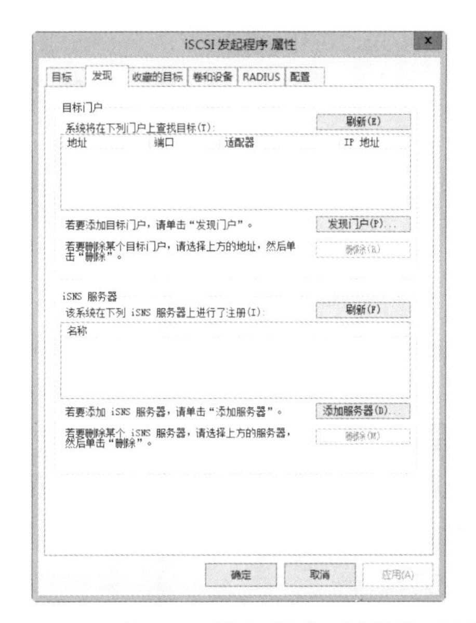

图 2-5-18　“iSCSI 发起程序 属性”对话框

步骤 4：在“发现目标门户”对话框中输入门户（即建立了 iSCSI 目标的服务器）的 IP 地址，端口使用默认的 3260，然后单击“确定”按钮，如图 2-5-19 所示。

步骤 5：在“iSCSI 发起程序属性”的“目标”选项卡中可看到门户中的目标，选中含有“iSCSI-S2”目标的全名，然后单击“连接”按钮，如图 2-5-20 所示。

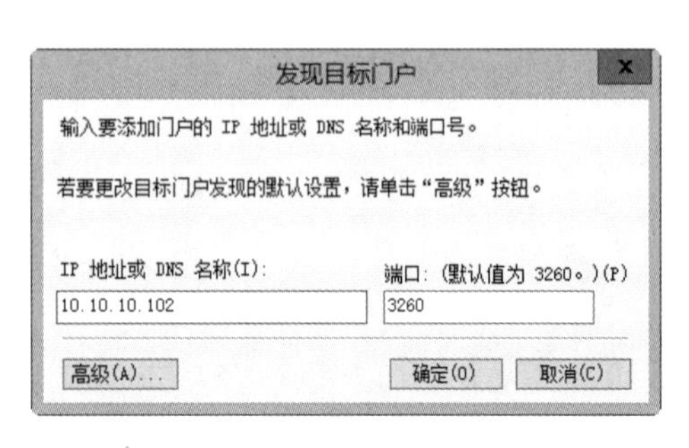

图 2-5-19　“发现目标门户”对话框

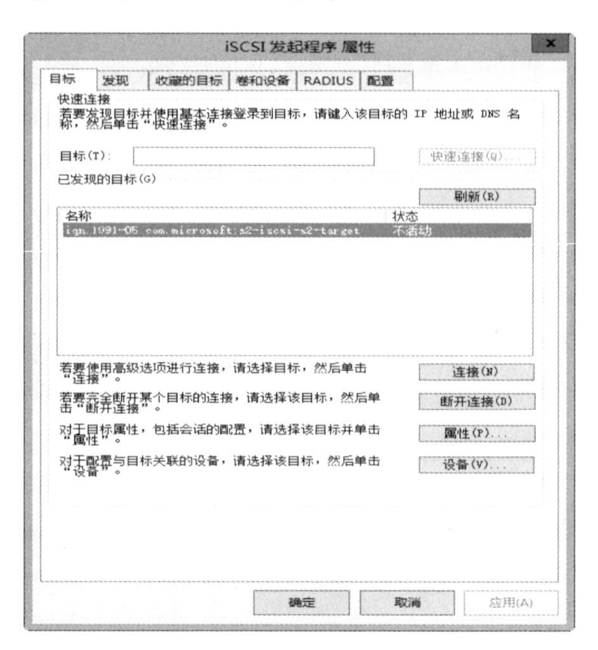

图 2-5-20　“目标”选项卡

步骤 6：在“连接到目标”对话框中，勾选“将此连接添加到收藏目标列表”复选框，单击“确定”按钮，如图 2-5-21 所示。

步骤 7：返回“目标”选项卡后，可看到 iSCSI 发起程序已经连接到目标，如图 2-5-22 所示。

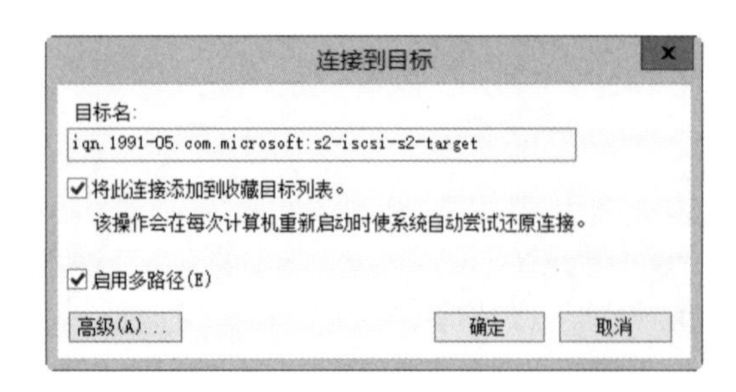

图 2-5-21　“连接到目标”对话框

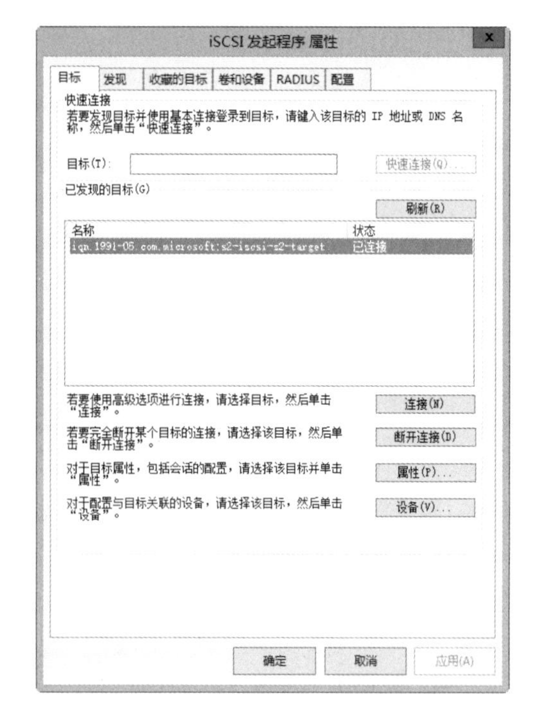

图 2-5-22　“目标”选项卡

4. 联机、初始化、格式化虚拟磁盘

在 S5 上，使用 iSCSI 发起程序成功连接到目标后，即可对目标上的 iSCSI 虚拟磁盘进行联机并初始化。

步骤 1：在 S5 上打开“磁盘管理”对 iSCSI 目标上的两个磁盘“Quorum”和“Files”进行联机，并初始化为“简单卷”，格式化为 NTFS 分区，分别对应驱动器号为“Q:”和“F:”，如图 2-5-23 所示。

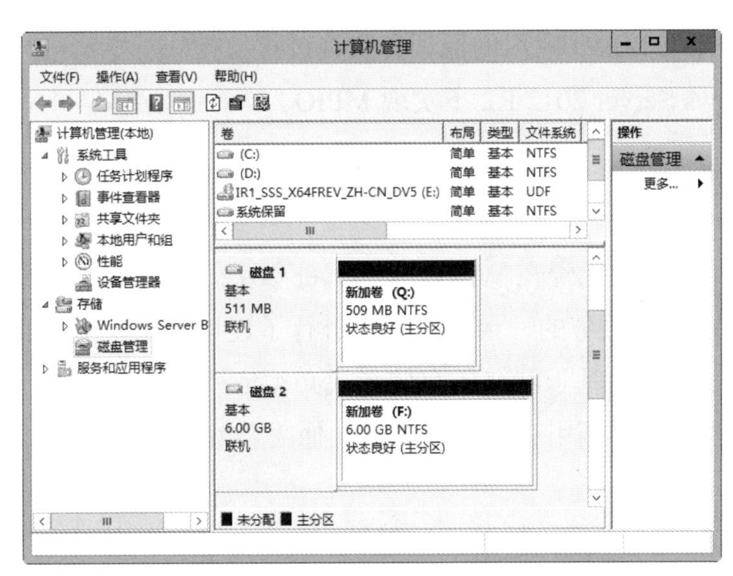

图 2-5-23　联机、初始化、格式化虚拟磁盘

步骤 2：在服务器 S6 上使用同样步骤发现门户 S2、连接目标“iSCSI-S2”、将 iSCSI 虚拟磁盘联机，无须再对这两个虚拟磁盘进行初始化、格式化、指定驱动区号，将会调用与 S5 相同的设置参数。

赛点链接

（2016—2018 年）安装 iSCSI 目标服务器和存储多路径，并新建 iSCSI 虚拟磁盘，存储位置为 E:\；虚拟磁盘名称分别为 Quorum 和 Files，大小分别为 512MB 和 5GB，访问服务器为云主机 4 和云主机 5。

易错解析

在 Windows Server 2012 R2 中配置 iSCSI 目标服务器，需要建立 iSCSI 虚拟磁盘。可使用建立 iSCSI 虚拟磁盘向导，一并建立目标。在建立目标时，需要注意允许访问 iSCSI 目标的发起端 IP，否则可能造成无法连接。在客户端上使用发起程序连接目标时，首先需要发现门户，然后在门户中选择目标并连接。iSCSI 在客户端上的表现形式为磁盘，需要进行联机、初始化、格式化、指定驱动器号等操作，这是选手容易忽略和出错的地方。

实训 6　部署 iSCSI 的 MPIO

实训目的

1．能理解 MPIO 的概念和作用；

2．能理解 iSCSI 与 MPIO 应用的原理和实现过程；

3．能在 Windows Server 2012 R2 下实现 MPIO。

背景描述

达通集团的网络管理员已经在 Windows Server 2012 R2 服务器上配置了 iSCSI 的目标端，并且在准备部署 Web 服务的一台服务器上进行了连接测试，能够正常使用。但网络管理员发现了一个问题，这种基于网络的存储形式必须依托网络连接，一旦现有的网络连接中断，应用服务器就无法再调用存储上的数据，他需要解决这一问题。

需求分析

针对公司的需求，为防止应用服务器与存储服务器之间连接的单路径故障，可以启用多路径 I/O（MPIO，MultiPath I/O，多路径输入/输出）功能，建立备用传输路径，当其中一个路径网络中断时，应用服务器会使用另一路径与存储服务器进行连接，所以管理员的决定是正确的。服务器角色分配见表 2-6-1。

表 2-6-1　服务器角色分配

计算机名	角　色	IP 地址（/24）	所需设置
S2.tianyi.com	iSCSI 存储服务器 （目标端）	10.10.10.102 192.168.88.102	安装多路径 I/O（MPIO） 添加新路径网络适配器和 IP 地址 添加发起程序 IP 地址
S5.tianyi.com	iSCSI 应用服务器 （发起端）	10.10.10.105 192.168.88.105	安装多路径 I/O（MPIO） 添加新路径网络适配器和 IP 地址 添加 MPIO 对 iSCSI 的支持 添加第二条路径
S6.tianyi.com	iSCSI 应用服务器 （发起端）	10.10.10.106 192.168.88.106	安装多路径 I/O（MPIO） 添加新路径网络适配器和 IP 地址 添加 MPIO 对 iSCSI 的支持 添加第二条路径

实训原理

Multipathing（MPIO）技术就是通过一条及以上的物理链路来访问网络存储设备，并且可以使用容错、流量负载均衡以及细粒度的 I/O 调度策略等方式，为网络存储应用提供更高的可用性和性能优势。

从 Windows Server 2008 开始支持 Native Multipathing（MPIO）软件作为操作系统的一个组件存在。

在 Windows Server 2012 R2 中，MPIO 默认使用“协商会议”（Round Robin）策略，即使用多路径负载平衡传输数据。

实训步骤

1. 添加新路径网络适配器

为服务器 S2、S5、S6 添加新的网络适配器并安装好驱动程序，设置 IP 地址分别为 192.168.88.102/24、192.168.88.105/24、192.168.88.106/24，设置完成后如图 2-6-1 所示（以 S2 为例）。

图 2-6-1　新路径网络设置

2. 安装 MPIO 功能

在 S2、S5、S6 上安装“多路径 I/O”，如图 2-6-2 所示，详细安装步骤略。

3. 在 iSCSI 目标服务器上添加发起程序 IP

步骤 1：在“服务器管理”左侧选择“文件和存储服务”服务器角色，选择“iSCSI”，然后右击要修改的 iSCSI 目标“iSCSI-S2”（显示为小写字母），在弹出的快捷菜单中，选择“属性”命令，如图 2-6-3 所示。

步骤 2：在“iSCSI-S2 属性”选项中，选择左侧的“发起程序”设置项，单击“添加”

按钮，依次添加 S5、S6 新路径的 IP，添加完毕后单击“确定”按钮，如图 2-6-4 所示。

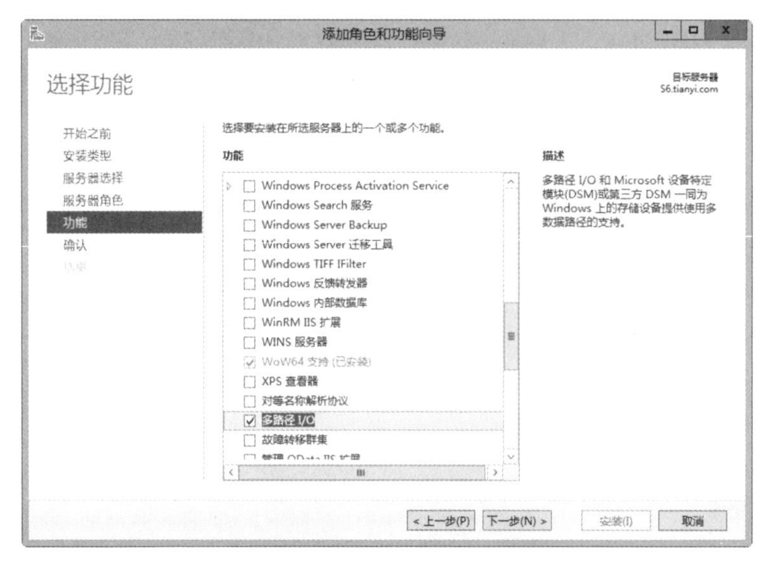

图 2-6-2 “功能”选项

图 2-6-3 “iSCSI”选项中“iSCSI-S2”快捷菜单

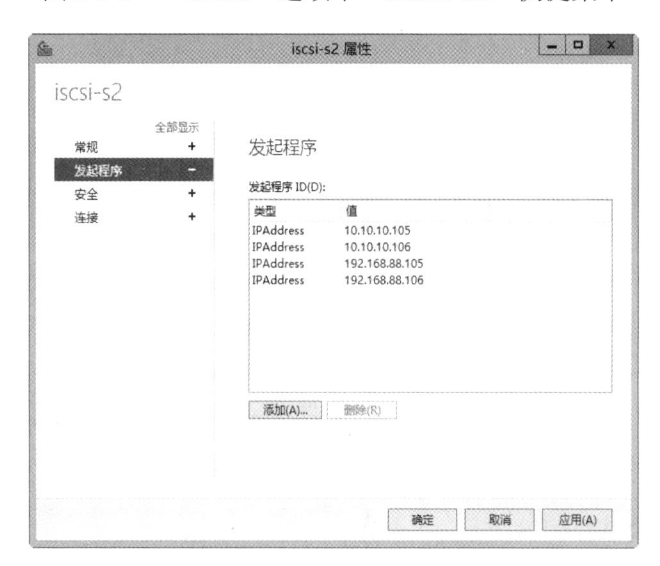

图 2-6-4 “发起程序”选项

4. 添加 MPIO 对 iSCSI 的支持

步骤 1：在服务器 S5、S6 的“服务器管理器”选项中，单击“工具”菜单，然后选择“MPIO”命令。

步骤 2：在“MPIO”属性对话框的“发现多路径”选项卡中，选中“添加对 iSCSI 设备的支持”复选框，然后单击“添加”按钮，如图 2-6-5 所示。

步骤 3：在“需要重新启动”对话框中选择“是”按钮，重新启动服务器，如图 2-6-6 所示。

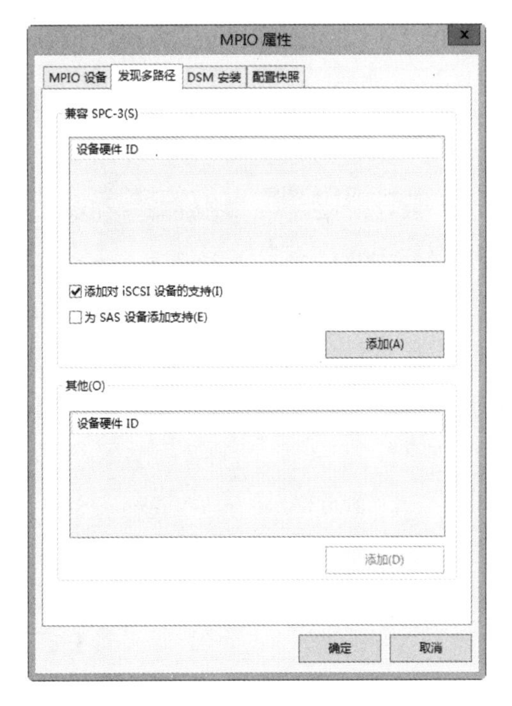

图 2-6-5　“发现多路径”选项卡

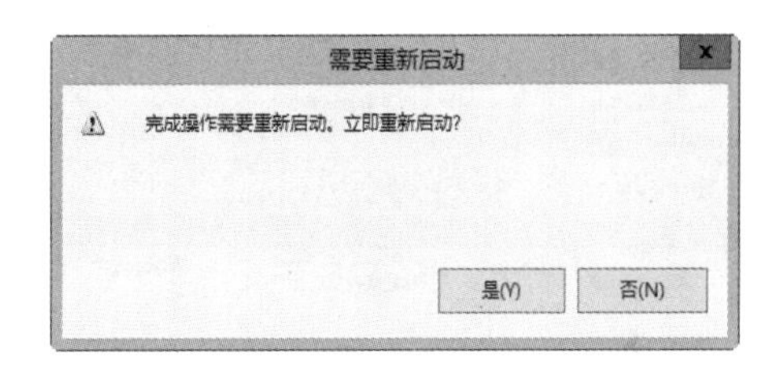

图 2-6-6　“需要重新启动”对话框

5. 为现有 iSCSI 连接添加第二路径

步骤 1：在 S5、S6 的“服务器管理器”选项中，单击“工具”菜单，选择“iSCSI 发起程序”命令。

步骤 2：在“iSCSI 发起程序 属性”对话框中选中目标“iSCSI-S2”的 IQN，然后单击“连接”按钮，如图 2-6-7 所示。

步骤 3：在“连接到目标”对话框中，勾选“启用多路径”复选框，然后单击“高级”按钮，如图 2-6-8 所示。

步骤 4：在“高级设置”对话框的常规选项卡中，选择本地适配器为“Microsoft iSCSI Initiator”，发起程序 IP 地址为第二路径的 IP 地址（S6 为“192.168.88.106”），选择目标门户（S2 的第二路径 IP 和端口），然后单击“确定”按钮，如图 2-6-9 所示。

步骤 5：返回“连接到目标”对话框后，单击“确定”按钮，如图 2-6-10 所示。

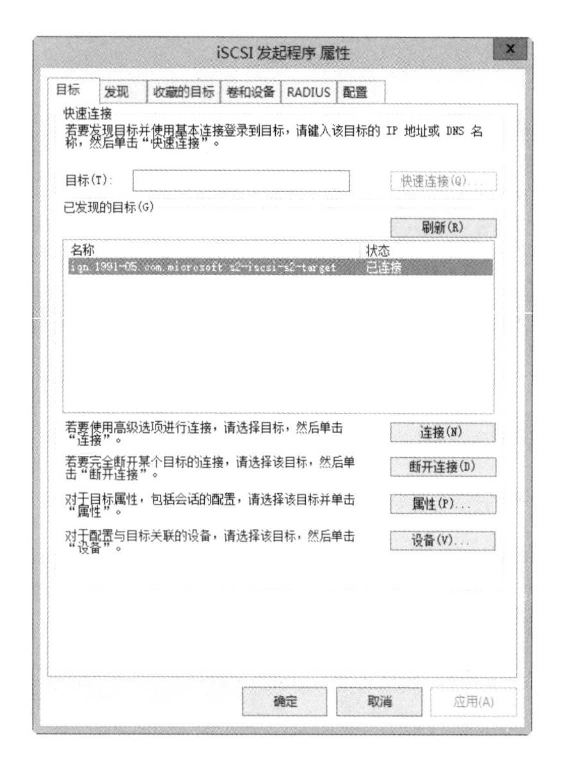

图 2-6-7 “iSCSI 发起程序 属性”对话框

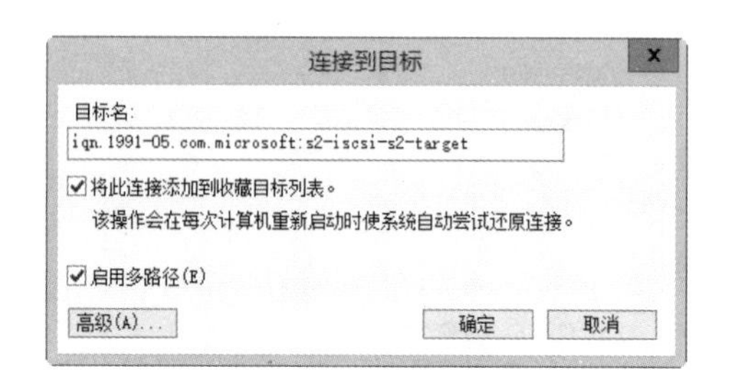

图 2-6-8 “连接到目标”对话框

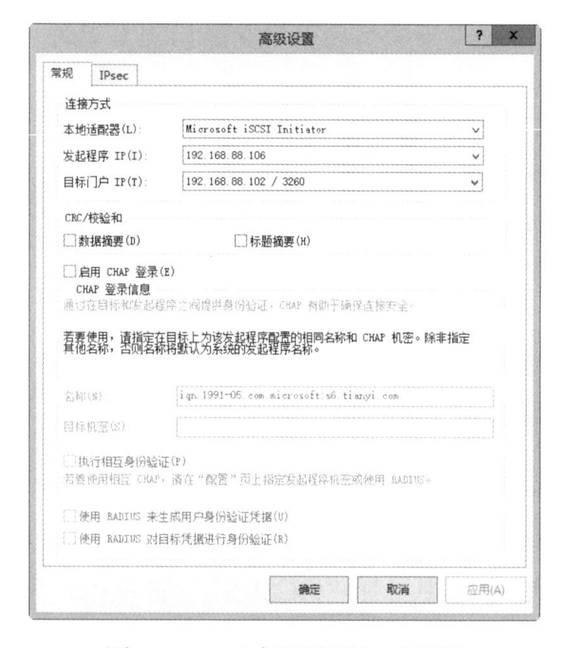

图 2-6-9 “高级设置”对话框

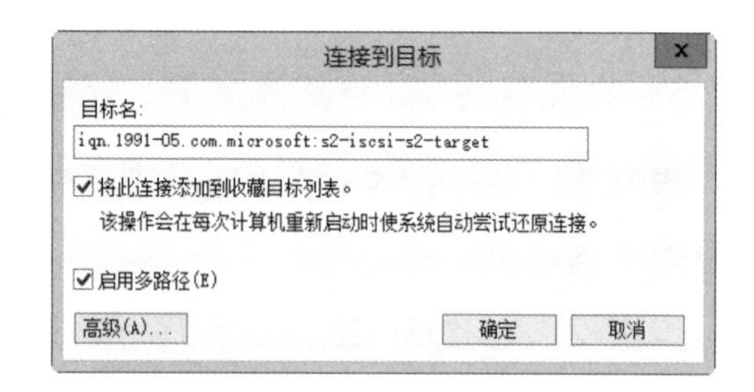

图 2-6-10 “连接到目标”对话框

6. 查看多路径连接

步骤 1：在 S5、S6 的“iSCSI 发起程序 属性”对话框的“目标”选项卡中，单击“设备”按钮，如图 2-6-11 所示。

步骤 2：在“设备”对话框中，可看到 Disk1、Disk2 均具备两个路径，如进一步查看或修改 MPIO 策略，则需单击“MPIO”按钮，如图 2-6-12 所示。

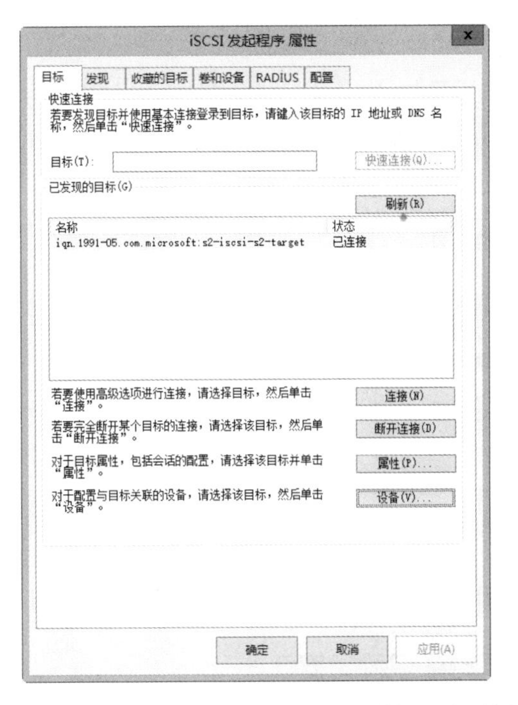

图 2-6-11　“iSCSI 发起程序 属性”对话框

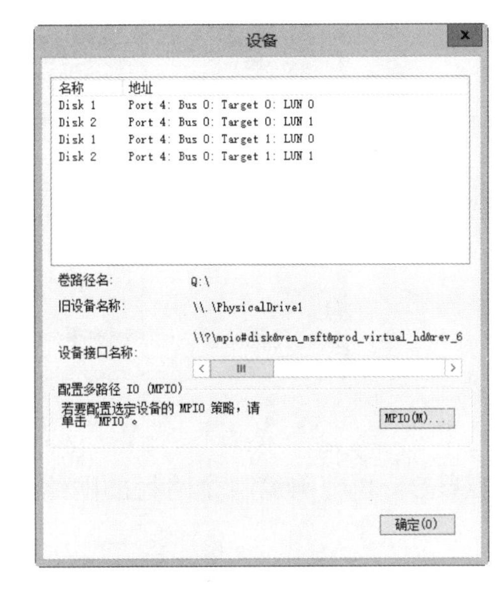

图 2-6-12　“设备”对话框

步骤 3：在“设备详细信息”对话框中可看到 iSCSI 设备包含的两个路径，如图 2-6-13 所示。

7. 测试 MPIO

步骤 1：在发起端 S5 或 S6 上，停用一个网络连接，如图 2-6-14 所示。

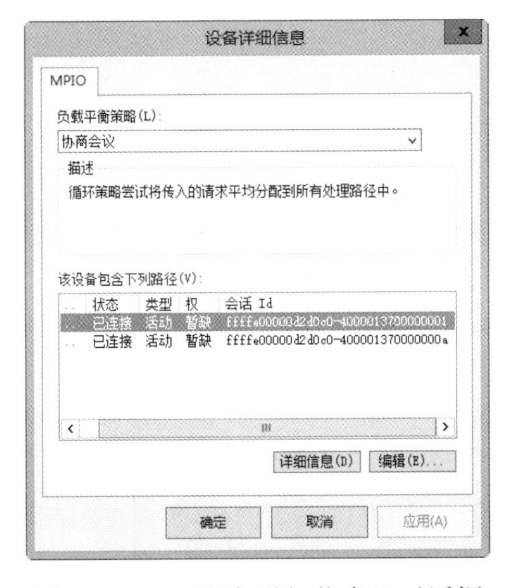

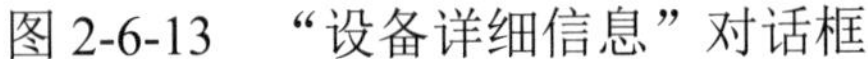

图 2-6-13　“设备详细信息”对话框

图 2-6-14　“网络连接”选项

步骤 2：在发起端 S5 或 S6 上的“磁盘管理”选项中查看 iSCSI 磁盘，使用正常，如图 2-6-15 所示。

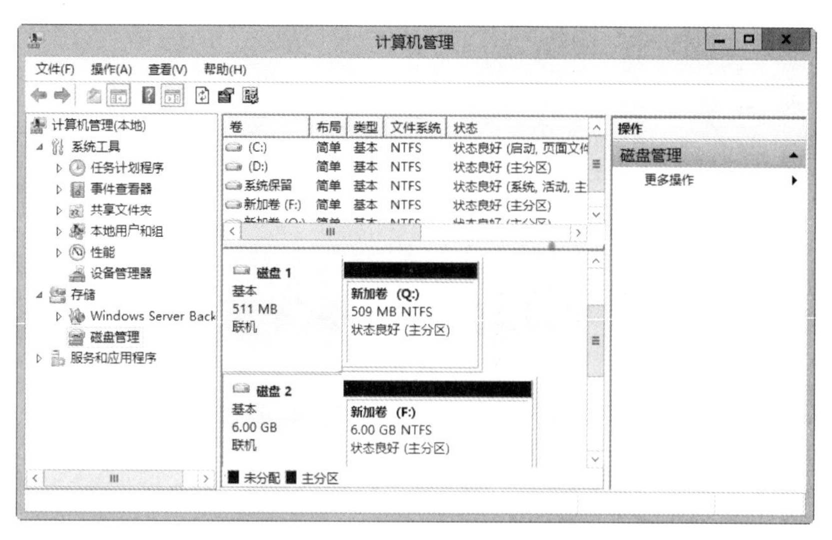

图 2-6-15 查看 iSCSI 磁盘

步骤 3：再停用第二个路径的网络连接，如图 2-6-16 所示。

图 2-6-16 “网络连接”窗口

步骤 4：在“磁盘管理”选项中查看 iSCSI 磁盘，两个 iSCSI 磁盘都无法使用，如图 2-6-17 所示。

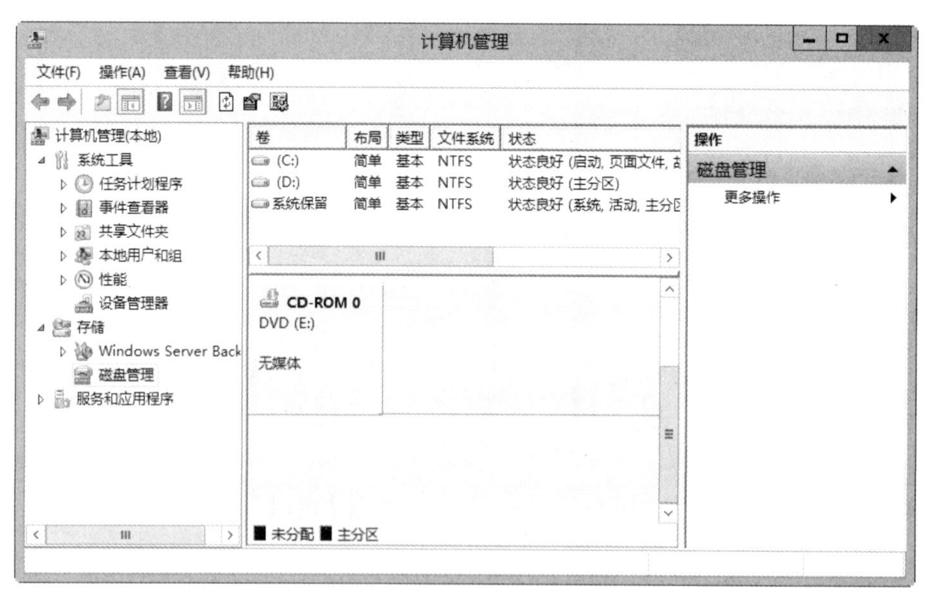

图 2-6-17 查看 iSCSI 磁盘

步骤 5：启用第二个路径的网络连接，如图 2-6-18 所示。

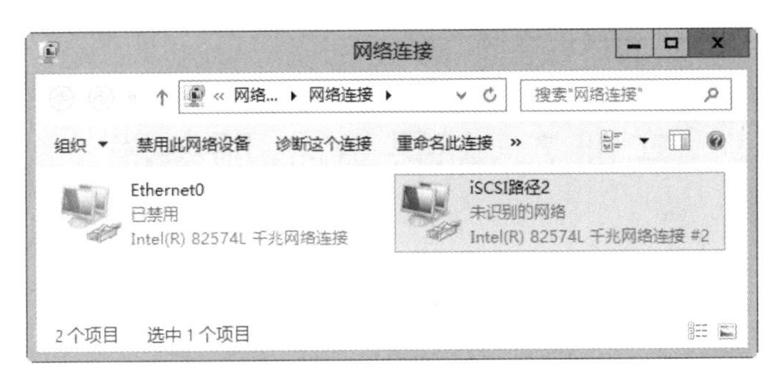

图 2-6-18　“网络连接”　窗口

步骤 6：在“磁盘管理”选项中查看 iSCSI 磁盘，两个 iSCSI 磁盘均能够正常使用，如图 2-6-19 所示。至此，完成了对 iSCSI 上使用 MPIO 的测试。

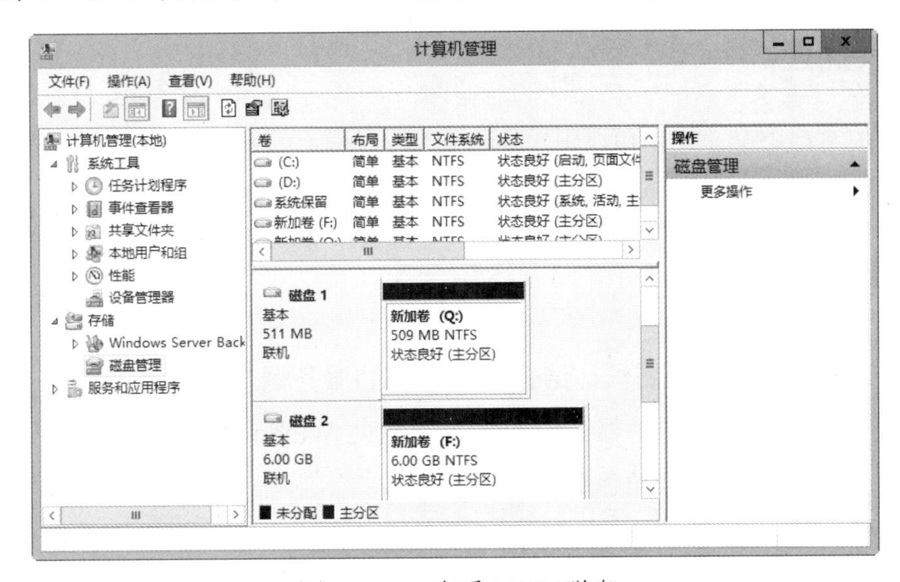

图 2-6-19　查看 iSCSI 磁盘

赛点链接

（2017—2018 年）安装故障转移群集功能、文件服务器功能和存储多路径功能，在存储多路径功能的属性中，添加对 iSCSI 设备的支持。

（2017—2018 年）使用 iSCSI 发起程序连接 Win2012-D1 的 iSCSI 虚拟磁盘 Quorum 和 Files，实现对 iSCSI 虚拟磁盘 Quorum 和 Files 的存储多路径功能，并能正常访问。

易错解析

在 Windows Server 2012 R2 中配置 MPIO，要在 iSCSI 的目标端和发起端分别进行设置。选手们往往忽略了在服务器端也需要安装 MPIO，再就是在客户端添加 MPIO 对 iSCSI 的支持时，一定是重启后设置才生效，这个要特别注意；还可以在添加完毕后查看路径并修改路径的负载均衡设置。如需要进一步测试 MPIO 效果，可依次断开路径并查看 iSCSI 磁盘的连接情况。

实训 7 部署 Web 服务器

实训目的

1．能理解 IIS 服务的作用；

2．能区别 IIS 与 Apache 之间的不同；

3．能在 Windows Server 2012 R2 下实现 IIS 服务。

背景描述

达通集团由于规模的扩大，想通过一个网站平台进行宣传，于是准备搭建一台 Web 服务器作为公司的网站，用于发布公司的相关信息，需要网络管理员完成此 Web 服务器的搭建。

需求分析

针对公司 Web 服务器的需求，结合公司现有的服务器，管理员发现有一台 Windows Server 服务器可以作为 Web 服务器的发布，可使用此 Windows Server 系统中的 Internet 信息服务（IIS）来实现。服务器角色分配见表 2-7-1。

表 2-7-1 服务器角色分配

计算机名	角色	IP 地址（/24）	所需设置
S5.tianyi.com	Web 服务器	10.10.10.105	安装 IIS 服务 建立站点目录及主页文件 建立 Web 站点 浏览 Web 站点

实训原理

IIS 是 Internet Information Services 的缩写，意为互联网信息服务，是由微软公司提供的基于运行 MicrosoftWindows 的互联网基本服务。

Windows Server 2012 R2 的 IIS 网站的模块化设计，可以减少被攻击面并减轻管理负担，让网络管理员更容易架设安全的、具备高扩展性的网站。

IIS 支持在一台计算机上同时建立多个网站，然而为了能够正确地区分出这些网站，必须给予每一个网站唯一的标识信息。用来网站的标识信息有主机名、IP 地址和 TCP 端口号，这台计算机内所有网站的三个标识信息不能完全相同。

主机名：若这台计算机只有一个 IP 地址，则可以采用主机名来区分这些网站，也就是每一个网站各有一个主机名。

IP 地址：也就是每一个网站各有一个唯一的 IP 地址，启用 SSL 安全连接功能的网站。

TCP 端口号：每一个网站分别拥有不同的 TCP 端口号，以便让 IIS 计算机利用端口号来区分这些网站。此方法比较适合对内部用户提供服务的网站或测试用的网站。

实训步骤

1. 安装 IIS

步骤 1：在“服务器管理器”选项中，依次选择“仪表板”→“快速启动”→“添加角色和功能”，打开“添加角色和功能向导”选项，单击“下一步”按钮，如图 2-7-1 所示。

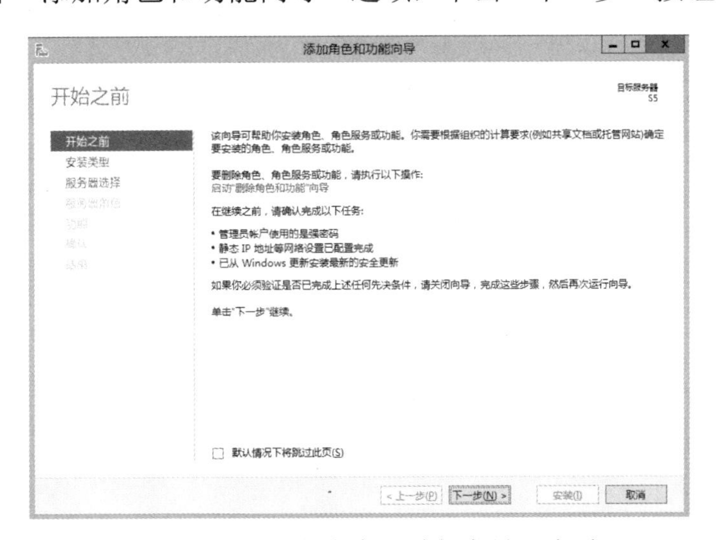

图 2-7-1 “添加角色和功能向导”选项

步骤 2：在“安装类型”选项中，选择“基于角色或基于功能的安装”，然后单击“下一步”按钮，如图 2-7-2 所示。

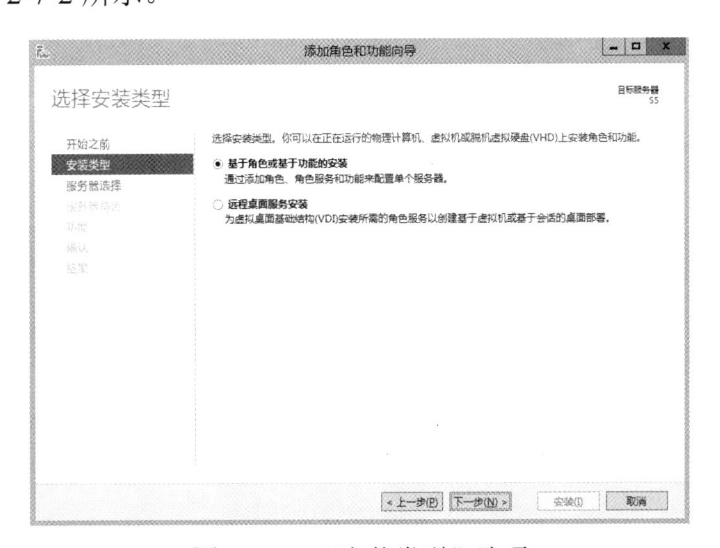

图 2-7-2 “安装类型”选项

步骤 3：在“服务器选择”选项中，选择“从服务器池中选择服务器”，选择“S5.tianyi.com”，然后单击“下一步”按钮，如图 2-7-3 所示。

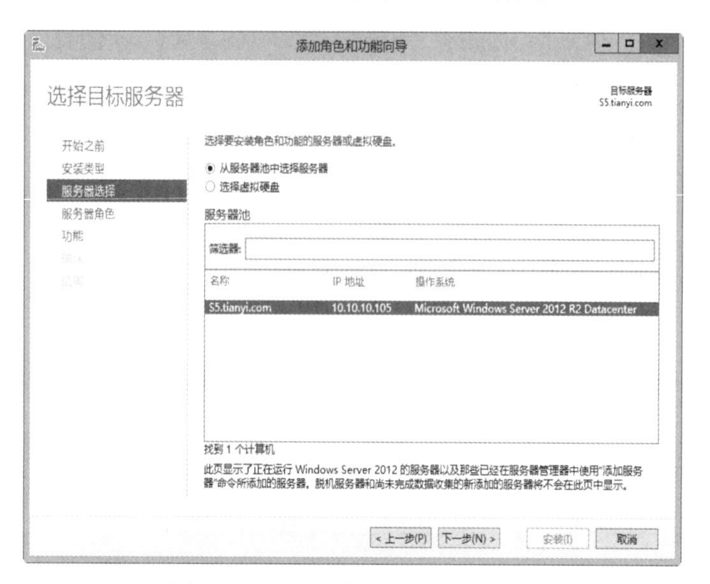

图 2-7-3　“服务器选择”选项

步骤 4：在“服务器角色”选项中，选中“Web 服务器（IIS）”复选框，在弹出的所需功能提示选项中单击“添加功能”按钮，返回“服务器角色”选项后，单击“下一步”按钮，如图 2-7-4 所示。

图 2-7-4　“服务器角色”选项

步骤 5：在“选择功能”和“Web 服务器角色（IIS）”选项中，单击“下一步”按钮，如图 2-7-5 所示。

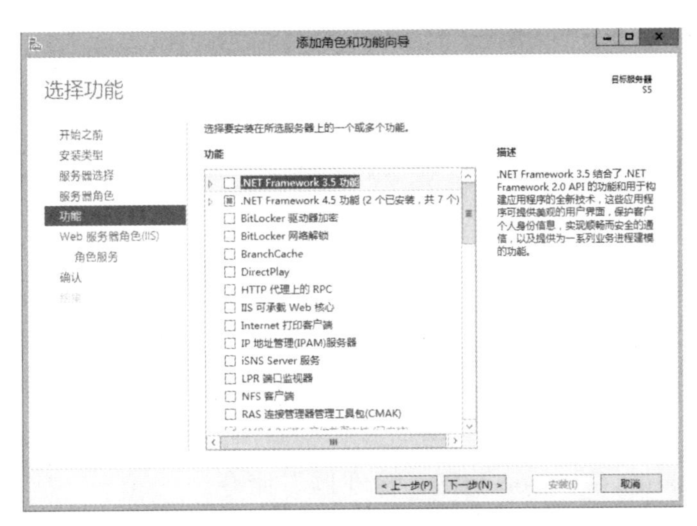

图 2-7-5　“功能”选项

步骤 6：在“确认”选项中，单击“安装”按钮，如图 2-7-6 所示。

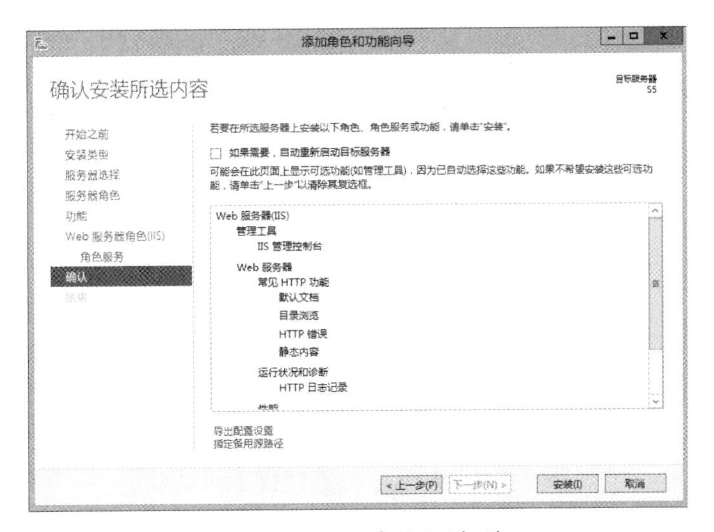

图 2-7-6　“确认”选项

步骤 7：安装完毕后，在“结果”选项中，单击“关闭”按钮，如图 2-7-7 所示。

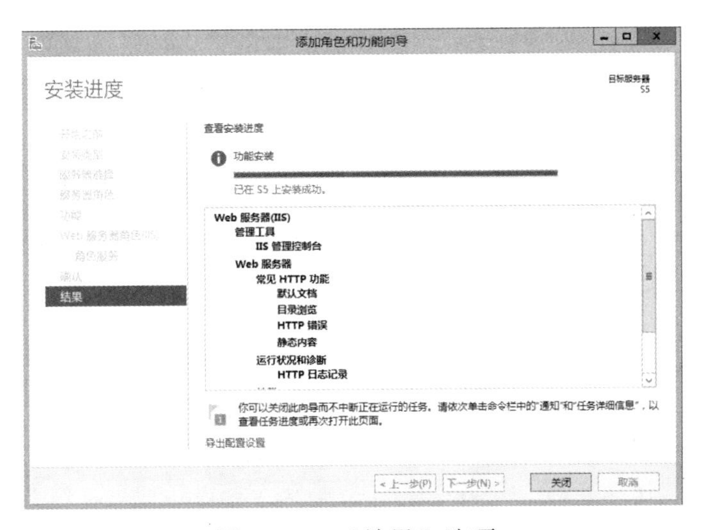

图 2-7-7　“结果”选项

图 2-7-8　Web 主目录及站点

2. 建立站点目录及主页文件

在 S5 上建立“F:\tianyiweb”目录（F:为 iSCSI 磁盘），建立首页文件“index.html”（本任务中不涉及网站设计及站点后台等内容），如图 2-7-8 所示。

3. 建立 Web 站点

步骤 1：打开“服务器管理器”，在选项左侧选择“IIS”角色，右击服务器 S5，在弹出的快捷菜单中，选择“Internet Information Services（IIS）管理器”命令。

步骤 2：在“Internet Information Services（IIS）管理器”弹出的连接提示对话框中，选择“否”，如图 2-7-9 所示。

图 2-7-9　Web 平台连接提示对话框

步骤 3：依次展开服务器“S5”→“网站”，右击“Default Website”，在弹出的快捷菜单中，选择“管理网站”→“停止”命令，如图 2-7-10 所示。

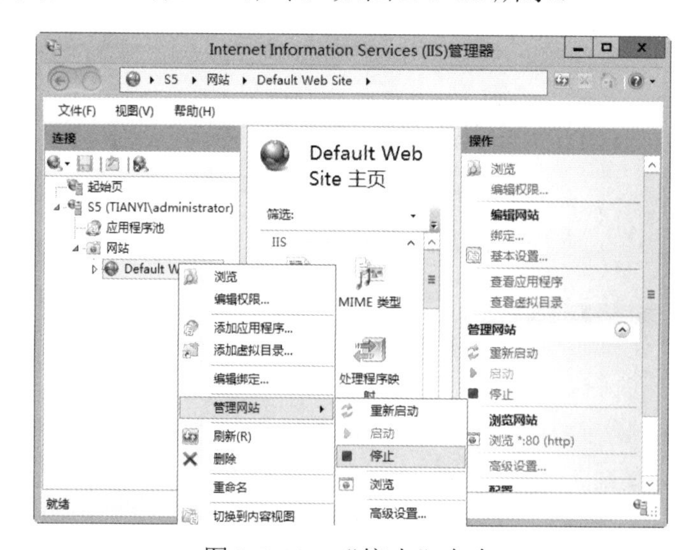

图 2-7-10　“停止”命令

步骤 4：右击“网站”，在弹出的快捷菜单中，选择“添加网站”命令，如图 2-7-11 所示。

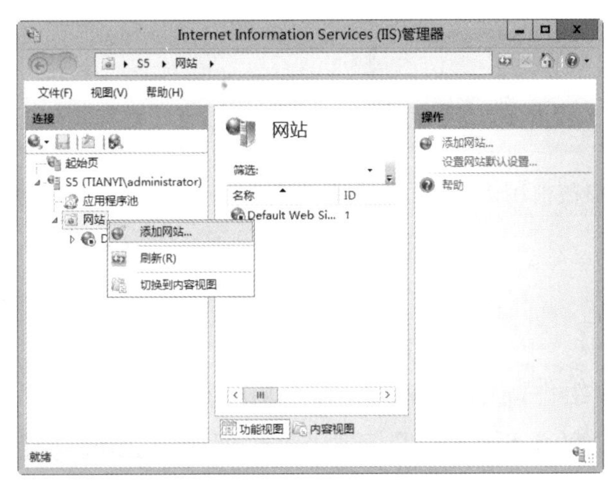

图 2-7-11　“添加网站”命令

步骤 5：在“添加网站”对话框中输入网站名称，指定物理路径为“F:\tianyiweb”目录，然后单击“确定”按钮，如图 2-7-12 所示。

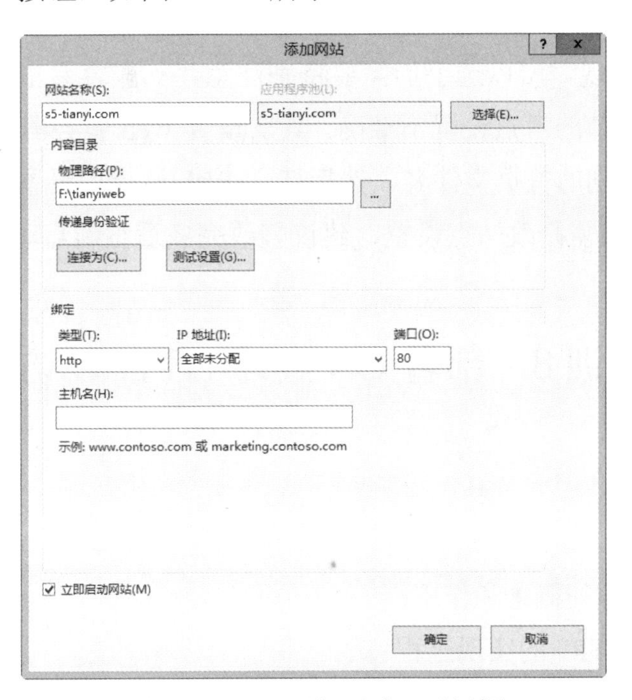

图 2-7-12　“添加网站”对话框

步骤 6：“添加网站”对话框会提示 80 端口已经被其他站点（Default Website）占用，由于 Default Website 已经停用，新站点可以使用 80 端口，此处选择“是”按钮，如图 2-7-13 所示。

4. 浏览 Web 站点

打开 Internet Explorer 浏览器，输入网址“http://10.10.10.105”，可看到站点正常显示，

如图 2-7-14 所示。

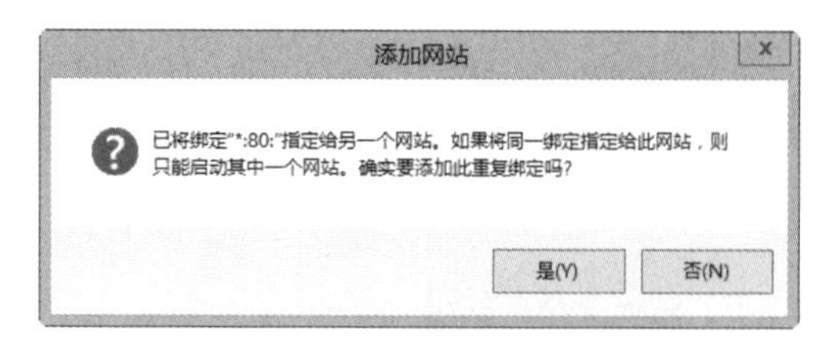

图 2-7-13　端口被占用提示

图 2-7-14　浏览 Web 站点

赛点链接

（2017 年）安装 IIS 组件，创建 www.chinaskills.com 站点，在 N:\MyShare 文件夹中创建名称为 chinaskills.html 的主页，主页显示内容“热烈庆祝 2017 年全国职业技能竞赛开幕”，同时只允许使用 SSL 访问。

易错解析

实现 Web 服务器的考点是每年必考，虽然简单，但该考点不会单独出现，一般是将几个知识点综合在一起出现，所以选手们需要特别注意，一般容易出错的地方就是网站无法正常显示，或者一些细节的考点设置不准确。其实设置 Web 服务器：首先建立 Web 站点主目录并包含 IIS 能够识别的首页文件名，然后建立 Web 站点，设置站点名称、主目录、绑定的 IP 及端口即可。如需修改站点设置，建议修改完成后重新启动站点。

实训 8　部署 CA 实现 HTTPS 访问

实训目的

1．能理解证书服务的概念和作用；
2．能熟练操作 HTTPS 的实现过程；
3．能在 Windows Server 2012 R2 下实现 CA 服务。

背景描述

达通集团的 Web 站点已建立完成，但发现有用户信息在通信过程中被泄漏。因此，网络管理员决定采用更加可靠的 HTTPS 方式，利用证书服务在一定程度上保证了访问 Web 站点的安全性。

需求分析

针对公司的需求，可使用证书服务建立认证体系。但在通常情况下，证书需要向客户端信任的权威证书颁发机构申请。为控制使用成本，网络管理员可以建立公司内部的证书颁发机构（Certificate Authority，CA），为 Web 服务器颁发“Web 服务器证书”。服务器角色分配见表 2-8-1。

表 2-8-1　服务器角色分配

计 算 机 名	角　　色	IP 地址（/24）	所 需 设 置
S1.tianyi.com	CA 服务器	10.10.10.101	安装证书服务 配置证书颁发机构
S5.tianyi.com	申请“Web 服务器证书”	10.10.10.105	申请和下载证书 绑定证书 测试

实训原理

Web 服务器证书用来证明 Web 服务器的身份和进行通信加密，一般用来实现 Web 服务器的 SSL 访问，即实现 HTTPS，因此也称为 SSL 证书。大多数操作系统默认信任根证书机构 VeriSign，该公司也是 Web 服务器证书的主要认证机构。

企业 CA 必须是域成员，企业 CA 会自动处理域成员的证书申请并颁发证书，需要安装 AD CS 服务。

独立 CA 则可不受域的限制，可不安装 AD CS，但需要手动处理证书申请，颁发、吊销证书。

实训步骤

1．安装证书服务

步骤：在“服务器管理”中使用向导方式安装“Active Directory 证书服务”，在“角色服务”选项除默认选中的“证书颁发机构”外，同时勾选“证书颁发机构 Web 注册”复选框，然后按向导完成证书服务安装，如图 2-8-1 和图 2-8-2 所示。详细过程略。

2．配置证书颁发机构

步骤 1：在“服务器管理器”选项中选择“AD CS”角色，然后单击黄色警告信息后的“更多…”链接，如图 2-8-3 所示。

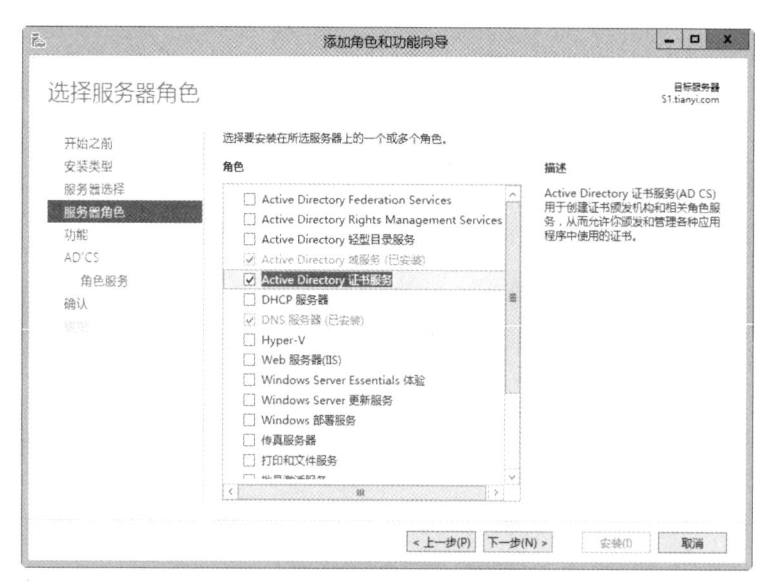

图 2-8-1　“服务器角色”选项

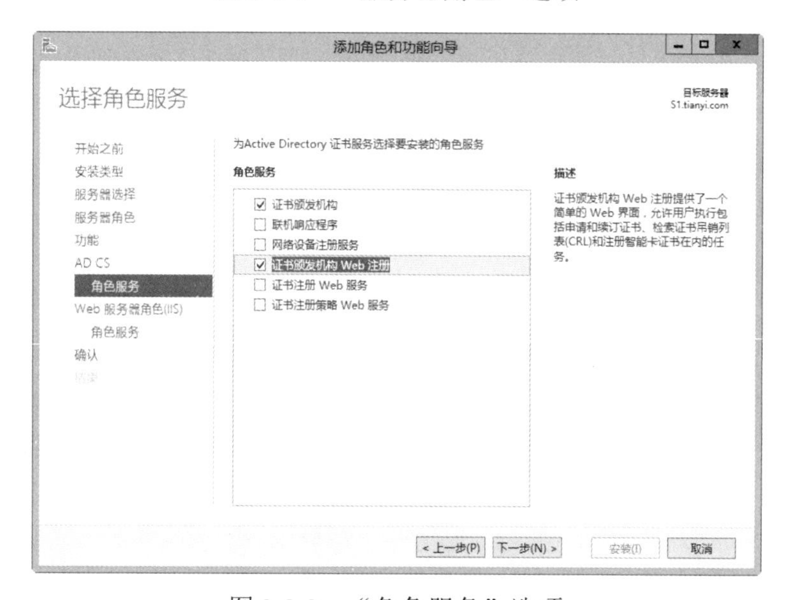

图 2-8-2　“角色服务”选项

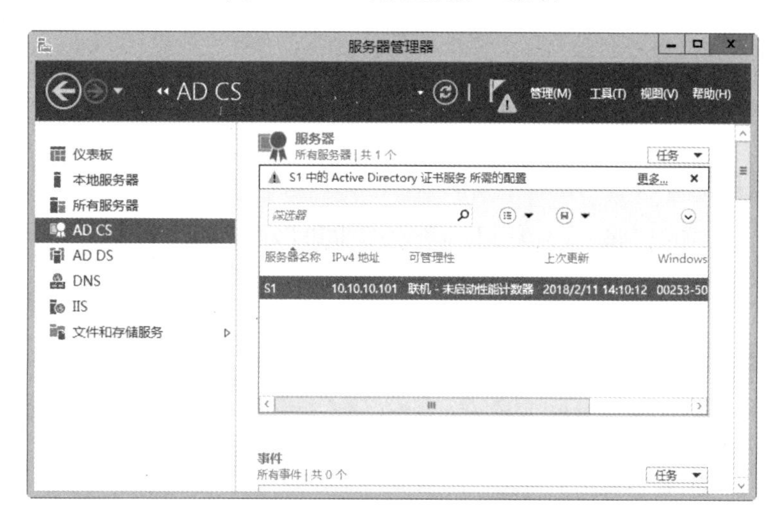

图 2-8-3　“AD CS”角色

步骤 2：在”所有服务器 个任务详细信息和通知”选项中，单击操作“配置目标服务器上的 Active Directory 证书服务”链接，如图 2-8-4 所示。

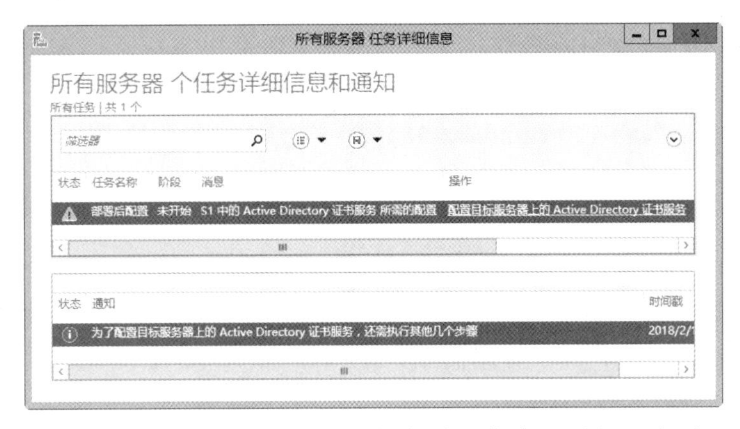

图 2-8-4 “所有服务器 个任务详细信息和通知”选项

步骤 3：在“AD CS”配置向导的“凭据”选项中，单击“下一步”按钮，如图 2-8-5 所示。

步骤 4：在“角色服务”选项中，勾选“证书颁发机构”及“证书颁发机构 Web 注册”复选框，然后单击“下一步”按钮，如图 2-8-6 所示。

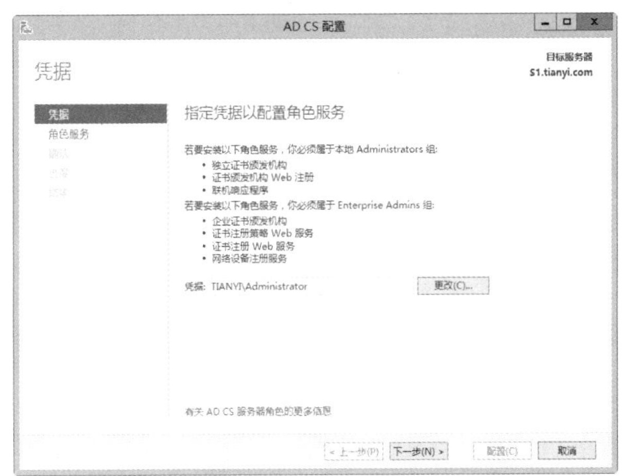

图 2-8-5 “凭据”选项

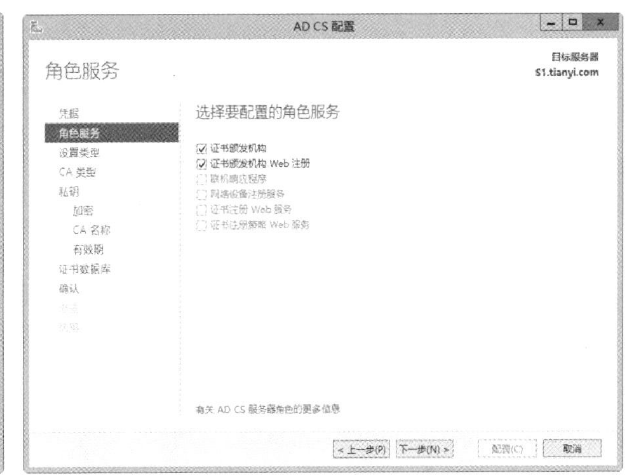

图 2-8-6 “角色服务”选项

步骤 5：在“设置类型”选项中，指定 CA 的设置类型为“企业 CA”，单击“下一步”按钮，如图 2-8-7 所示。

步骤 6：在“CA 类型”选项中指定 CA 类型为“根 CA”，单击“下一步”按钮，如图 2-8-8 所示。

步骤 7：在“私钥”选项中，指定私钥类型为“创建新的私钥”，然后单击“下一步”按钮，如图 2-8-9 所示。

步骤 8：在“CA 的加密”选项中使用默认的加密选项，直接单击“下一步”按钮，如图 2-8-10 所示。

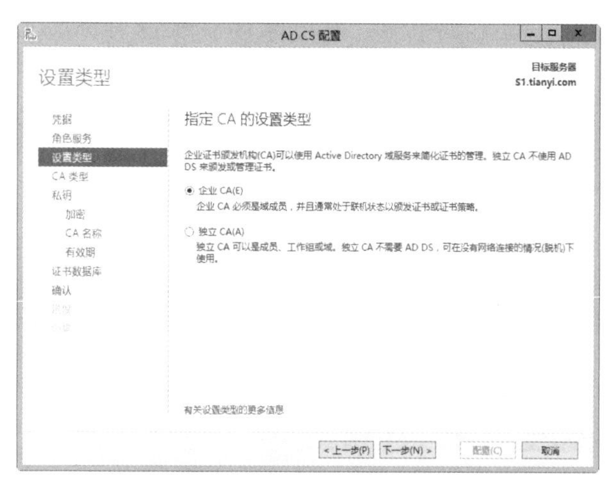

图 2-8-7 “设置类型”选项

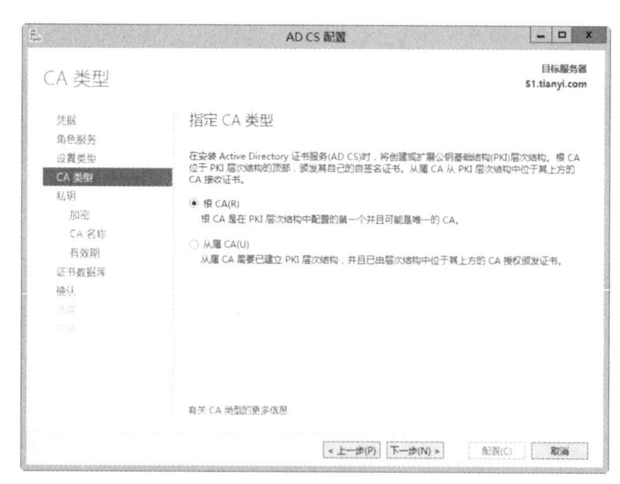

图 2-8-8 “CA 类型”选项

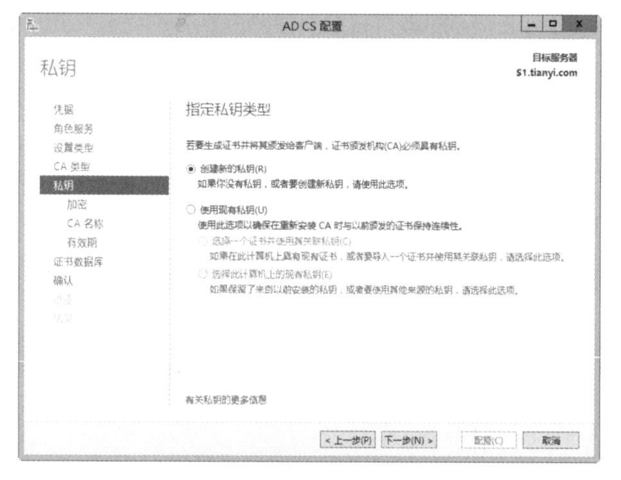

图 2-8-9 “私钥”选项

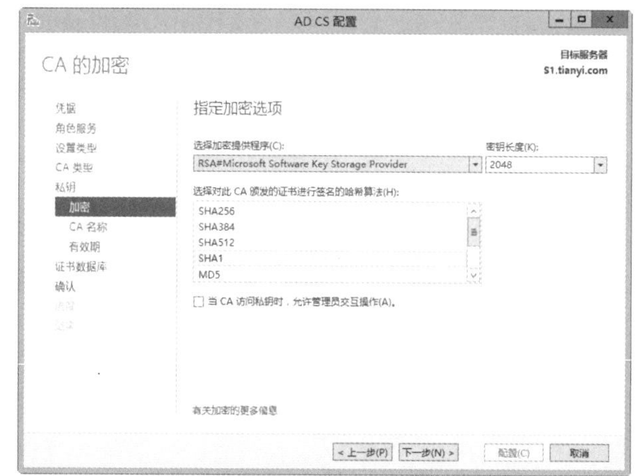

图 2-8-10 CA 的加密设置

步骤 9：在“CA”名称选项中，输入 CA 名称为“tianyi-root”，然后单击“下一步”按钮，如图 2-8-11 所示。

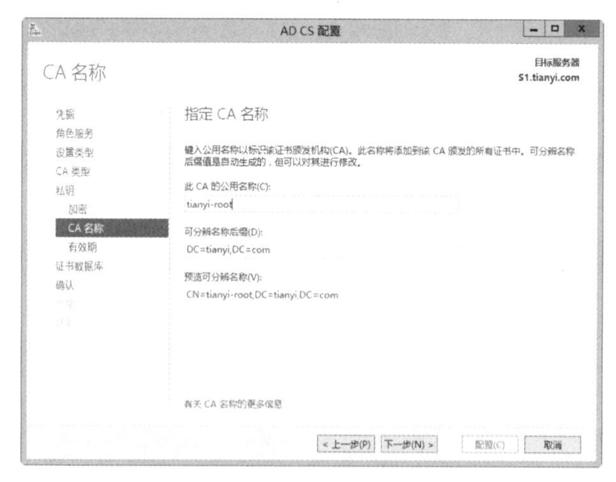

图 2-8-11 指定 CA 名称

步骤 10：在“有效期”选项中指定生成证书的有效期，然后单击“下一步”按钮，如

图 2-8-12 所示。

步骤 11：在“CA 数据库”选项中使用默认设置，直接单击“下一步”按钮，如图 2-8-13 所示。

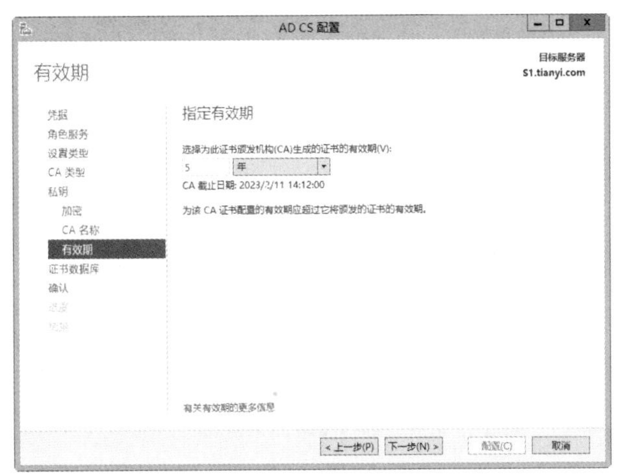

图 2-8-12 指定 CA 生成证书的有效期

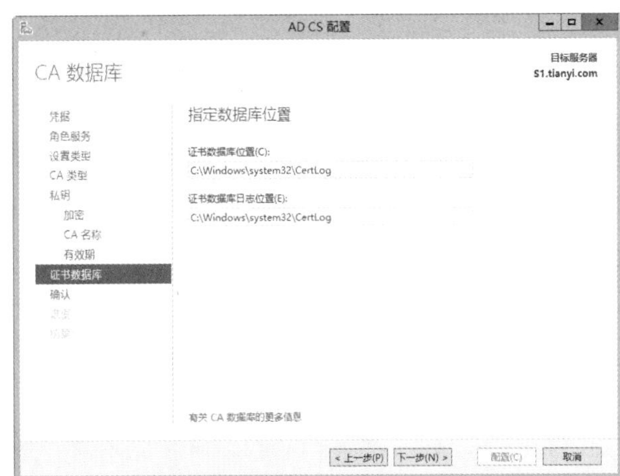

图 2-8-13 “CA 数据库”选项

步骤 12：在“确定”选项中查看汇总信息，确认无误后单击“配置”按钮，如图 2-8-14 所示。

步骤 13：在“结果”选项中，单击“关闭”按钮，如图 2-8-15 所示。

图 2-8-14 确认 CA 信息

图 2-8-15 角色服务配置完成

3. 申请和下载证书

步骤 1：在 Web 服务器 S5 上打开“Internet Information Services（IIS）管理器”选项，双击服务器“S5”，在 S5 主页设置项中双击“服务器证书”，如图 2-8-16 所示。

步骤 2：在“服务器证书”设置页，单击右侧的“创建证书申请…”选项，如图 2-8-17 所示。

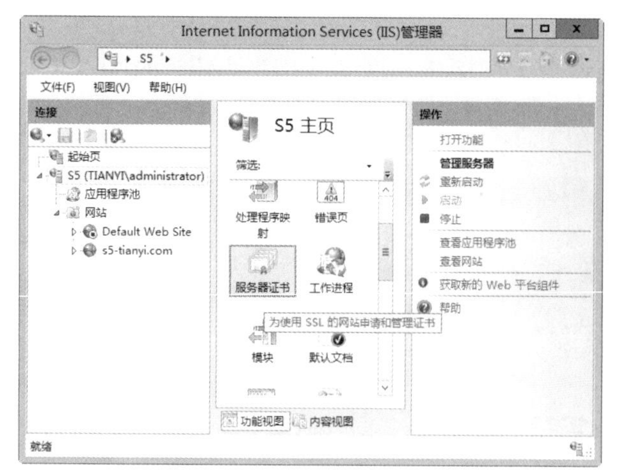

图 2-8-16　Web 服务器设置项

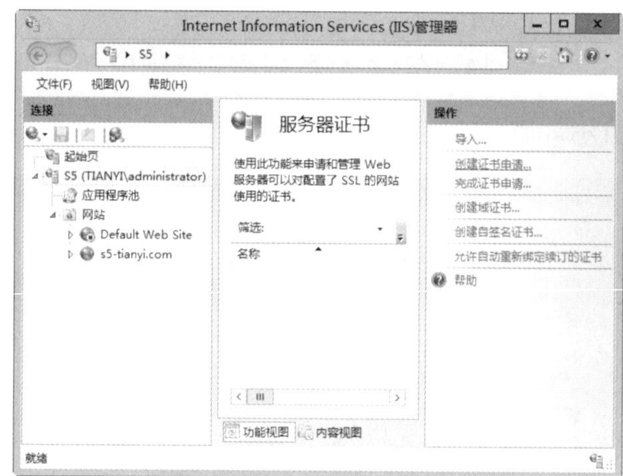

图 2-8-17　创建证书申请

步骤 3：在“申请证书”的“可分辨名称属性”对话框中输入证书的必要信息，可以按达通集团的实际情况填写，填写完毕后单击“下一步”按钮，如图 2-8-18 所示。

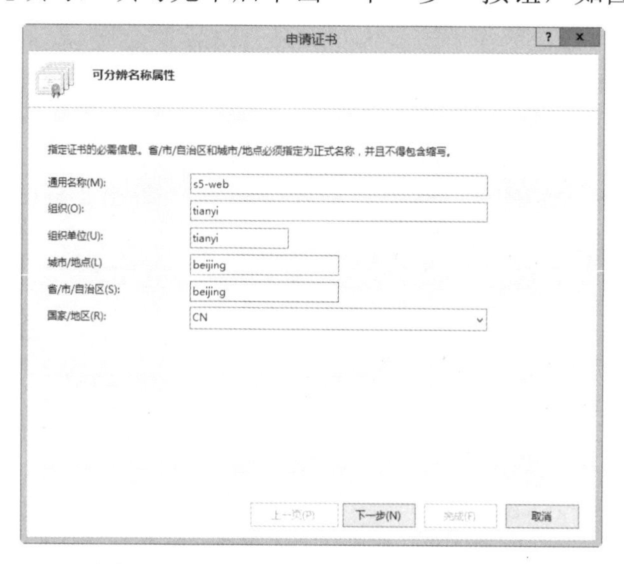

图 2-8-18　设置证书可分辨名称属性

步骤 4：在“加密服务提供程序属性”对话框中，直接单击“下一步”按钮，如图 2-8-19 所示。

步骤 5：在“文件名”对话框中，输入申请文件的名称和存储路径，本任务中使用“C:\shenqing.txt”，设置完毕后单击“下一步”按钮，如图 2-8-20 所示。

步骤 6：在浏览器地址栏中，输入“http://10.10.10.101/certsrv”打开证书颁发机构的 Web 注册页面，在弹出的“Windows 安全”对话框中输入凭据的账户信息，此处使用“administrator”账户，输入完毕后单击“确定”按钮，如图 2-8-21 所示。

步骤 7：在证书服务的 Web 注册页面中单击“申请证书”链接，如图 2-8-22 所示。

步骤 8：在“申请一个证书”页面中，单击“高级证书申请”链接，如图 2-8-23 所示。

步骤 9：在“高级证书申请”页面中，单击“使用 base64 编码的 CMC 活 PKCS #10 文件提交一个证书申请，或使用 base64 编码的 PKCS #7 文件续订证书申请”链接，如图 2-8-24 所示。

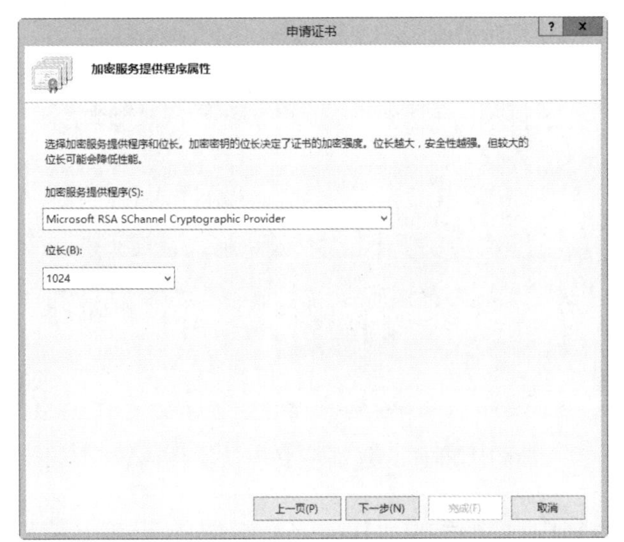

图 2-8-19　选择加密服务提供程序

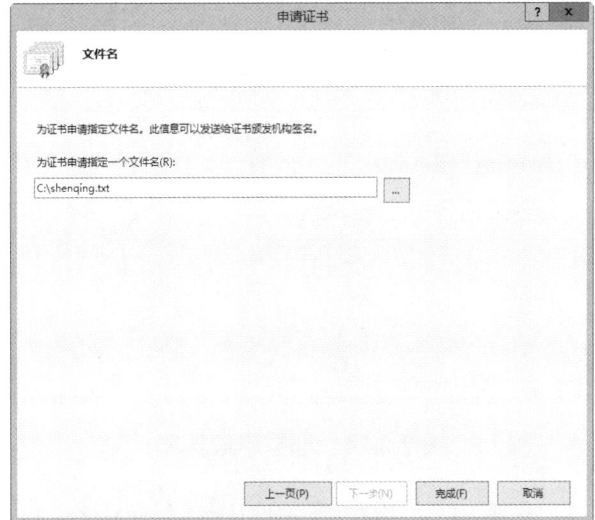

图 2-8-20　指定证书申请文件名称

图 2-8-21　输入访问证书 Web 注册页面的凭据

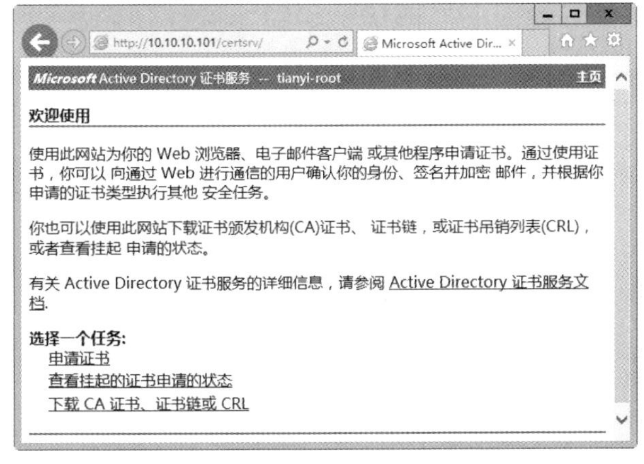

图 2-8-22　证书服务的 Web 注册页面

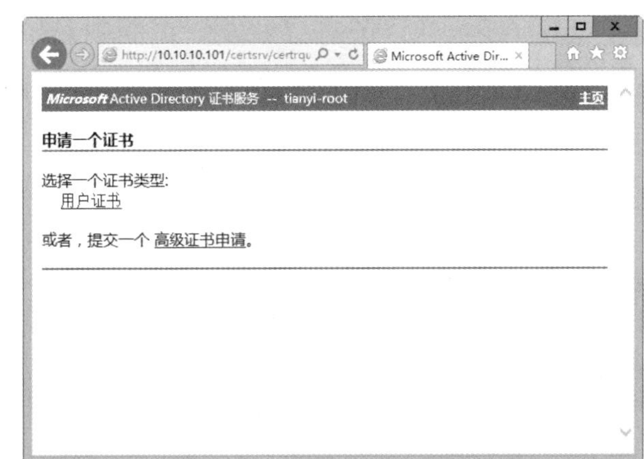

图 2-8-23　选择证书申请类型

步骤 10：打开之前的证书申请文件，复制文件的全部内容，如图 2-8-25 所示。

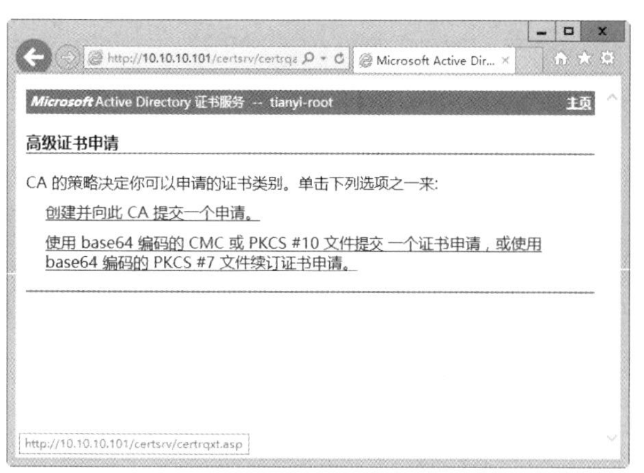

图 2-8-24　选择申请策略

图 2-8-25　复制证书申请文件内容

步骤 11：将申请文件中的全部内容，粘贴到申请页面的“Base-64 编码的证书申请”后的文本框中，选择证书模板的类型为“Web 服务器”，然后单击“提交”按钮，如图 2-8-26 所示。

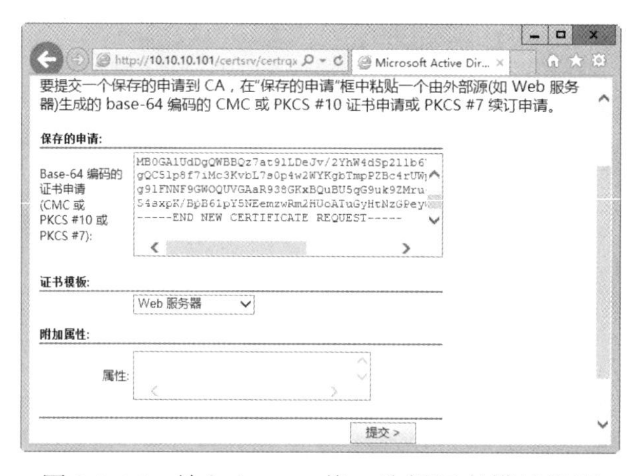

图 2-8-26　输入 base64 值、选择证书模板类型

步骤 12：在“证书已颁发”页面中，单击“下载证书”链接，如图 2-8-27 所示。

步骤 13：在下载方式提示对话框中，单击“保存”按钮，如图 2-8-28 所示。

图 2-8-27　选择已颁发证书的处理方式

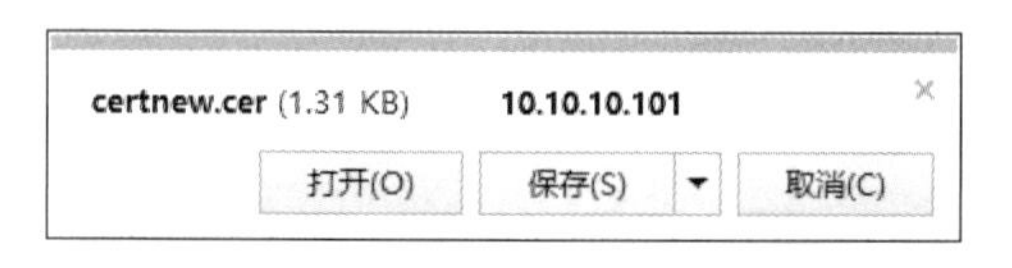

图 2-8-28　打开方式

步骤 14：打开保存位置后，可看到书文件“certnew.cer”，如图 2-8-29 所示。

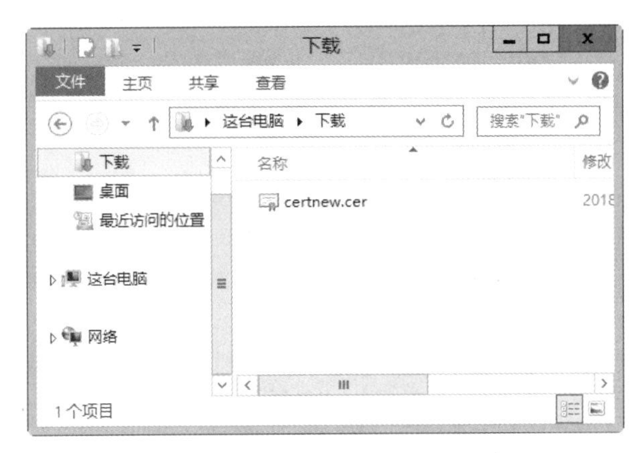

图 2-8-29　查看已下载的证书

4. 完成证书申请

步骤 1：在 S5 的“服务器证书”设置选项中，单击右侧的“完成证书申请”操作选项，如图 2-8-30 所示。

步骤 2：在“指定证书颁发机构响应”对话框中的“包含证书颁发机构响应的文件名”下的文本框中，指定已下载 Web 服务器证书的完整路径，输入证书的名称，然后单击“确定”按钮，如图 2-8-31 所示。

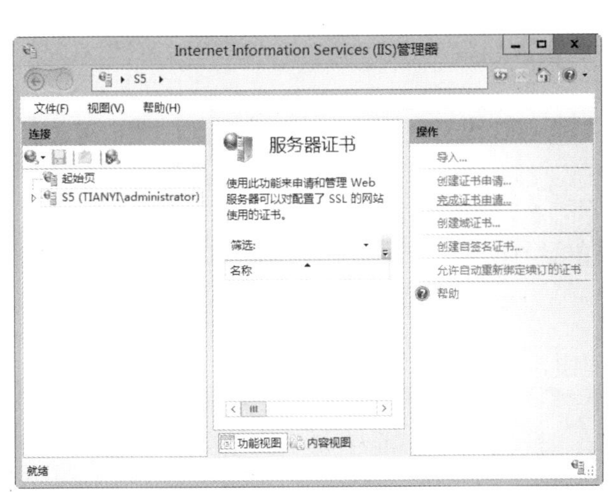

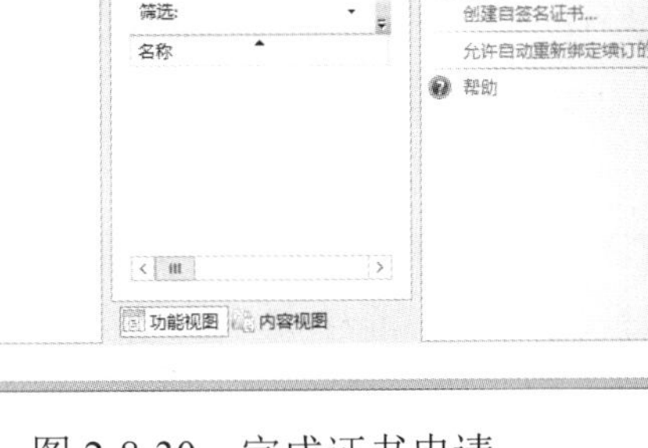

图 2-8-30　完成证书申请

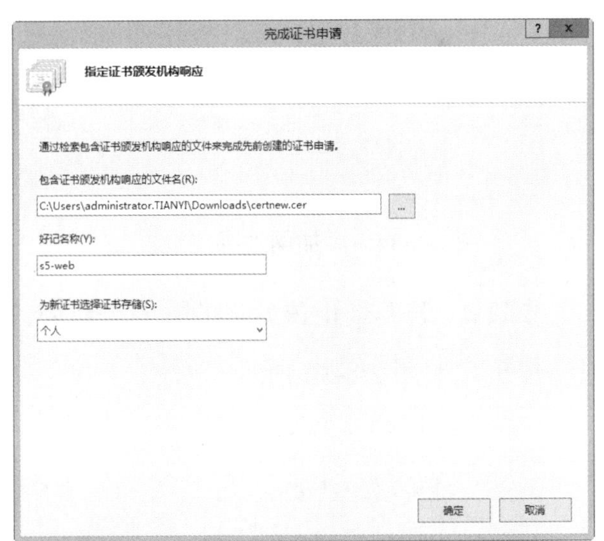

图 2-8-31　指定证书位置

步骤 3：返回“服务器证书”设置选项，可看到该服务器已经获得了 Web 服务器证书“s5-web”，如图 2-8-32 所示。

5. 绑定证书

步骤 1：双击需绑定证书的 Web 站点“s5-tianyi.com”，单击右侧的“绑定”选项，如图 2-8-33 所示。

图 2-8-32　查看 Web 服务器证书

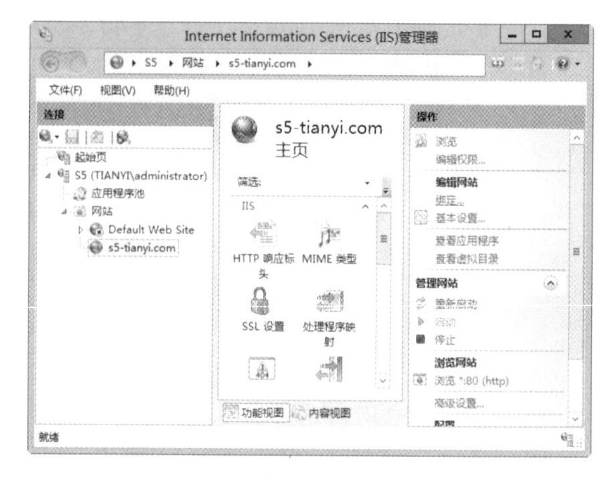

图 2-8-33　修改 Web 站点设置

步骤 2：在“网站绑定”对话框中单击“添加”按钮，如图 2-8-34 所示。

步骤 3：在“添加网站绑定”对话框中，添加类型为“https”、对应端口为“443”的绑定条目，选择 SSL 证书为“s5-web”，然后单击“确定”按钮，如图 2-8-35 所示。

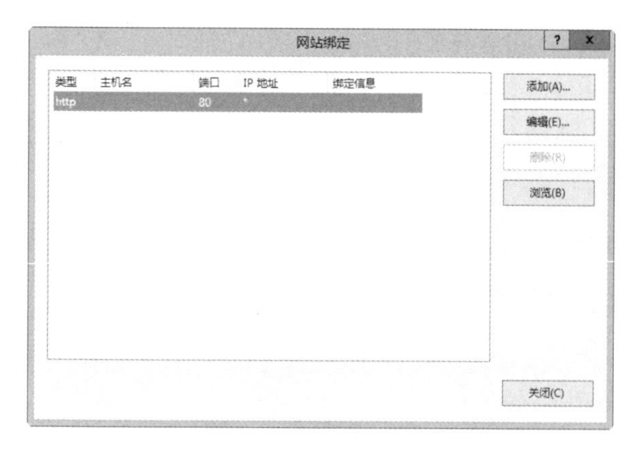

图 2-8-34　添加网站绑定设置

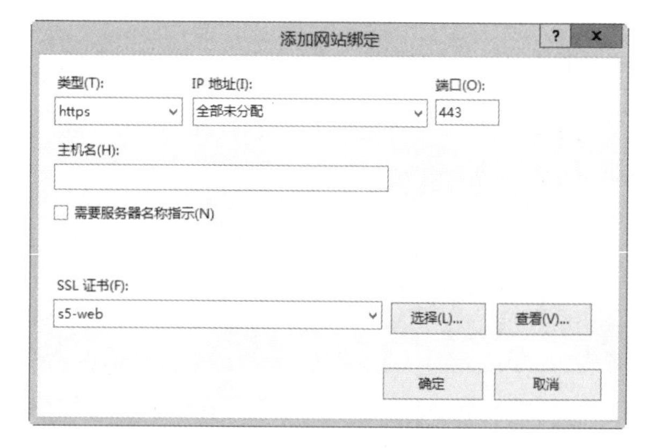

图 2-8-35　添加 https 绑定

步骤 4：若要禁止该站点的非安全访问，则可选中类型为“http”的绑定，然后单击“删除”按钮，如图 2-8-36 所示。

步骤 5：在删除提示对话框中单击“是”按钮，如图 2-8-37 所示。

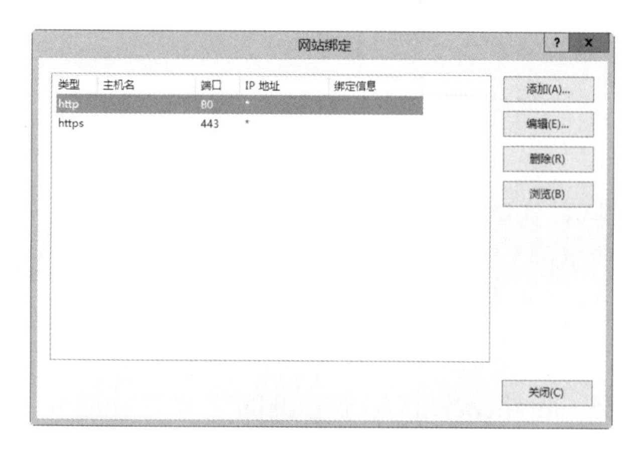

图 2-8-36　删除 http 绑定

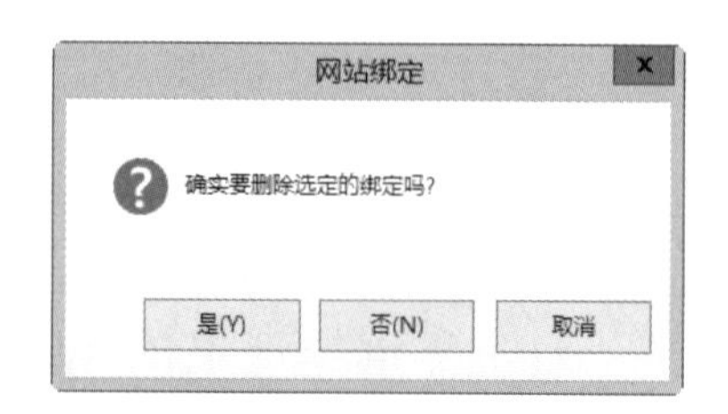

图 2-8-37　删除绑定确认

步骤 6：返回“网站绑定”对话框后可看到只有一个 https 绑定，单击“关闭”按钮，如图 2-8-38 所示。

步骤 7：返回站点设置选项后，单击右侧的“重新启动”选项，如图 2-8-39 所示。

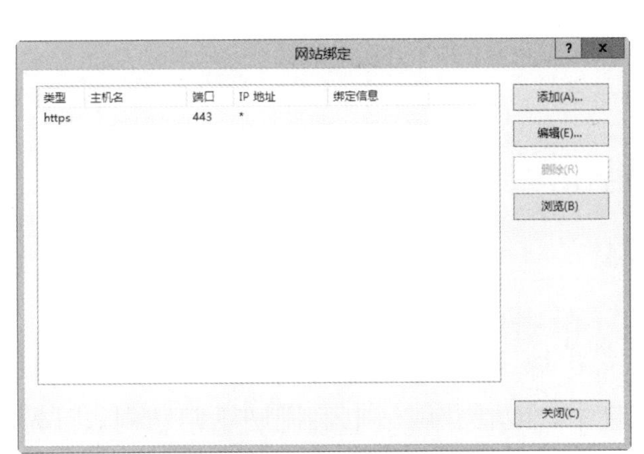

图 2-8-38　查看绑定信息

图 2-8-39　重新启动站点

6. 测试 HTTPS

步骤 1：使用 HTTP 方式访问网站，出现“无法显示此页”的提示，如图 2-8-40 所示。

步骤 2：使用 HTTPS 方式访问网站，由于访问的客户端中并未安装客户端证书，则页面会出现“此网站的安全证书存在问题”提示，单击“继续浏览此网站（不推荐）”链接，如图 2-8-41 所示。

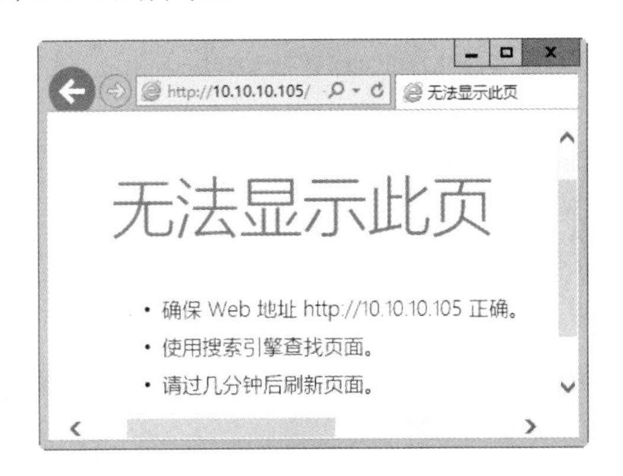

图 2-8-40　使用 HTTP 方式打开页面

图 2-8-41　证书提示

步骤 3：打开后的 HTTPS 页面，如图 2-8-42 所示。

赛点链接

（2016—2018 年）安装证书服务，设置为企业根，有效期为 5 年，为企业内部自动回复证书申请。

图 2-8-42 使用 HTTPS 方式打开页面

易错解析

实现 HTTPS 访问的考点在近 5 年的比赛中都出现过，教练和选手还是需要特别注意的。选手容易出错的地方就是客户端无法正确获取证书，或者获取证书后无法正常访问。首先，只要在一台服务器中安装服务并配置证书颁发机构，然后，在 Web 服务器上申请证书，获得申请文件，进而使用 Base64 编码的方式申请证书并下载，在 Web 服务器上关联并在站点中调用，多加细心就没问题的。

实训 9 部署 HTTPS 故障转移集群

实训目的

1. 能理解故障转移群集的概念和作用；
2. 能理解 HTTPS 故障转移群集的实现过程；
3. 能在 Windows Server 2012 R2 下实现故障转移群集。

背景描述

公司的 Web 站点已经建立完毕，数据保存在 iSCSI 服务器上，并且已经绑定了 Web 服务器证书，如果将 Web 站点放在两台服务器上可以调用 iSCSI 上的存储，服务器故障不会造成数据丢失；但公司 Web 站点虽然建立在两台 Web 服务器上，但两台服务器需使用不同的 IP 地址进行访问，用户访问容易产生混乱。

需求分析

网络管理员分析了公司的现状后，为了防止 Web 服务器出现单点故障，需要使用适当的热备技术来保障其持续提供服务。网络管理员可以使用故障转移群集功能，建立一个包含两台 Web 服务器的群集，当一台服务器出现故障时，另一台服务器承担 Web 服务角色，既统一了访问方式，又考虑了服务的可靠性。服务器角色分配见表 2-9-1。

表 2-9-1　服务器角色分配

计算机名	角　色	IP 地址（/24）	所需设置
S1.tianyi.com	DC CA 服务器	10.10.10.101	DC 控制器 安装证书服务 配置证书颁发机构
S2.tianyi.com	存储服务器	10.10.10.102 192.168.88.102	存储服务器 安装故障转移群集 安装 MPIO
S5.tianyi.com	Web 服务器 申请 Web 服务器证书 安装故障转移群集 MPIO	10.10.10.105 192.168.88.105 192.168.99.105	申请、下载和绑定证书 添加心跳网卡 安装故障转移群集和 MPIO 验证群集节点配置 创建故障转移群集 测试
S6.tianyi.com	Web 服务器 申请 Web 服务器证书 安装故障转移群集 MPIO	10.10.10.106 192.168.88.106 192.168.99.106	申请、下载和绑定证书 添加心跳网卡 安装故障转移群集和 MPIO 验证群集节点配置 创建故障转移群集 添加 NDS 记录

实训原理

群集（Cluster）是一组协同工作的服务器，用于提高网络服务的可用性，群集中的服务器称为节点。

群集按成员处理作业的分配方式，可分为故障转移群集、负载平衡群集。在故障转移群集中，一台服务器发生故障，另一台服务器开始承担群集中的网络服务。

配置故障转移群集，需要服务器具备心跳网络适配器，并且能够进行心跳通信，以监测服务器节点的实时状态。此外，为保证服务的一致性，群集中的节点要进行相同的服务配置，可用“验证配置”来测试，测试通过方能建立故障转移群集。

实训步骤

在 S5、S6 上除建立群集操作外，需要分别建立好 Web 站点、申请 Web 服务器证书实现 HTTPS、安装故障转移群集功能（前面实训已经完成）。本实训操作步骤以 S5 为例，S6 只涉及关键步骤。

1. 添加心跳网卡

在服务器 S5、S6 上分别添加用于故障转移群集心跳通信的网络适配器，并设置 IP 地址分别是 192.168.99.105/24、192.168.99.106/24，此时 S5、S6 上分别包含 3 个网络适配器，如图 2-9-1 和图 2-9-2 所示。

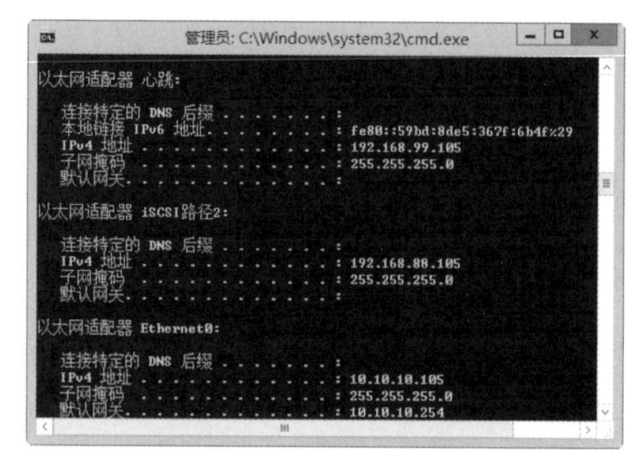

图 2-9-1 S5 网络设置

图 2-9-2 S6 网络设置

2. 安装故障转移群集功能

在 S5、S6 上安装“故障转移群集”功能，如图 2-9-3 所示，详细安装步骤略。

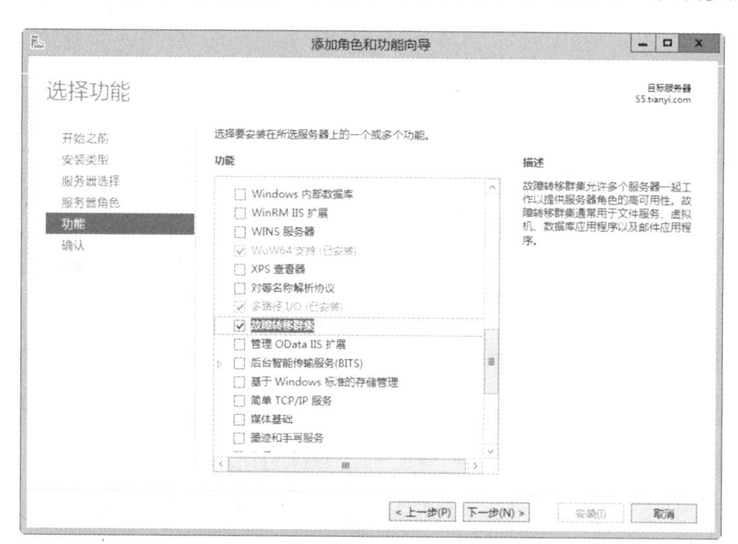

图 2-9-3 安装故障转移群集功能

3. 验证群集节点配置

步骤 1：在服务器 S5、S6 的“服务器管理器”选项中，单击“工具”菜单，然后选择“故障转移群集管理器”命令。

步骤 2：在“故障转移群集管理器”选项右侧，单击“验证配置”选项，如图 2-9-4 所示。

步骤 3：在“验证配置向导”的“开始之前”选项中，单击“下一步”按钮，如图 2-9-5

所示。

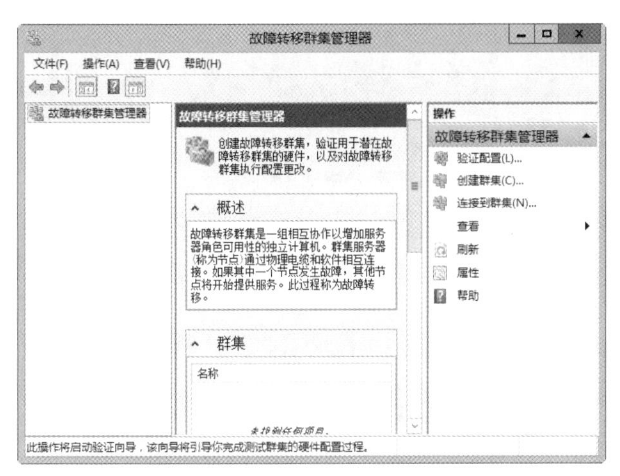

图 2-9-4 故障转移群集管理器

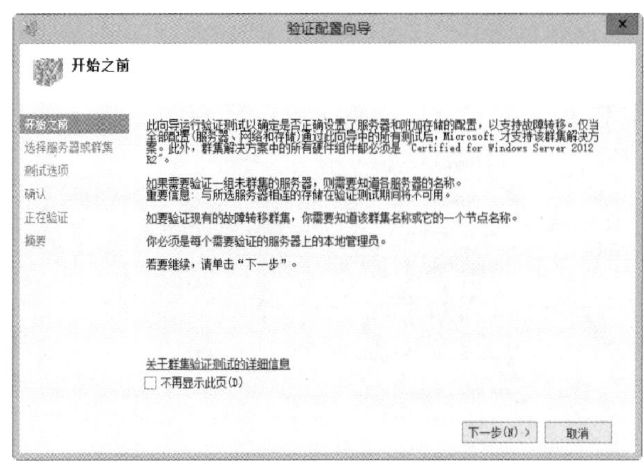

图 2-9-5 查看故障转移配置要求

步骤 4：在“选择服务器或群集”选项中，单击“浏览”按钮，分别添加服务器“S5.tianyi.com”和“S6.tianyi.com”，添加完毕后，单击“下一步”按钮，如图 2-9-6 所示。

步骤 5：在“测试选项”选项中，选择“运行所有测试（推荐）（A）”，单击“下一步”按钮，如图 2-9-7 所示。

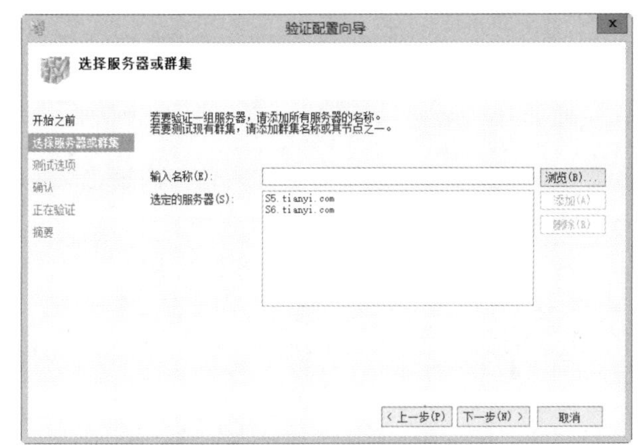

图 2-9-6 选择服务器

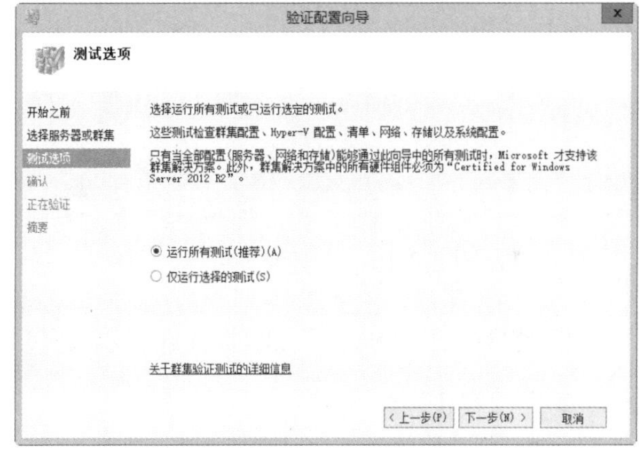

图 2-9-7 选择测试方式

步骤 6：在“确认”对话框中，单击“下一步”按钮，如图 2-9-8 所示。

步骤 7：测试过程根据服务器性能的差异需要等待一段时间，全部测试通过后的总体结果应为“测试已成功完成，该配置适合进行群集”的提示，单击“完成”按钮以创建群集，如图 2-9-9 所示。

4. 创建故障转移群集

步骤 1：在“创建群集向导”的“开始之前”选项中，单击“下一步”按钮，如图 2-9-10 所示。

步骤 2：在“用于管理群集的访问点”选项中输入群集名称，本任务中使用“WebCluster”，然后在地址文本框中设置新建群集的 IP 为“10.10.10.218”，如图 2-9-11 所示，设置完毕后单击“下一步”按钮。

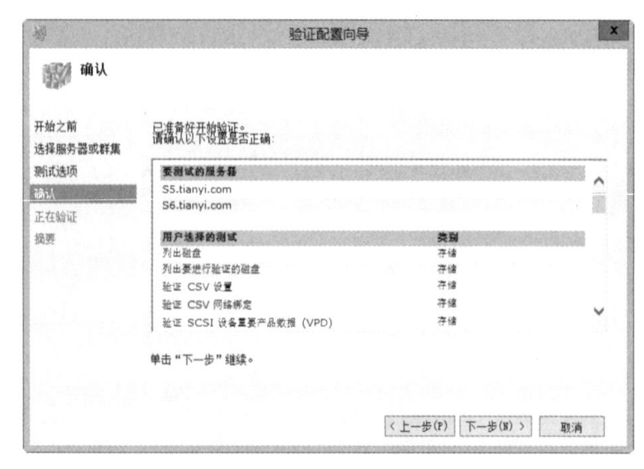

图 2-9-8　确认测试项

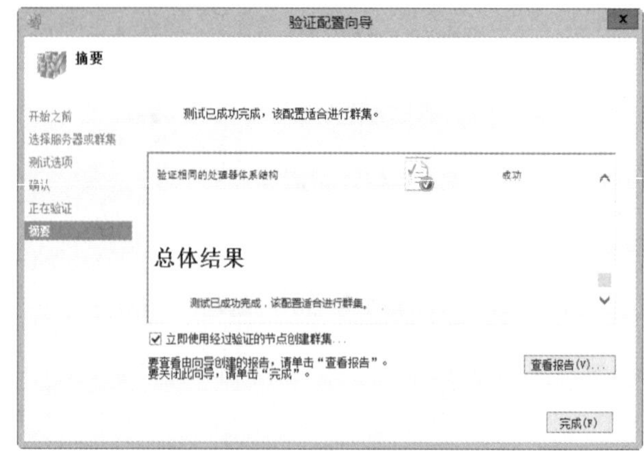

图 2-9-9　测试通过

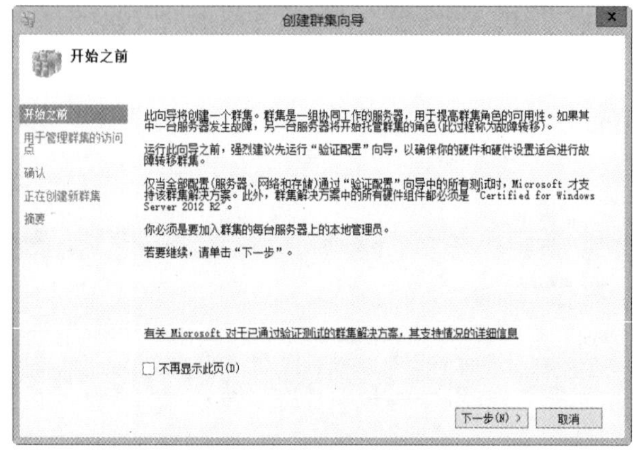

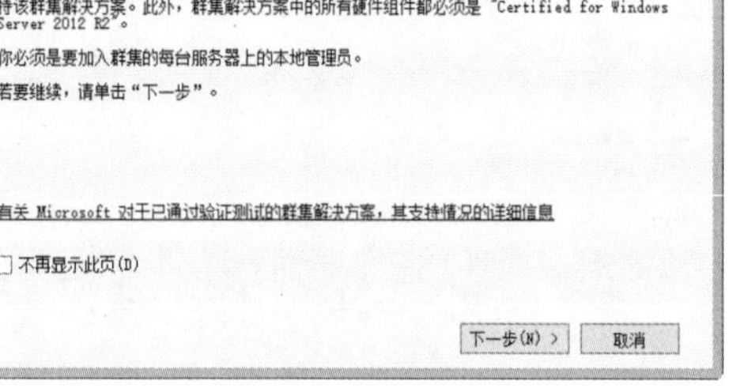

图 2-9-10　创建群集提示

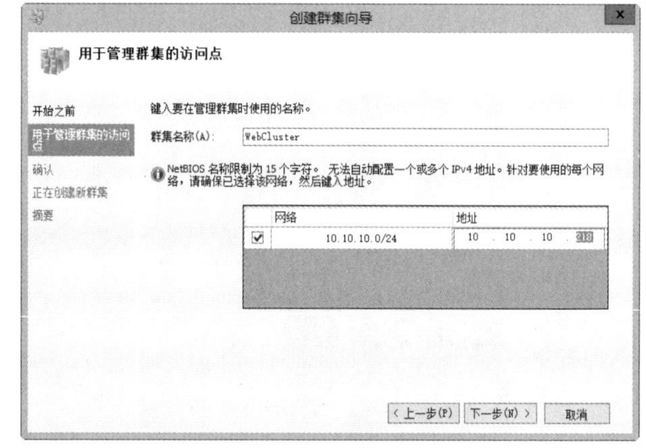

图 2-9-11　设置群集名称及 IP

步骤 3：在“确认”选项中查看群集包含的节点信息，确认无误后单击“下一步”按钮，如图 2-9-12 所示。

步骤 4：在“摘要”选项中，单击“完成”按钮完成群集创建，如图 2-9-13 所示。

图 2-9-12　群集信息

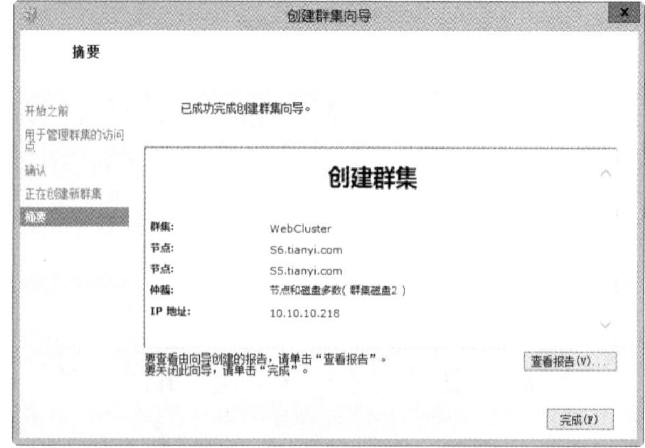

图 2-9-13　完成群集创建

5．查看群集磁盘、网络、节点

步骤 1：在“故障转移群集管理器”选项中依次展开群集“WebCluster.tianyi.com”→“存储”，双击“磁盘”选项，可看到用于群集的两个 iSCSI 磁盘为 S5 节点所有，群集磁盘 1（即 F:）用于数据存储，群集磁盘 2（即 Q:）用于仲裁见证，如图 2-9-14 所示。

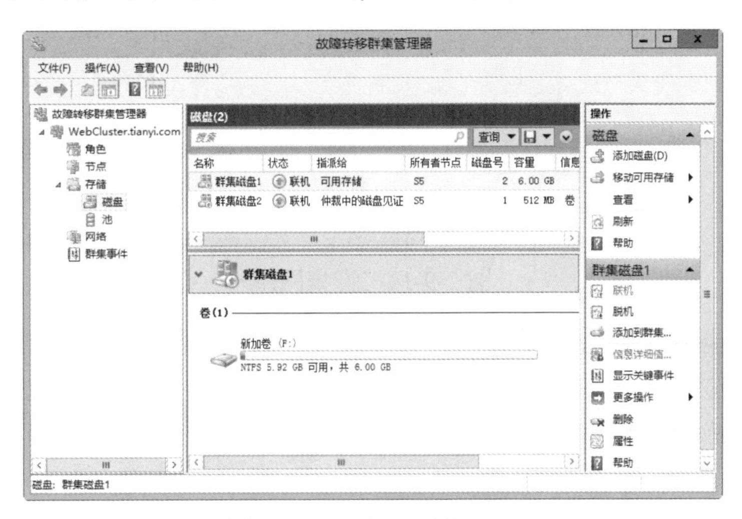

图 2-9-14　查看群集磁盘

步骤 2：双击“网络”设置项，选中网络“群集网络 1”，然后单击下面的“网络连接”选项卡，可看到两个网络适配器，如图 2-9-15 所示。

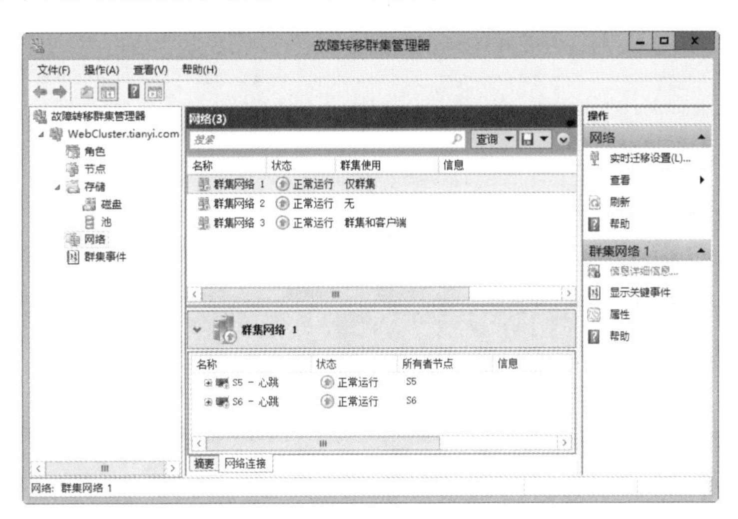

图 2-9-15　群集网络

步骤 3：选中网络“群集网络 3”，然后单击“网络连接”选项卡，可看到群集对外提供服务的网络适配器（设置为 10.10.10.0/24 地址段 IP 的网络适配器），如图 2-9-16 所示。

步骤 4：双击“节点”设置项，可看到群集中的节点 S5、S6，它们的投票均为“1”，选中节点 S5，可看到仲裁见证磁盘位于 S5 上，则可计算出群集的活跃节点为 S5，如图 2-9-17 所示。

步骤 5：选中节点 S6，可看到并无群集磁盘，如图 2-9-18 所示。

图 2-9-16 群集网络

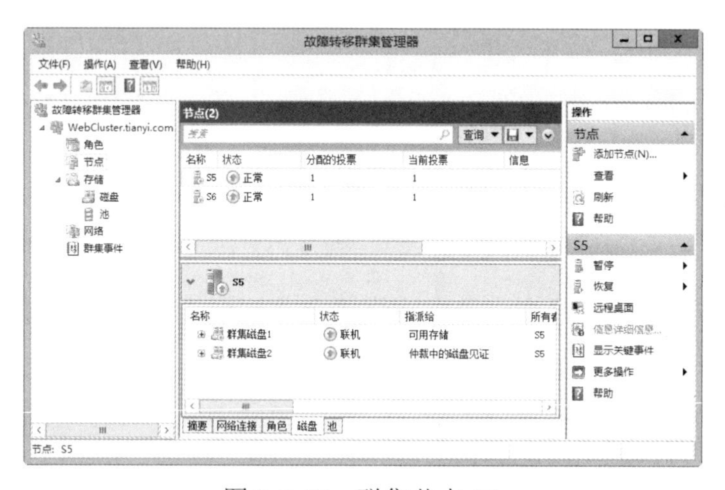

图 2-9-17 群集节点 S5

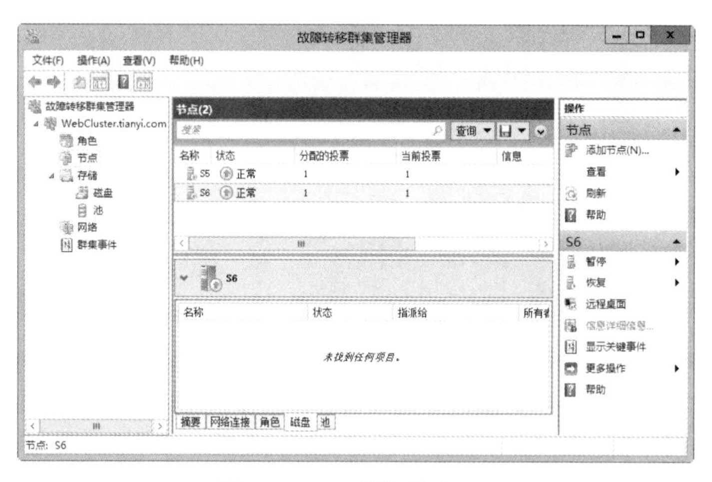

图 2-9-18 群集节点 S6

6. 为群集添加 DNS 记录

在 DNS 服务器 S1 上查看正向查找区域“tianyi.com”的解析记录，可看到群集“WebCluster”对应的主机记录已自动创建，再新建一条别名记录，将“www”（其 FQDN 为“www.tianyi.com”）指向“WebCluster.tianyi.com”，如图 2-9-19 所示。

7. 测试故障转移群集

步骤 1：在浏览器中，访问“https://10.10.10.105”，可看到活跃节点 S5 上的 Web 服务器工作正常，如图 2-9-20 所示。

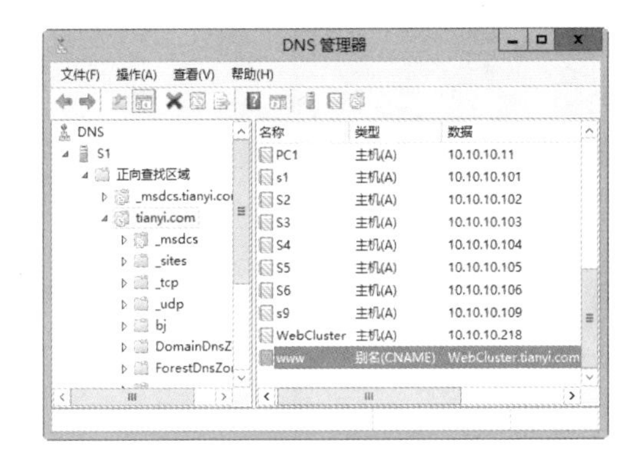

图 2-9-19　建立 DNS 记录

图 2-9-20　访问活跃节点 S5

步骤 2：在浏览器中，访问“https://10.10.10.106”，可看到备份节点 S6 并未提供 Web 服务，如图 2-9-21 所示。

步骤 3：在浏览器中输入 https://www.tianyi.com，访问故障转移群集“WebCluster”，可看到群集正常提供服务，结合上述两节点测试，可确定节点 S5 承担了群集的 Web 服务，如图 2-9-22 所示。

图 2-9-21　访问备份节点 S6

图 2-9-22　访问群集

步骤 4：在“故障转移群集管理器”的“节点”设置选项中，右击“S5”，在弹出的快捷菜单中，依次选择“暂停”→“排除角色”命令，如图 2-9-23 所示。

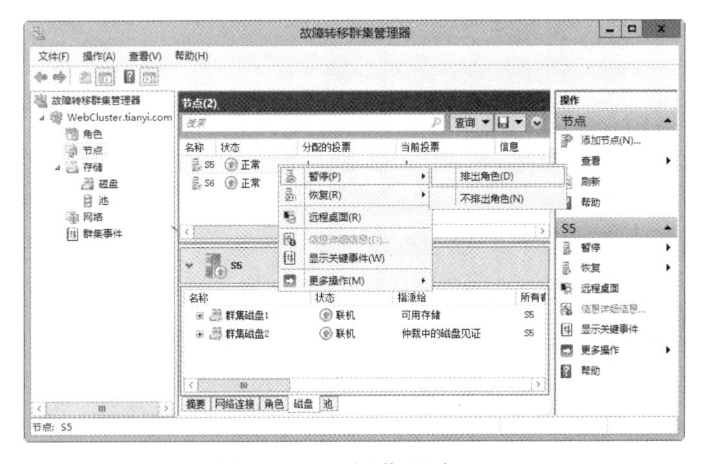

图 2-9-23　操作节点 S5

步骤 5：双击节点“S6”可看到群集中的数据磁盘、仲裁见证磁盘均已转移到了 S6 上，则当前活跃节点为 S6，如图 2-9-24 所示。

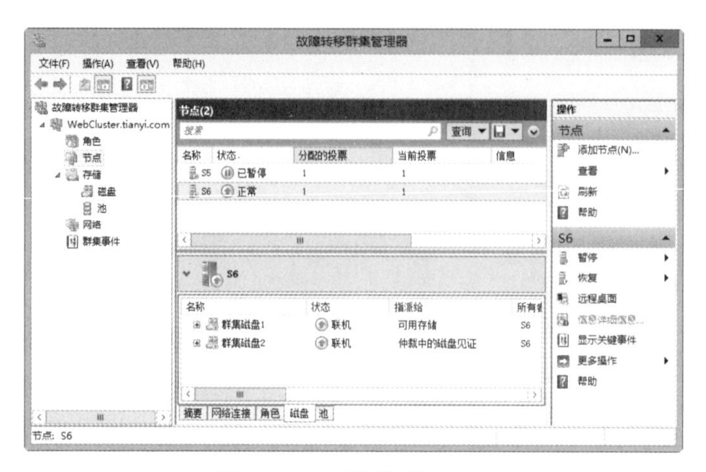

图 2-9-24　操作节点 S6

步骤 6：在浏览器中，访问“https://10.10.10.105”，可看到备份节点 S5 并未提供 Web 服务，如图 2-9-25 所示。

步骤 7：在浏览器中，访问“https://10.10.10.106”，可看到活跃节点 S6 上的 Web 服务器工作正常，如图 2-9-26 所示。

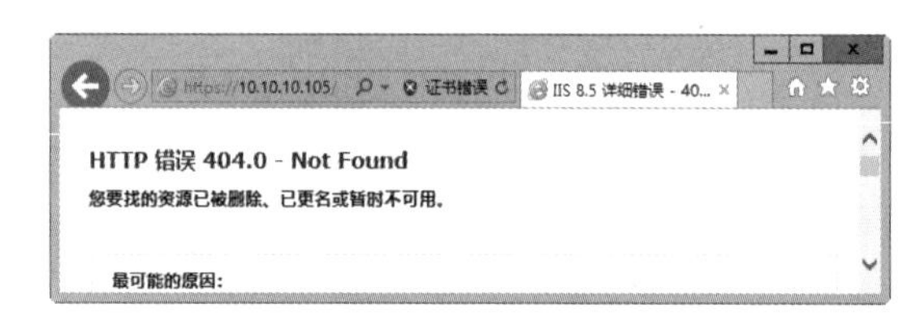

图 2-9-25　访问备份节点 S5

图 2-9-26　访问活跃节点 S6

步骤 8：在浏览器中输入 https://www.tianyi.com，访问故障转移群集“WebCluster”，可看到群集正常提供服务，结合上述两节点测试，可确定节点 S6 承担了群集的 Web 服务，如图 2-9-27 所示。

图 2-9-27　访问群集

赛点链接

（2017—2018 年）安装故障转移群集功能和存储多路径功能，在存储多路径功能的属性中，添加对 iSCSI 设备的支持。

（2017—2018 年）在故障转移群集功能中，添加 Win 2008-D1 和 Win 2008-C1 服务器。

（2017—2018 年）创建故障转移群集，群集名称为：webcluster，IP 地址为：10.100.100.166/24。

（2017—2018 年）添加文件服务器功能和配置文件服务器角色，名称为：MyClusterFiles，IP 地址为：10.100.100.165/24，为 MyClusterFiles 添加共享文件夹，共享协议采用“SMB”，共享名称为 MyShare，存储位置为 N:\，共享权限采用管理员具有完全控制权限，其他用户具有读写权限，NTFS 权限采用域管理员具有完全控制权限，域其他用户具有修改权限。

易错解析

故障转移群集是 Windows 服务器部分操作步骤最多、难度最大的综合项目。其中包括 HTTP、HTTPS、iSCSI、MPIO 和故障转移群集等考点，是使用 Windows Server 2012 R2 以来出现的新技能点，在具体操作上，选手需要注意题目的结果性测试，验证配置的效果是否与题目要求一致，这是比赛中重点考查的，也是选手最容易出错的地方。选手也可考虑分值大小、难易程度，先完成关联较小的题目，再解决综合应用的题目。

实训 10　部署 DFS 服务

实训目的

1．能理解 DFS 的概念和作用；
2．能理解 DFS 的原理和实现过程；
3．能实现 DFS 相关功能。

背景描述

公司由于规模的扩大，现需要为文件服务器部署副本，一是要保证文件存储的可靠性，二是当一台文件服务器需要进行停机维护时，员工可以使用另外一台文件服务器。网络管理员准备在公司的网络中使用 DFS 服务，通过安装 DFS 命名空间服务，DFS 复制服务和 DFS 同步数据来实现。

需求分析

针对为公司建立文件服务器副本的需求，可使用 DFS 服务来实现，建立一个基于域的命名空间，作为两台文件服务器的逻辑分组，所以网络管理员的决定是正确的。在公司的网络中，使用 DFS 同步数据，需要在基于域的命名空间内建立空间文件夹，并指定空间文件夹用于存储数据的目标文件夹，然后建立复制组设置 DFS 的复制方式。服务器角色分配见表 2-10-1。

表 2-10-1　服务器角色分配

计算机名	角　色	IP 地址（/24）	所需设置
S1.tianyi.com	DFS 命名空间服务器	10.10.10.101	安装 DFS 命名空间服务 建立命名空间 建立空间文件夹 建立复制组
S5.tianyi.com	DFS 复制成员	10.10.10.105	安装 DFS 复制服务 建立共享文件夹
S6.tianyi.com	DFS 复制成员	10.10.10.106	安装 DFS 复制服务 建立共享文件夹

实训原理

很多企业内部都部署了文件服务器用于文件共享，但文件服务器一旦停机，用户在这一时段就无法使用文件服务器。此外，很多公司在总部部署了文件服务器，但因广域网带宽等问题影响了分支机构员工访问总部文件服务器的速度，这时我们可以在分支机构部署总部文件服务器的副本，分支机构员工访问这台副本即可。

DFS（Distributed File System，分布式文件系统）即可实现上述功能，它是 Windows Server 中“文件服务”的一个功能组件，可将分布于不同服务器上的文件夹组合成为一个空间文件夹，用以同步这些服务器上的指定文件夹，使用户的共享文件夹具有多个副本。在同一网络中部署 DFS，也可在一定程度上实现文件的备份。

命名空间分为“基于域的命名空间”和“独立命名空间”，二者的主要区别是命名空间的存储位置及访问形式不同。基于域的命名空间存储在命名空间服务器和 Active Directory 中，而独立命名空间只存储在命名空间服务器上。基于域的命名空间使用形如“\\Active Directory 域名\命名空间名\空间文件夹名”的格式访问，例如“\\abc.com\abc-zone\abc-web-dir”。独立命名空间使用形如“\\服务器名\命名空间名\空间文件夹名”的格式访问，例如“\\S1\abc-zone\abc-web-dir”。

空间文件夹所指向的文件夹目标，必须为 DFS 复制成员上的共享文件夹。这个共享文件夹可以提前建立好，也可以在指明文件夹目标时创建，为便于区分和使用，建议同一复制组的多个文件夹目标共享名、物理文件夹名、共享权限设置一致。

实训步骤

1. 安装 DFS 命名空间服务

步骤 1：在“服务器管理器”选项中，依次选择“仪表板”→“快速启动”→“添加角色和功能”，打开“添加角色和功能向导”选项，单击“下一步”按钮。

步骤 2：在“安装类型”选项中，选择“基于角色或基于功能的安装”，然后单击“下一步”按钮。

步骤 3：在“服务器选择”选项中，选择“从服务器池中选择服务器”，选择“S1.tianyi.com”，然后单击“下一步”按钮。

步骤 4：在“服务器角色”选项中，依次展开“文件和存储服务”→“文件和 iSCSI 服务”，勾选“DFS 命名空间”复选框，然后单击“下一步”按钮，如图 2-10-1 所示。

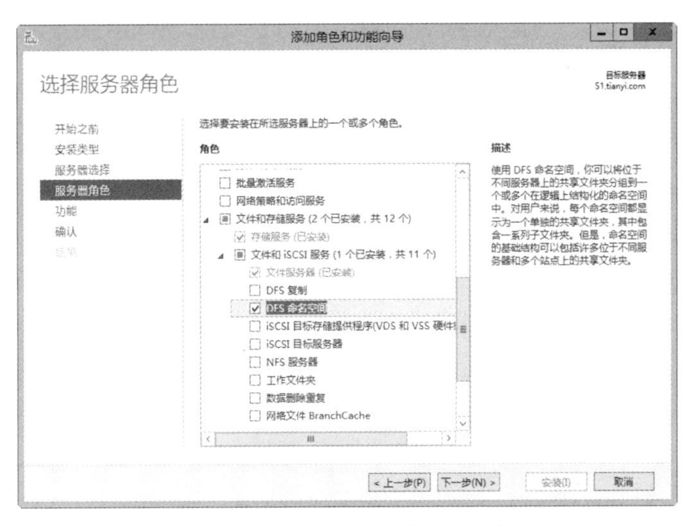

图 2-10-1　“服务器角色”选项

步骤 5：在“功能”选项中，单击“下一步”按钮。

步骤 6：在“确认”选项中，单击“安装”按钮，安装完毕后在“安装进度”选项中单击“关闭”按钮。

2. 安装 DFS 复制服务

分别在 S5、S6 上安装“DFS 复制”和“文件服务器”服务以便作为 DFS 复制成员，如图 2-10-2 所示，其余步骤略。

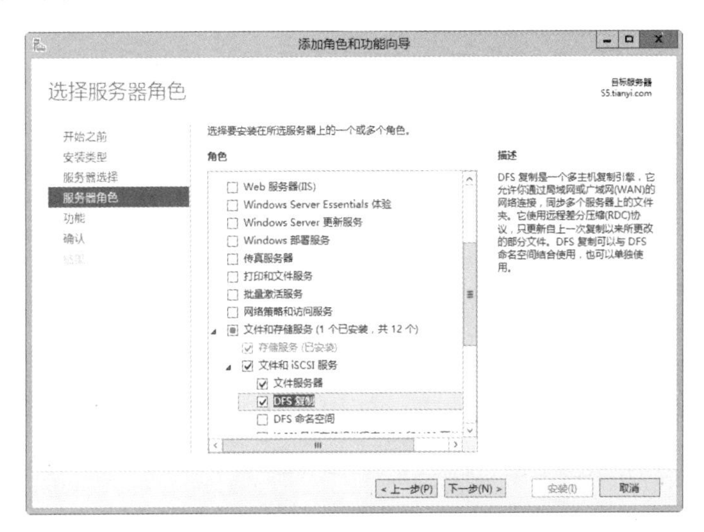

图 2-10-2　选择服务器角色

3. 创建基于域的命名空间

步骤 1：在 S1 上打开“服务器管理器”，在选项左侧选择“文件和存储服务”角色，在服务器列表中选择当前服务器“S1”，然后右击，在弹出的快捷菜单中，选择“DFS 管理”命令，如图 2-10-3 所示。

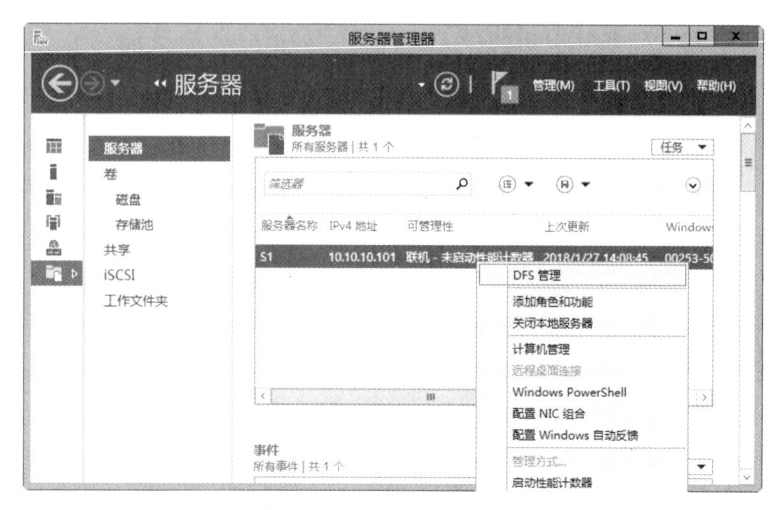

图 2-10-3　服务器管理器

步骤 2：在“DFS 管理”选项中，右击“命名空间”，在弹出的快捷菜单中，选择“新建命名空间”命令，如图 2-10-4 所示。

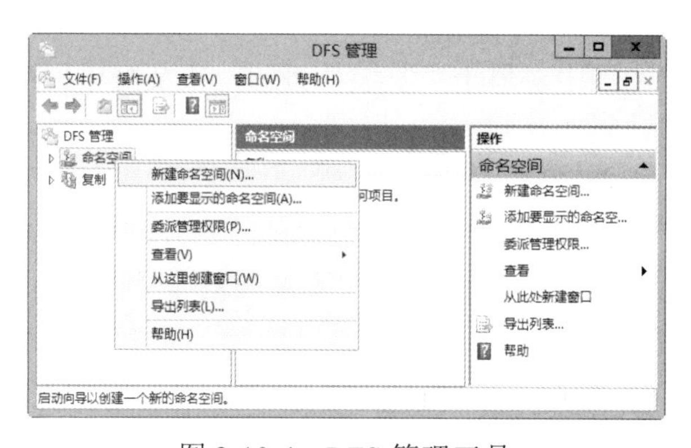

图 2-10-4　DFS 管理工具

步骤 3：在“新建命名空间向导”的“命名空间服务器”选项中，选择将命名空间存放在服务器 S1 上（这样 S1 就可管理全域的 DFS 成员），然后单击“下一步”按钮，如图 2-10-5 所示。

步骤 4：在“命名空间名称和设置”选项中，输入命名空间名称，本任务使用“dfs-zone”，然后单击“下一步”按钮，如图 2-10-6 所示。

步骤 5：在“命名空间类型”选项中，使用默认的“基于域的命名空间”，单击“下一步”按钮，如图 2-10-7 所示。

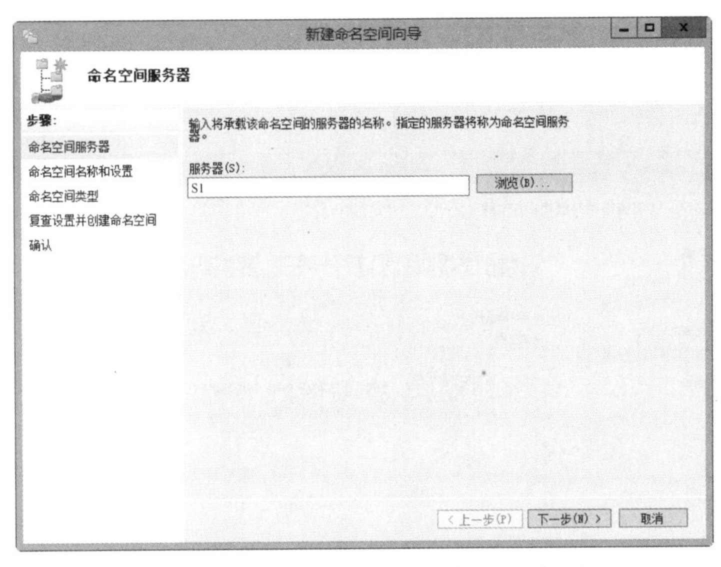

图 2-10-5　“命名空间服务器”选项

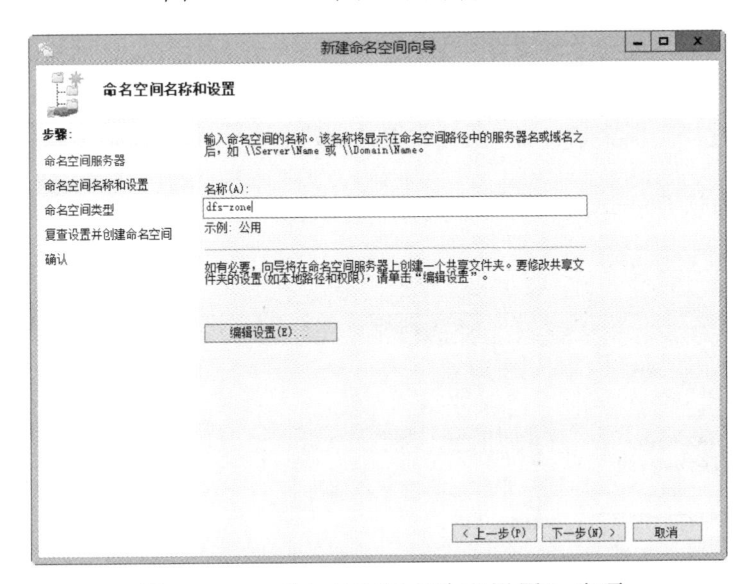

图 2-10-6　“命名空间名称和设置”选项

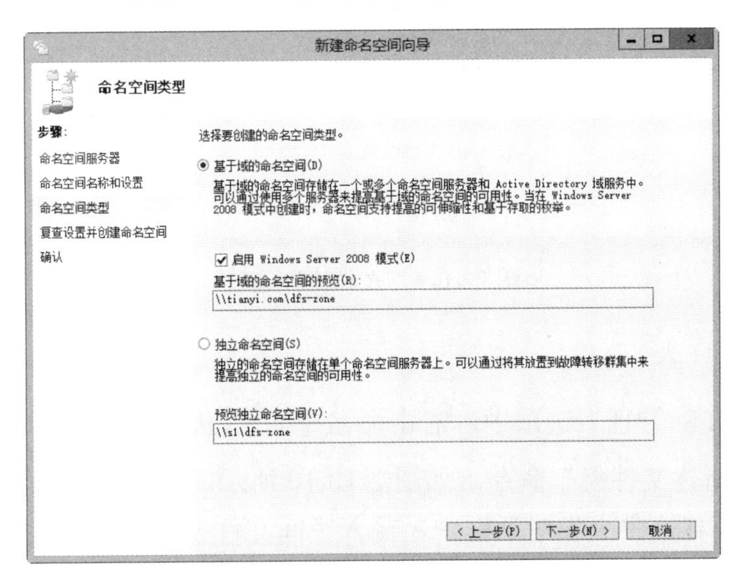

图 2-10-7　“命名空间类型”选项

步骤 6：在“复查设置并创建命名空间”选项中，单击“创建”按钮，如图 2-10-8 所示。

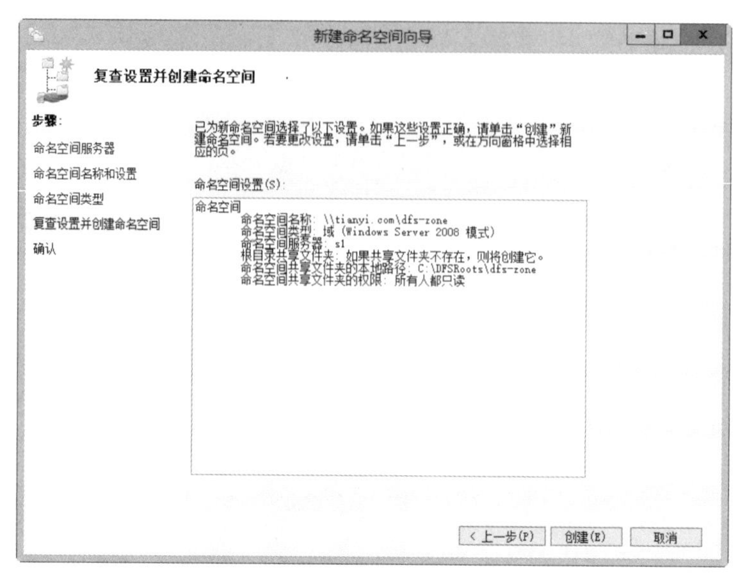

图 2-10-8 “复查设置并创建命名空间”选项

步骤 7：在“确认”选项中单击“关闭”按钮，完成命名空间的创建，如图 2-10-9 所示。

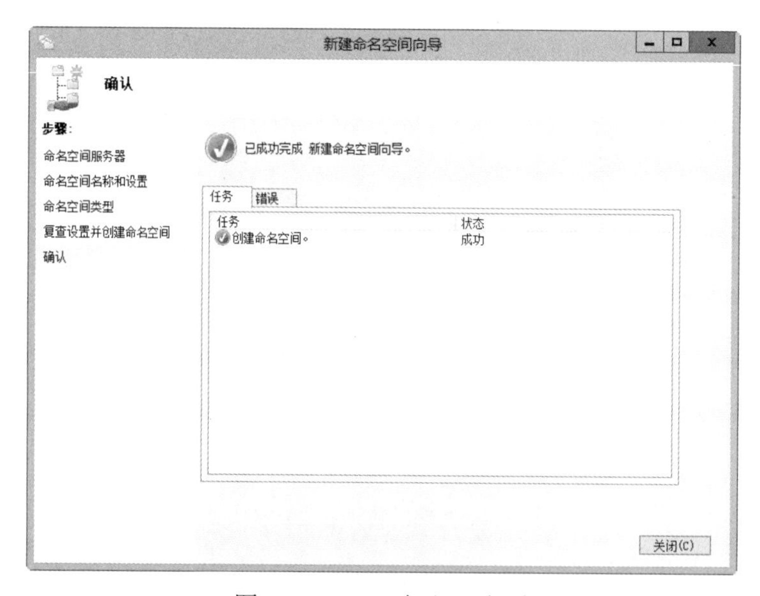

图 2-10-9 “确认”选项

4. 创建空间文件夹

步骤 1：在“DFS 管理”选项中，右击命名空间“\\tianyi.com\dfs-zone”，在弹出的快捷菜单中，选择“新建文件夹”命令，如图 2-10-10 所示。

步骤 2：在“新建文件夹”对话框中，输入空间文件夹名称，本任务使用“dfs-dir1”，然后，单击“添加”按钮，如图 2-10-11 所示。

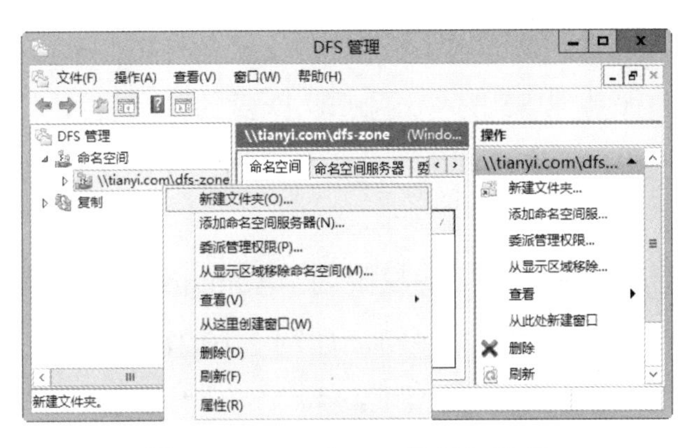

图 2-10-10　“DFS 管理”选项

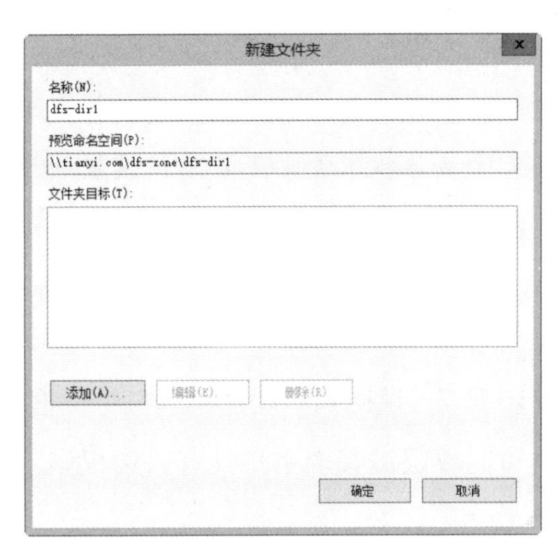

图 2-10-11　“新建文件夹”对话框

步骤 3：在“添加文件夹目标”对话框中，单击“浏览”按钮，如图 2-10-12 所示。

图 2-10-12　“添加文件夹目标”对话框

步骤 4：在“浏览共享文件夹”选项中，单击“浏览”按钮，选择服务器“S5”，然后单击“新建共享文件夹”按钮，如图 2-10-13 所示。

步骤 5：在“创建共享”对话框中，输入共享名为“dir1”，然后单击“浏览”按钮，指定共享文件夹的本地路径，如图 2-10-14 所示。

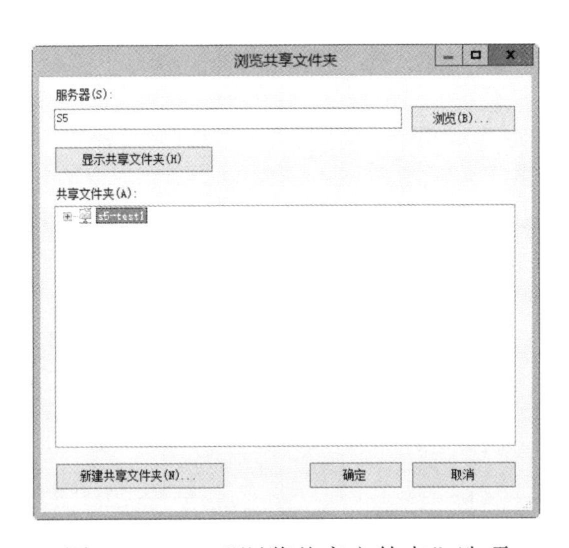

图 2-10-13　“浏览共享文件夹”选项

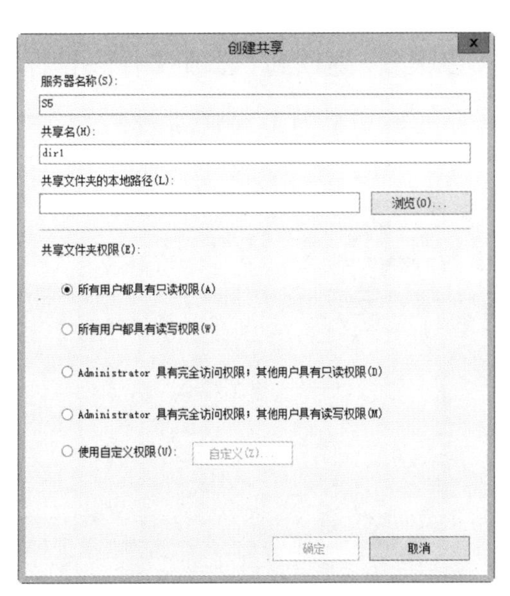

图 2-10-14　“创建共享”对话框

小贴士

如比赛或实际环境中，需要具体的共享权限，可在上图中选择“使用自定义权限”来设置。除共享权限外，不要忘记设置物理路径的 NTFS 权限。

步骤 6：在“浏览文件夹”对话框中，选中服务器 S5 的“d$”（即 D:盘的共享名），然后单击“新建文件夹”按钮，输入文件夹名为“dir1”，然后单击“确定”按钮，如图 2-10-15 所示。

步骤 7：返回到“创建共享”对话框后，选择共享文件夹的权限为“Administrator 具有完全访问权限；其他用户具有只读权限”，然后单击“确定”按钮，如图 2-10-16 所示。

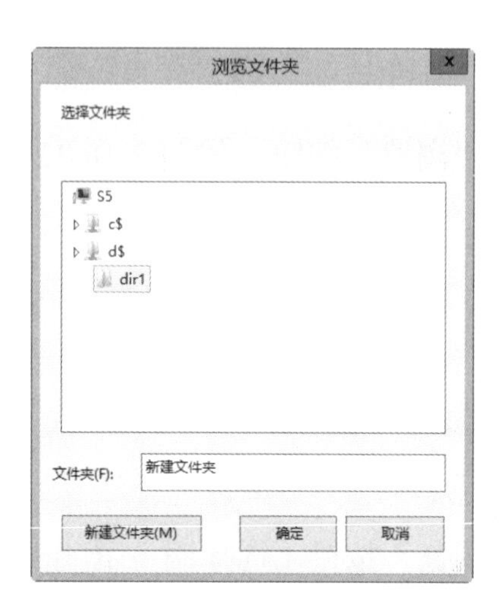

图 2-10-15　“浏览文件夹”对话框

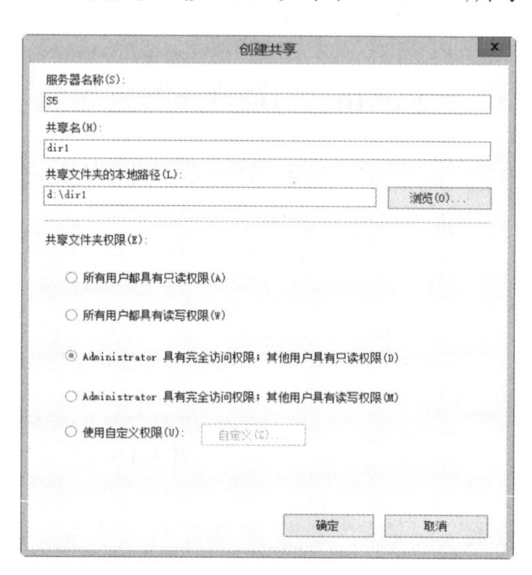

图 2-10-16　“创建共享”对话框

步骤 8：返回“浏览共享文件夹”选项后，选择共享文件夹“dir1”，单击“确定”按钮，如图 2-10-17 所示。

步骤 9：返回到“添加文件夹目标”对话框后，单击“确定”按钮，如图 2-10-18 所示。

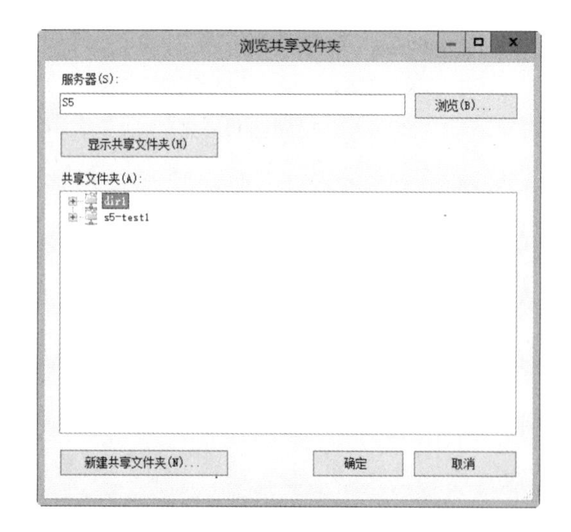

图 2-10-17　选择共享文件夹

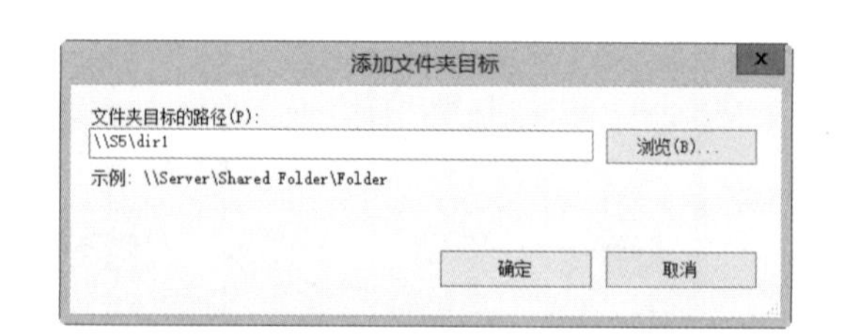

图 2-10-18　确认添加文件夹目标

步骤 10：以同样的方法和步骤，添加另一文件夹目标，即服务器 S6 上的共享文件夹 dir1，物理路径为 S6 的 D:\dir1，添加完毕后单击“确定”按钮，如图 2-10-19 所示。

5. 创建复制组

步骤 1：在空间文件夹创建完成后会自动弹出“复制”提示框，单击“是”按钮，以向导方式创建复制组，如图 2-10-20 所示。

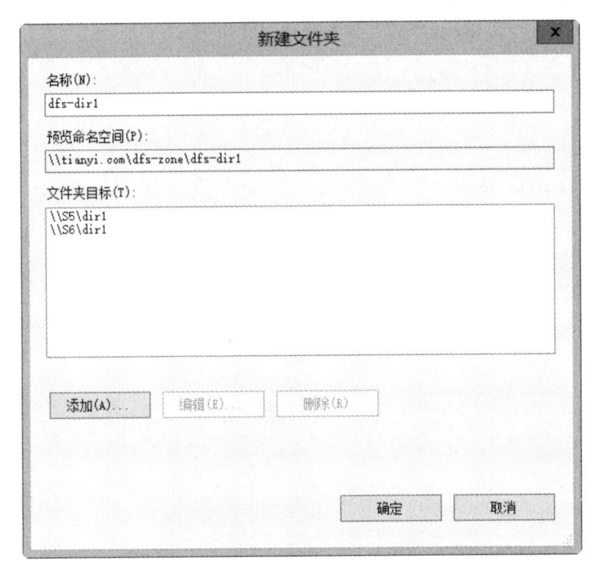

图 2-10-19　文件夹目标设置汇总

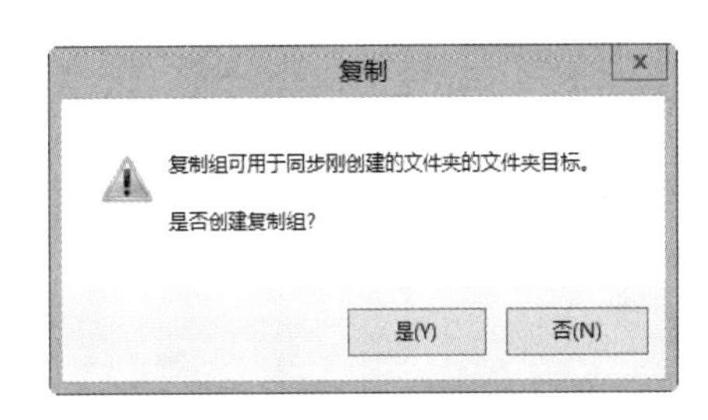

图 2-10-20　DFS 复制提示

步骤 2：在“复制组和已复制文件夹名”选项中，使用默认的复制组名，单击“下一步”按钮，如图 2-10-21 所示。

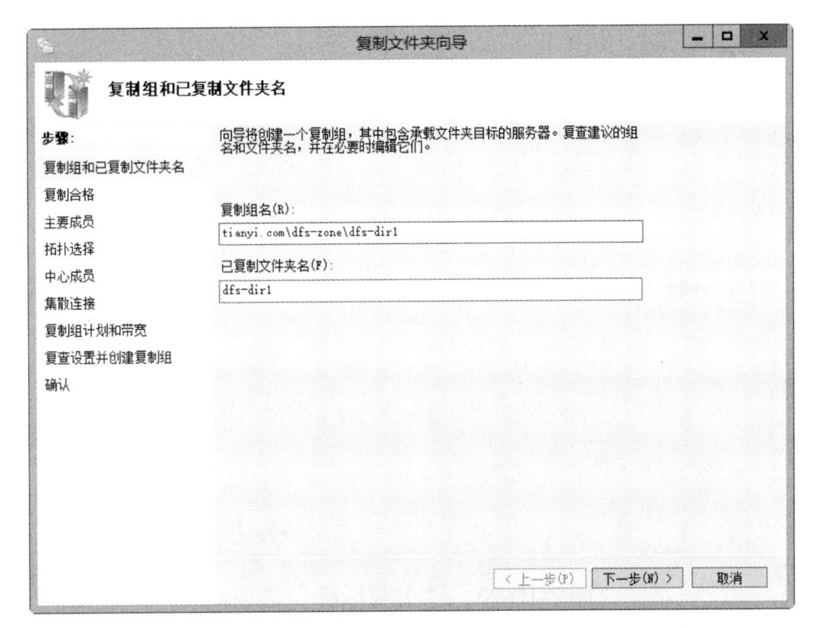

图 2-10-21　“复制组和已复制文件夹名”选项

小贴士

为便于区分复制组和空间文件夹的对应关系，建议使用默认复制组名，即设置成与空间文件夹同名，如自定义复制组名应遵循一定的命名规则。

步骤 3：在“复制合格”选项中，单击“下一步”按钮，如图 2-10-22 所示。

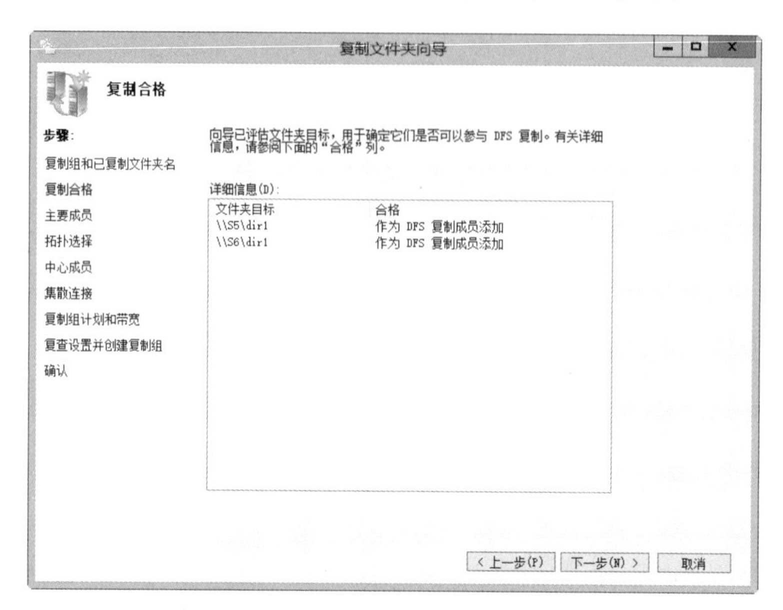

图 2-10-22　“复制合格”选项

步骤 4：在“主要成员”选项中，选择“S5”作为主要成员，单击“下一步”按钮，如图 2-10-23 所示。

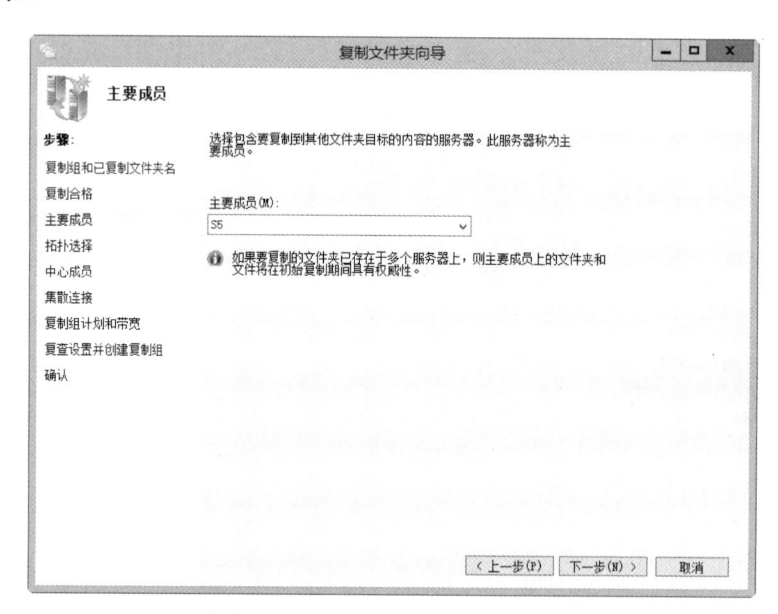

图 2-10-23　“主要成员”选项

步骤 5：在“拓扑选择”选项中，选择“交错”（即复制成员相互同步），单击“下一步”按钮，如图 2-10-24 所示。

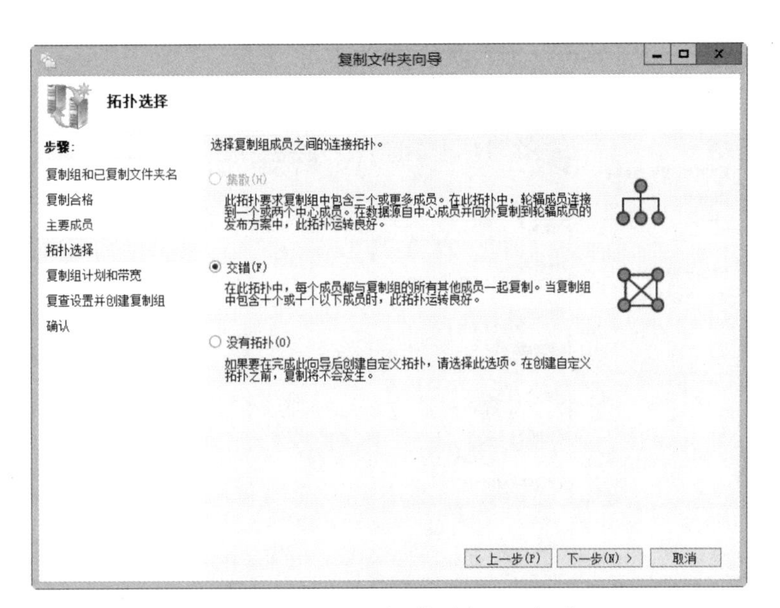

图 2-10-24　“拓扑选择”选项

步骤 6：在“复制组计划和带宽”选项中，选择“使用指定带宽连续复制”，然后选择带宽为“32Mbps”，单击“下一步”按钮，如图 2-10-25 所示。

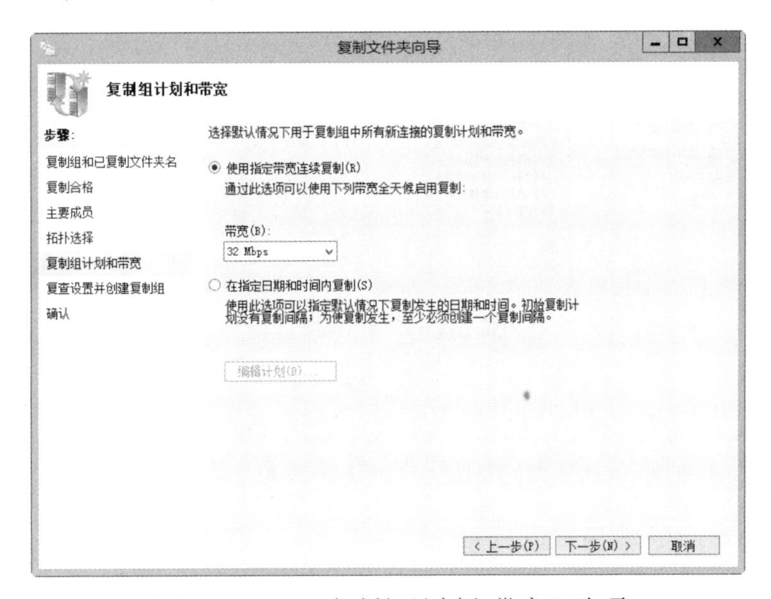

图 2-10-25　“复制组计划和带宽”选项

小贴士

DFS 成员间复制数据需要占用带宽，因此要根据网络的实际情况设置复制带宽。如 100Mbps 的服务器带宽可选择 32Mbs，也可根据实际情况选择“指定日期和时间内复制”设置项，针对工作日设置部分带宽，周六、周日设置为“完整”。

步骤 7：在“复查设置并创建复制组”选项中，单击“创建”按钮，如图 2-10-26 所示。

步骤 8：在“确认”选项中，单击“关闭”按钮，如图 2-10-27 所示。

步骤 9：在“复制延迟”提示对话框中，单击“确定”按钮，如图 2-10-28 所示。

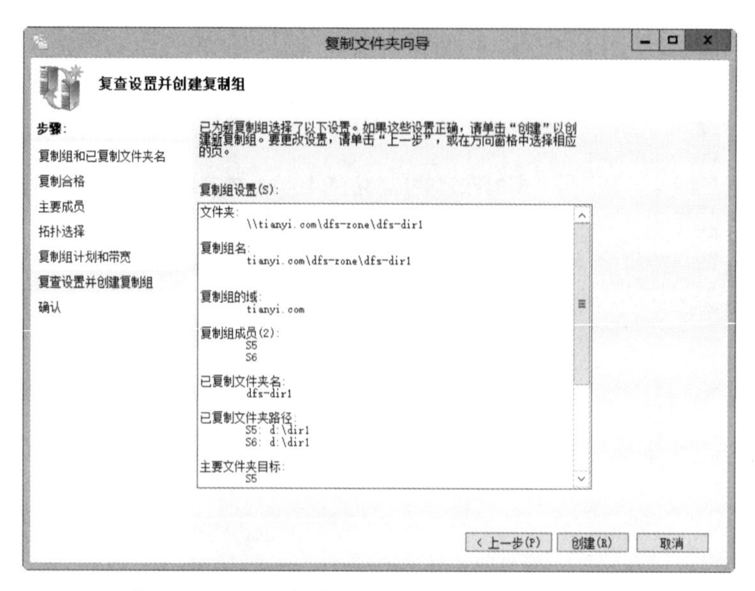

图 2-10-26 “复查设置并创建复制组”选项

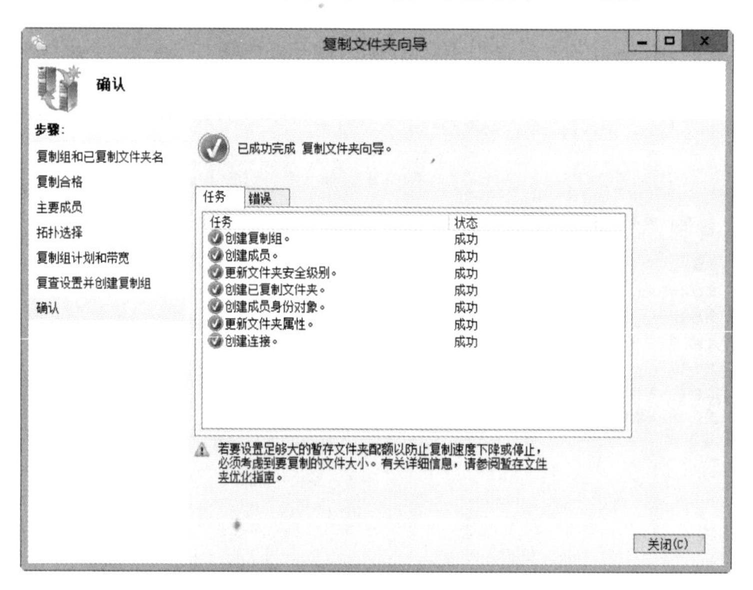

图 2-10-27 “确认”选项

步骤 10：返回“DFS 管理”选项后可查看复制组的设置信息，如图 2-10-29 所示。

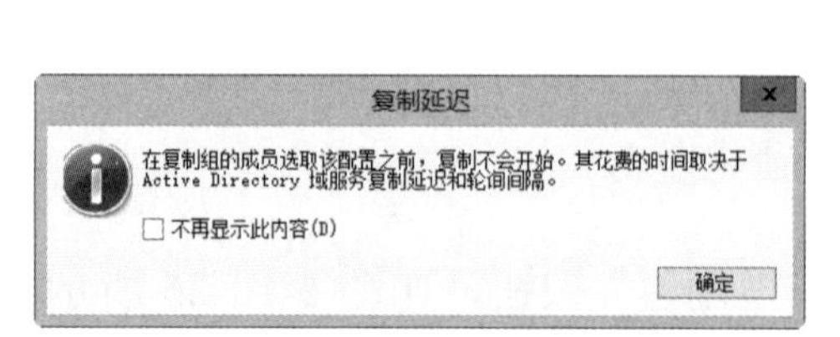

图 2-10-28 “复制延迟”提示对话框

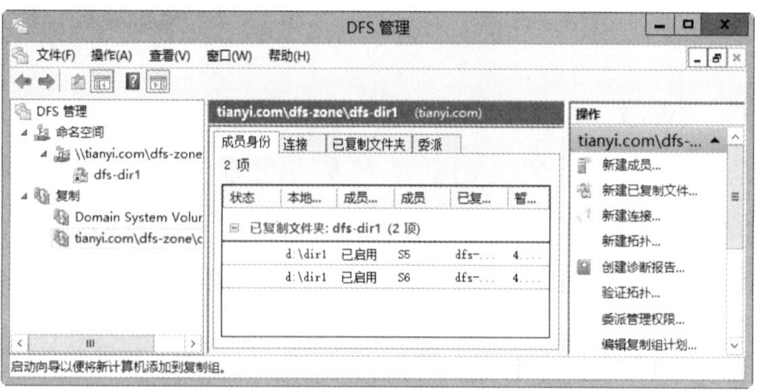

图 2-10-29 “DFS 管理”选项

6. 测试 DFS 复制

在复制成员 S5 的 D:\dir1 中创建文件“dfs-bmp1.bmp”，然后到 S6 的 D:\dir1 中查看数据，可看到数据已经同步，如图 2-10-30 所示。

7. 访问 DFS

在客户端资源管理器中，使用 UNC 地址“\\tianyi.com\dfs-zone\dfs-dir1”访问 DFS 空间文件夹，并使用域管理员身份登录，创建一个文件夹，测试 DFS 设置正常，如图 2-10-31 所示。

图 2-10-30　测试 DFS 复制

图 2-10-31　客户端访问 DFS

赛点链接

（2017 年）配置 DFS 服务，实现两个服务器的内容保持同步，空间名称为 DFSROOT，文件夹为 ftproot，复制组为 ftp-backup，拓扑采用交错方式截图保存为 27jc.jpg，设置复制在周六和周日带宽为完整，周一至周五带宽为 64Mbps。

易错解析

DFS 服务是网络搭建及应用赛项常考的一项技术，纵观历年题目，以考核基于域的命名空间为主。近年来，DFS 的目标文件夹也作为 FTP 等服务的存储路径，增加了应用的关联性。

选手应注意的是：认真读题，按题目要求在相应服务器上安装 DFS 命名空间、DFS 复制服务，如题目并未要求 DFS 命名空间服务器，可使用其中任意一台 DFS 成员作为命名空间服务器。此外，还要注意题目中的一些设置参数，如：空间文件夹的共享权限；复制组是否与空间文件夹名称一致，如不一致则要注意区分；DFS 复制的带宽与复制计划等。DFS 配置完成之后要进行数据同步测试以检查操作是否正确，这些都是选手容易出错的地方。

实训 11　部署 WDS 服务器

实训目的

1. 能理解 WDS 的原理和作用；
2. 能熟练完成 WDS 的实现过程；
3. 能实现 WDS 相关功能。

背景描述

达通集团由于业务发展的需要，新采购了一批计算机，现网络管理员要对这批新采购的计算机安装适合本公司员工所使用的操作系统，可以配置一台服务器为客户机通过网络适配器引导的方式来安装操作系统，这样可以大大提高工作效率。

需求分析

针对为公司安装操作系统的需求，网络管理员可以采取统一部署的思路，通过配置一台 WDS 服务器，配置好启动映像、安装映像等参数，然后以网络适配器引导方式启动计算机安装所需版本的 Windows 系统。服务器角色分配见表 2-11-1。

表 2-11-1　服务器角色分配

计算机名	角色	操作系统	IP 地址	所需设置
S2.tianyi.com	WDS 服务器	Windows Server 2012 R2	10.10.10.102	安装、配置 WDS
S5.tianyi.com	DHCP 服务器	Windows Server 2012 R2	10.10.10.105	安装、配置 DHCP 作用域
	客户端系统			网卡引导

实训原理

安装操作系统的方法有多种，可使用光盘完整安装、可使用软件克隆，还可进行网络安装。

Windows 部署服务（Windows Deployment Service，WDS）是 Windows Server 2012 等系统中提供的用于部署操作系统的服务。WDS 在大规模部署操作系统时优势明显，通过一台服务器就能够为多台客户机同时安装操作系统，操作系统也可以不同。

客户机在使用 WDS 通过网络安装操作系统时，只需计算机支持网络启动即可，首先要在 BIOS（或 UEFI）中设置网络适配器启动优先，或者在 BIOS 启动菜单中选择网络适配器，不再需要系统安装光盘，启动后客户机进入 PXE 环境，可通过 DHCP 获得 IP 地址，选择相应的启动映像、安装映像，输入具有安装权限的域用户信息，后续安装步骤与光盘安装相同。这就要求在 WDS 上配置好 PXE 参数、启动映像、安装映像等，甚至通过进一步配置可实现无人值守安装、自定义桌面设置等。

如果是 Windows Server 2008 的操作系统，要求在域环境下才可以实现，如果是 Windows Server 2012 的操作系统，则在工作组的环境下就可以实现。

1. PXE

PXE（Pre-boot Execution Environment，预启动执行环境），可以使计算机通过网络适配器引导启动。PXE 采用 C/S 结构，客户机在进行网络适配器引导，BIOS 会调出 PXE 的客户机程序，并显示后续可执行命令，来完成后续启动映像的加载。

2. 启动映像与安装映像

映像文件分为启动映像、安装映像。

启动映像一般位于 X:\sources 下（X:为光盘驱动器号），文件名为 boot.wim，负责在 PXE 加载后启动 Windows 的安装程序。x86 架构的 Windows 7、Windows 8、Windows 10 可以使用同一 x86 启动映像。

安装映像也位于 X:\sources 下，文件名为 install.wim，在启动映像加载完成后要选择某一安装映像即可安装对应版本的系统，如选择安装 Windows Server 2012 R2 的 DataCenter 版，还是 Standard 版，需要选择不同的映像文件。

实训步骤

1. 添加 DHCP 服务器角色

步骤 1：在“服务器管理器”选项中，选择“仪表板”，打开“仪表板”选项，如图 2-11-1 所示。

图 2-11-1 “仪表板”选项

步骤 2：单击“添加角色和功能”，打开“添加角色和功能向导”选项，然后单击“下一步”按钮，如图 2-11-2 所示。

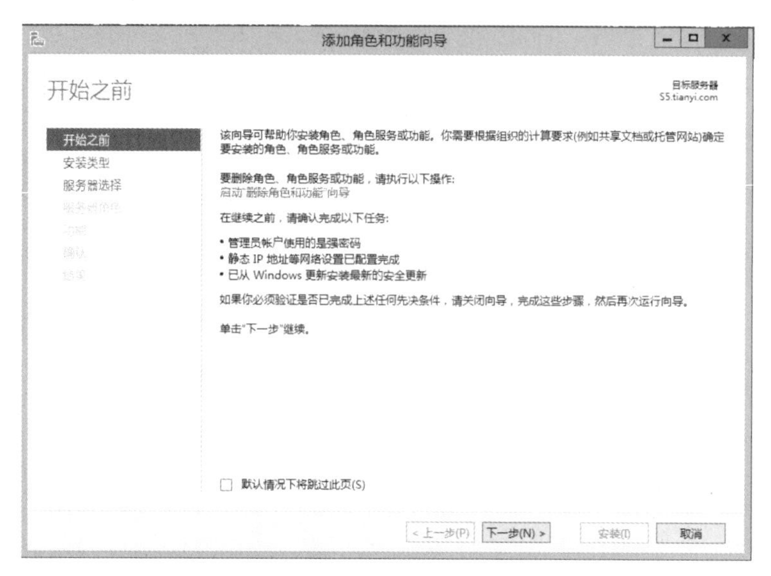

图 2-11-2 “添加角色和功能向导”选项

步骤 3：在“安装类型”选项中，选择“基于角色或基于功能的安装”，然后单击“下一步”按钮，如图 2-11-3 所示。

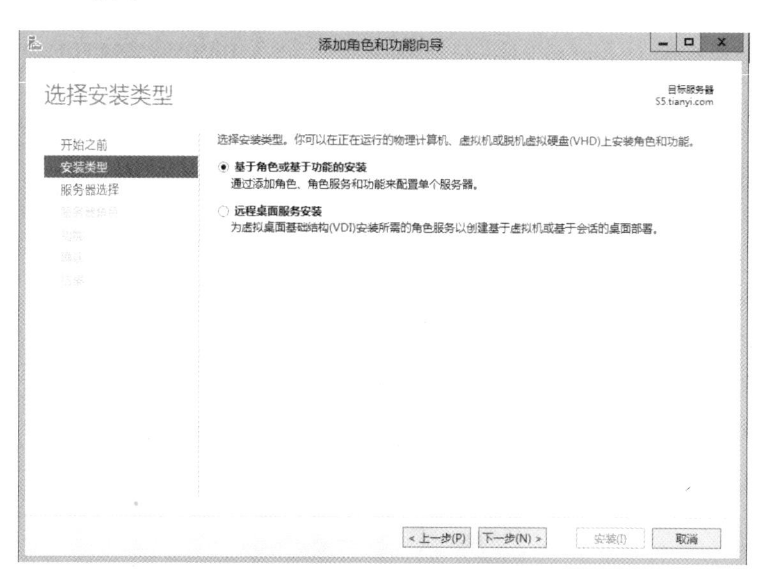

图 2-11-3 “安装类型”选项

步骤 4：在“服务器选择”选项中，选择“从服务器池中选择服务器”，然后选择当前服务器，本例为“S5”，最后单击“下一步”按钮，如图 2-11-4 所示。

步骤 5：在“服务器角色”选项中，勾选“DHCP 服务器”复选框，在弹出的所需功能提示对话框中选择“添加功能”按钮，如图 2-11-5 所示。

步骤 6：返回“服务器角色”选项，单击“下一步”按钮，如图 2-11-6 所示。

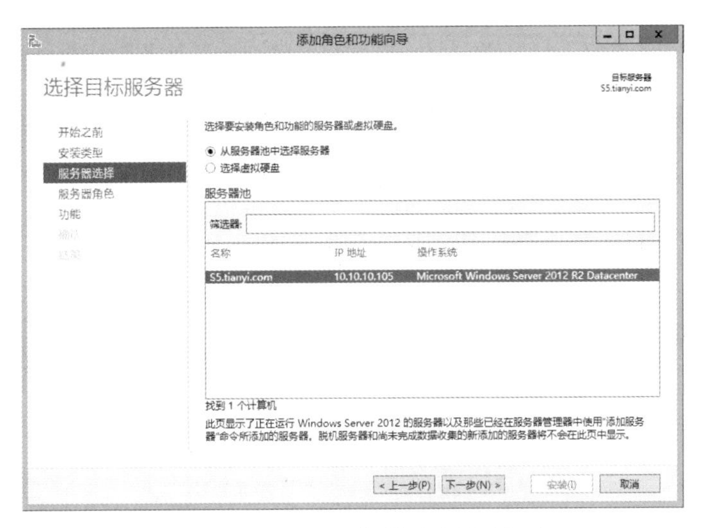

图 2-11-4　“服务器选择”选项

图 2-11-5　添加角色所需功能

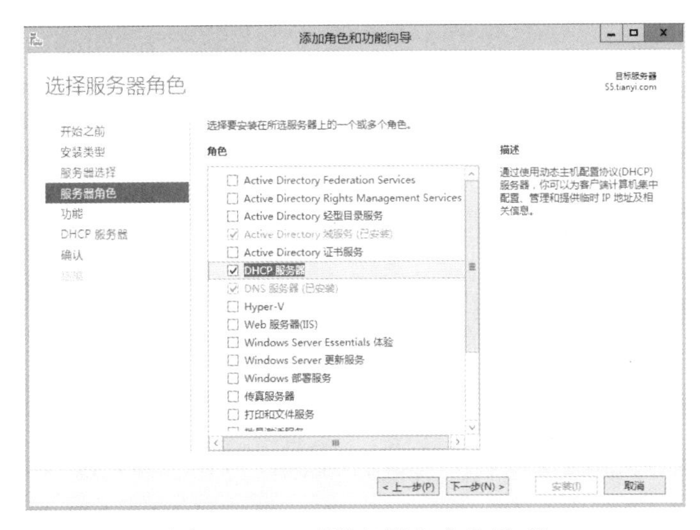

图 2-11-6　“服务器角色”选项

步骤 7：在“功能”选项中，单击“下一步”按钮，如图 2-11-7 所示。

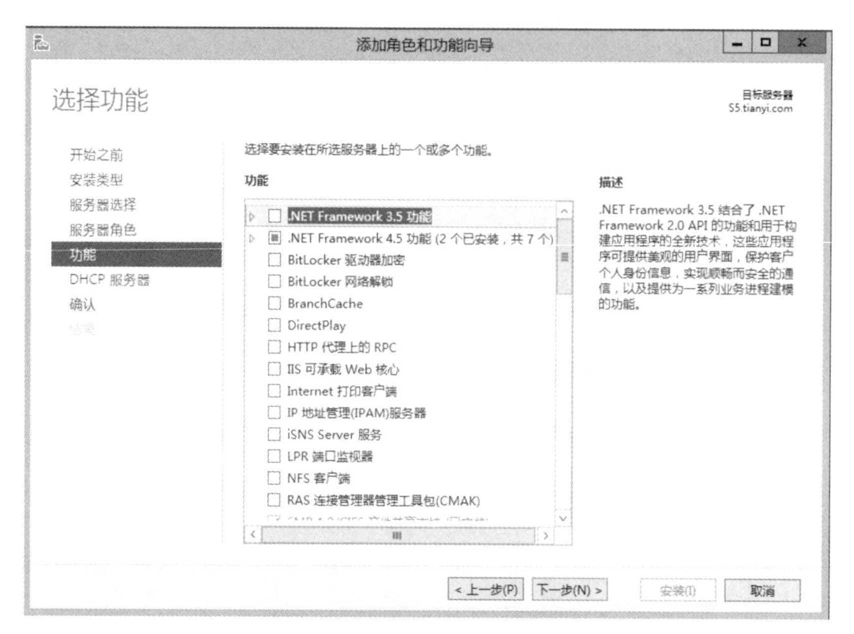

图 2-11-7 “功能”选项

步骤 8：在“DHCP 服务器”选项中，单击“下一步”按钮，如图 2-11-8 所示。

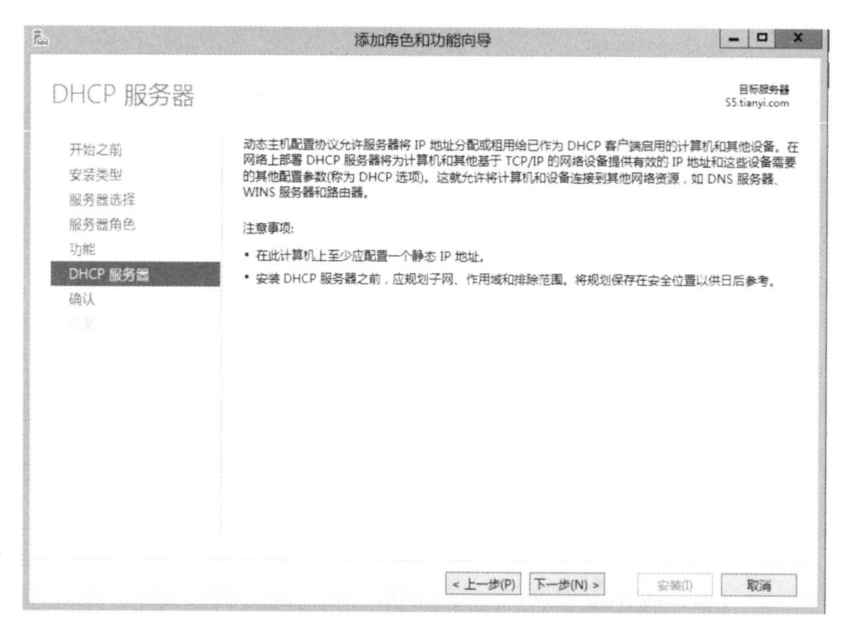

图 2-11-8 “DHCP 服务器”选项

步骤 9：在“确认”选项中，单击“安装”按钮，开始安装 DHCP 服务器，如图 2-11-9 所示。

步骤 10：在“结果”选项中，可以看到功能正在安装，如图 2-11-10 所示。

步骤 11：功能安装完成后，选择“关闭”按钮，如图 2-11-11 所示。

图 2-11-9 “确认”选项

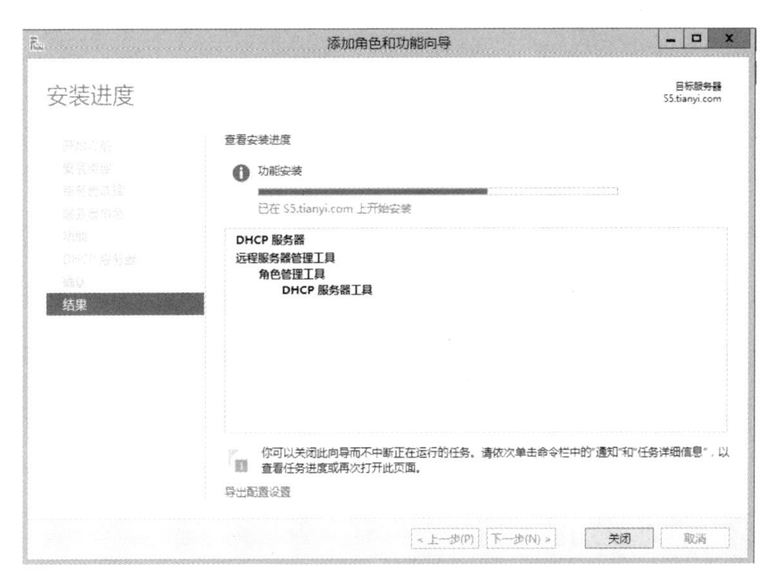

图 2-11-10 “结果”选项

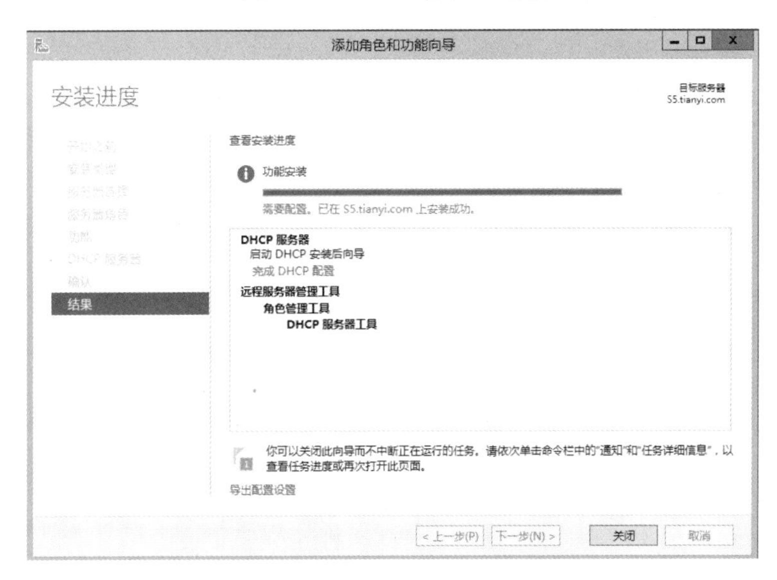

图 2-11-11 安装进度及结果

2. 配置 DHCP 服务器

步骤 1：打开“服务器管理器”选项，在选项左侧选择“DHCP”选项，在服务器列表中选择当前服务器“S5”，然后右击，在弹出的快捷菜单中，选择“DHCP 管理器”选项，如图 2-11-12 所示。

图 2-11-12 打开 DHCP 管理器

步骤 2：在打开的“DHCP”服务器选项中，在“S2.tianyi.com”服务器处右击，在打开的快捷菜单中选择“授权”命令，如图 2-11-13 所示。

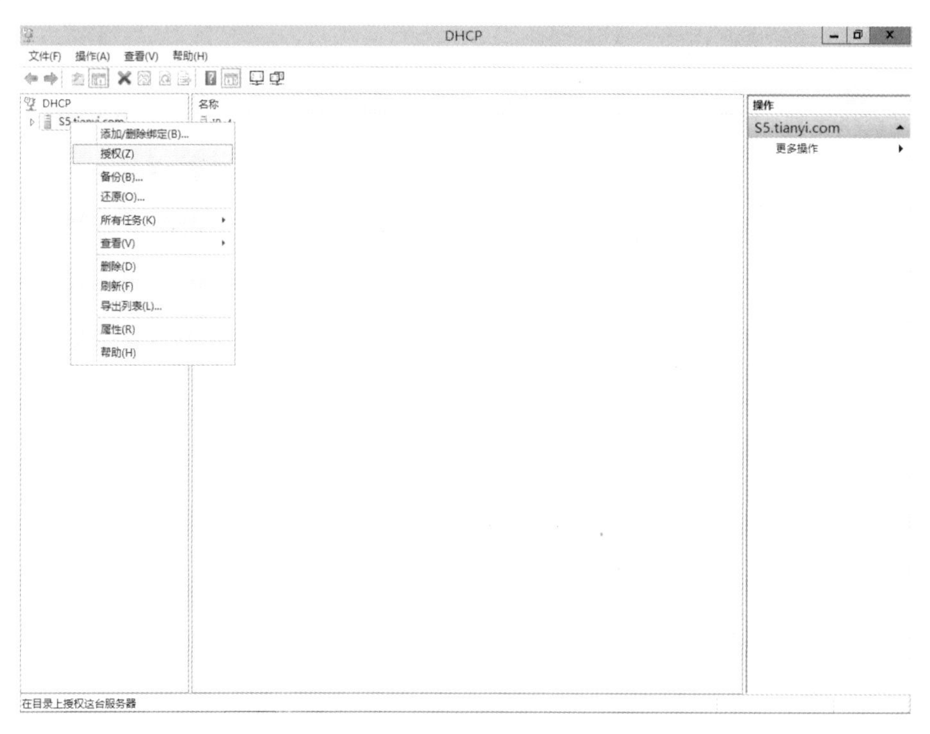

图 2-11-13 准备授权 DHCP 服务器

步骤 3：授权后的服务器，可以看到“IPv4”显示为绿色，说明授权成功，如图 2-11-14 所示。

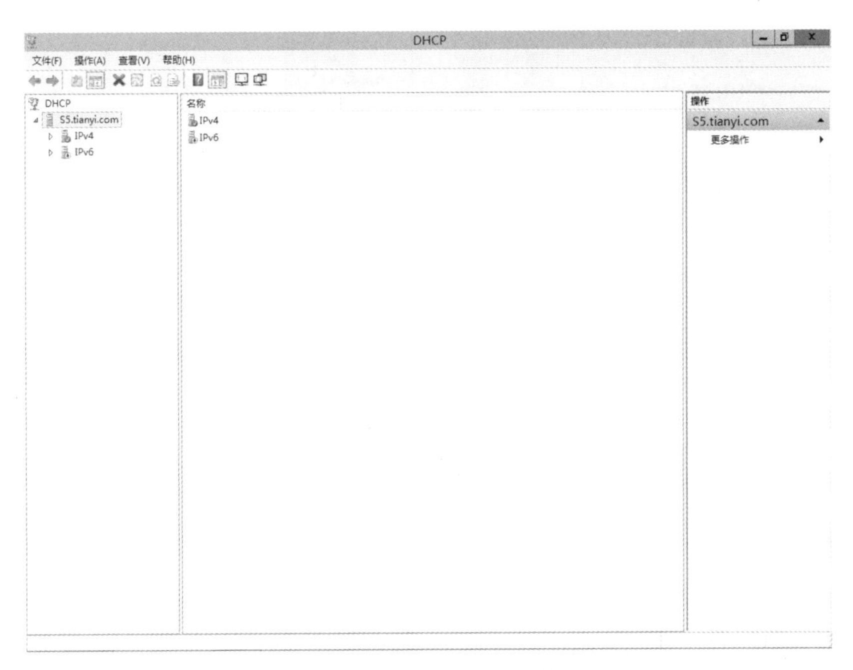

图 2-11-14　授权 DHCP 服务器结果

步骤 4：在“DHCP”管理器选项中，展开服务器“S5.tianyi.com”，右击“IPv4”，在弹出的快捷菜单中，选择“新建作用域”命令，如图 2-11-15 所示。

图 2-11-15　新建作用域

步骤 5：在“欢迎使用新建作用域向导”对话框中，单击“下一步”按钮，如图 2-11-16 所示。

步骤 6：在“新建作用域导向”的“作用域名称”对话框中，输入作用域的名字，如“tianyi 总部网络 1”，然后单击“下一步”按钮，如图 2-11-17 所示。

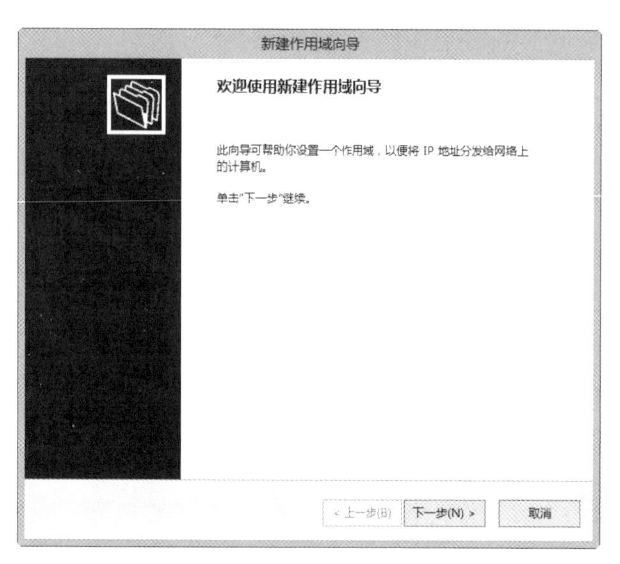

图 2-11-16　新建作用域向导欢迎页

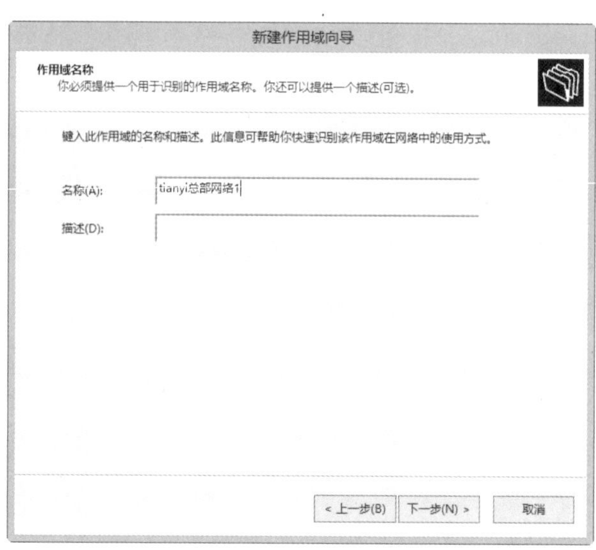

图 2-11-17　作用域名称

步骤 7：在“新建作用域向导”的“IP 地址范围”对话框中，输入起始和结束 IP 地址，本任务中地址池从 10.10.10.11 到 10.10.10.200，然后设置子网掩码长度或直接输入子网掩码，输入完毕后单击“下一步”按钮，如图 2-11-18 所示。

步骤 8：在“新建作用域向导”的“添加排除和延迟”对话框中，添加排除地址区间的起始和结束 IP 地址（本任务中排除服务器专用地址区间 10.10.10.101 到 10.10.10.120），输入完毕后单击“添加”按钮，然后单击“下一步”按钮，如图 2-11-19 所示。

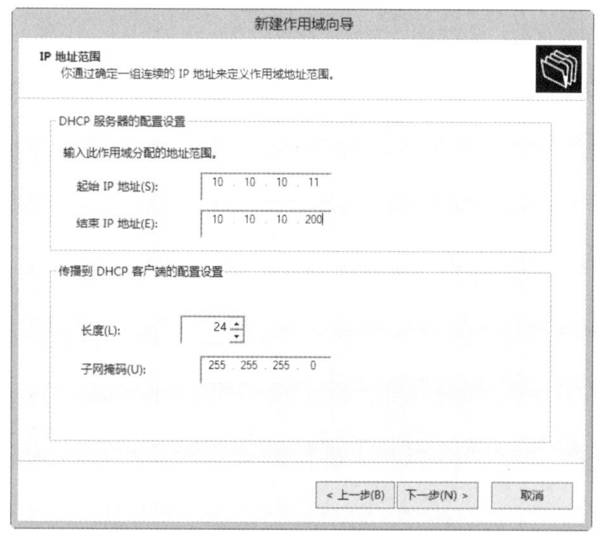

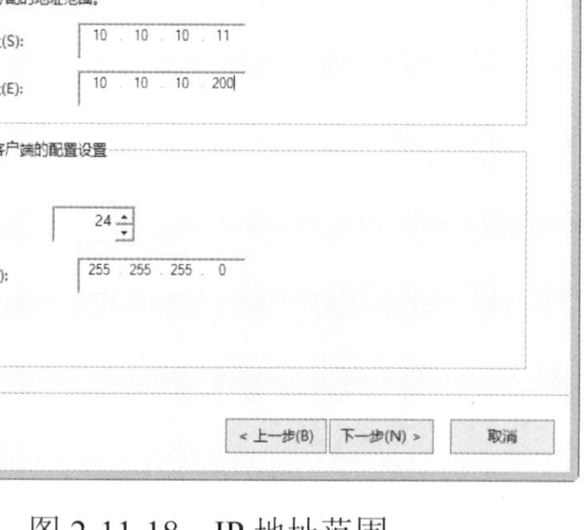

图 2-11-18　IP 地址范围

图 2-11-19　添加排除和延迟

步骤 9：在“新建作用域向导”的“租用期限”对话框中，设置租约，设置完毕后，单击“下一步”按钮，如图 2-11-20 所示。

步骤 10：在“新建作用域向导”的“配置 DHCP 选项”对话框中，选择默认的“是，我想现在配置这些选项”，然后单击“下一步”按钮，如图 2-11-21 所示。

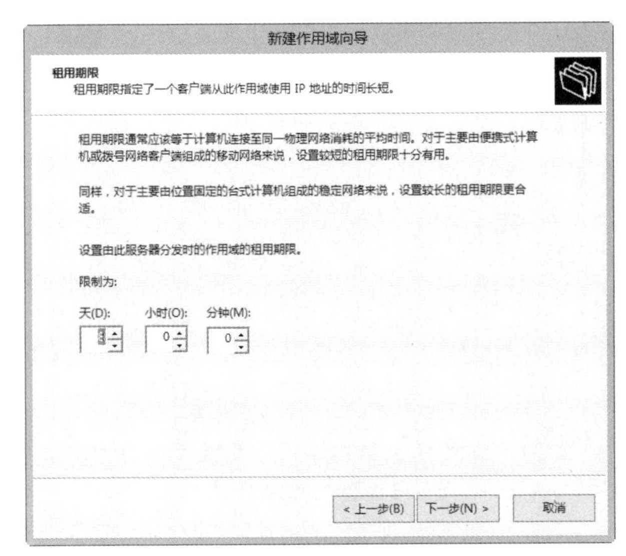

图 2-11-20　设置租约期限

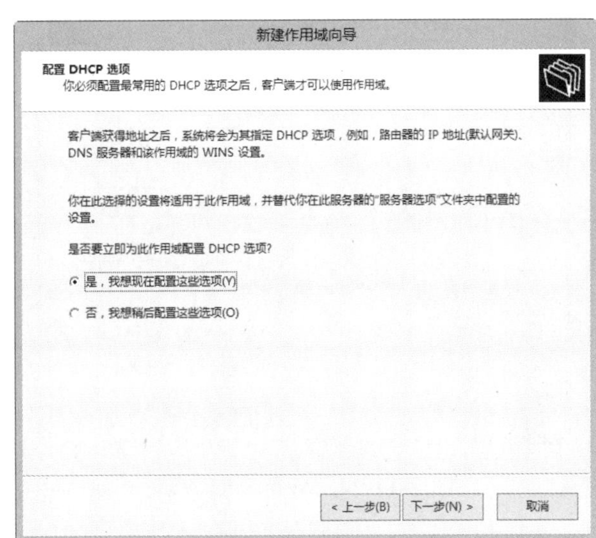

图 2-11-21　是否配置 DHCP 选项

步骤 11：在“新建作用域向导”的“路由器（默认网关）”对话框中，输入网关地址，先单击“添加”按钮，再单击“下一步”按钮，如图 2-11-22 所示。

步骤 12：在“新建作用域向导”的“域名称和 DNS 服务器”对话框中，输入父域名称（Active Directory 中的 DHCP 服务器自动填入域名），在“IP 地址”下的文本框中输入 DNS 服务器的 IP 地址，输入完毕后单击“添加”按钮，然后单击“下一步”按钮，如图 2-11-23 所示。

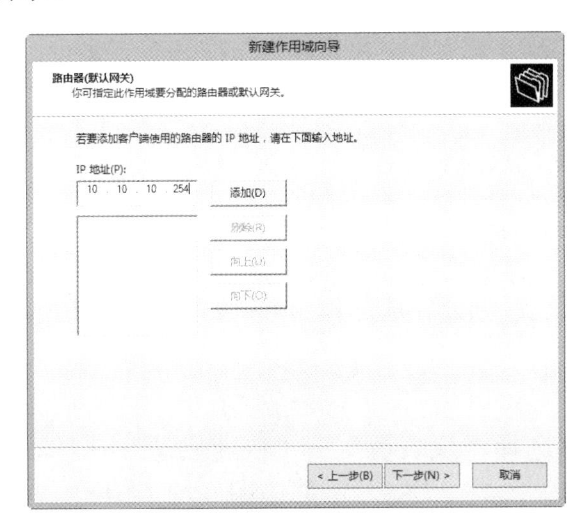

图 2-11-22　添加网关地址

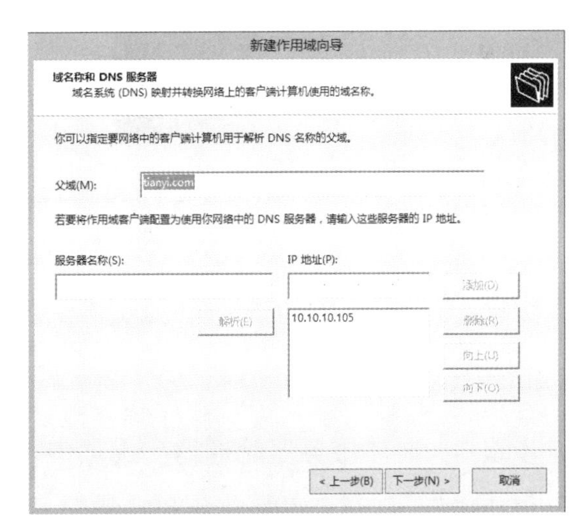

图 2-11-23　域名称和 DNS 服务器

步骤 13：在“新建作用域向导”的“新建作用域向导”的“WINS 服务器”对话框中，单击“下一步”按钮，如图 2-11-24 所示。

步骤 14：在“新建作用域向导”的“激活作用域”对话框中，选择默认的“是，我想现在激活此作用域”单选框，单击“下一步”按钮，如图 2-11-25 所示。

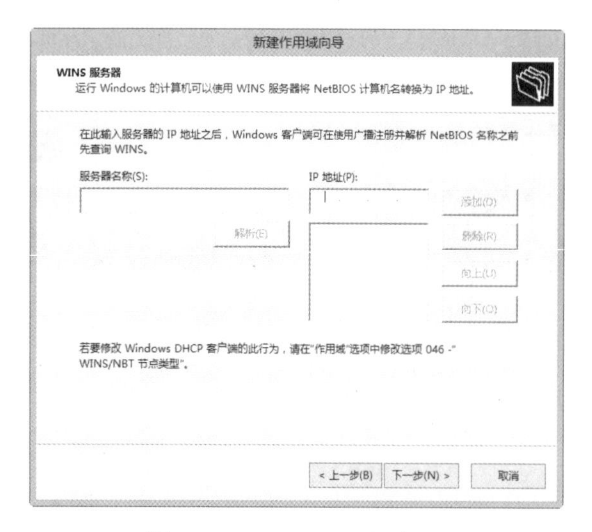

图 2-11-24 WINS 服务器

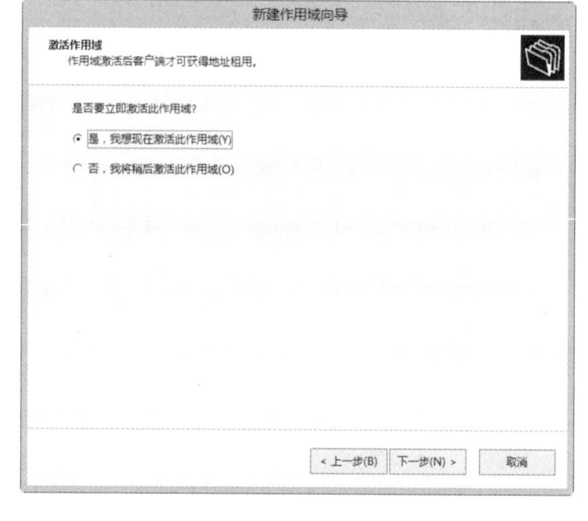

图 2-11-25 激活作用域

步骤 15：在“新建作用域向导”的“正在完成新建作用域向导”对话框中，单击“完成”按钮，如图 2-11-26 所示。

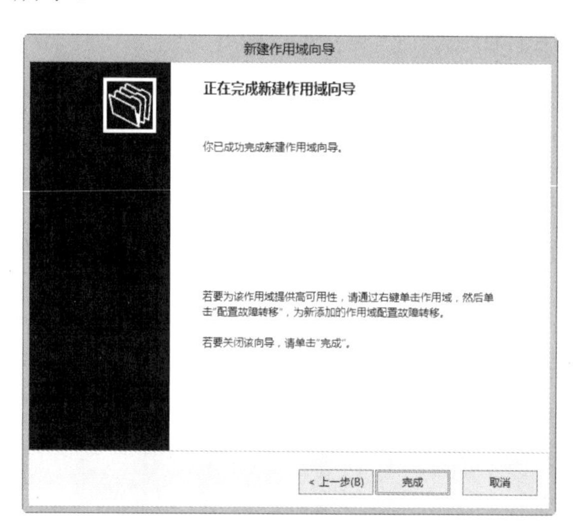

图 2-11-26 完成作用域创建

步骤 16：返回“DHCP”管理器选项，可看到已经创建完成的作用域，如图 2-11-27 所示。

3. 安装 WDS 服务

步骤 1：在“服务器管理器”选项中，依次选择“仪表板”→“快速启动”→“添加角色和功能”，打开“添加角色和功能向导”选项，单击“下一步”按钮。

步骤 2：在“安装类型”选项中，选择“基于角色或基于功能的安装”，然后单击“下一步”按钮。

步骤 3：在“服务器选择”选项中，选择“从服务器池中选择服务器”，选择“S2.tianyi.com”，然后单击“下一步”按钮。

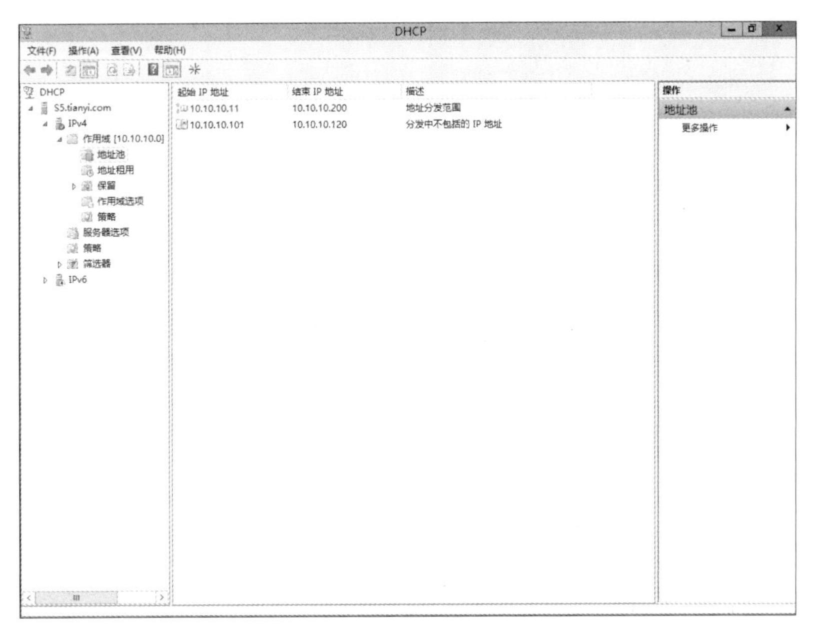

图 2-11-27　在“DHCP”管理器查看作用域

步骤 4：在“服务器角色”选项中，勾选“Windows 部署服务”复选框，在弹出的所需功能提示选项中均选择“添加功能”，返回“选择服务器角色”选项后单击“下一步”按钮，如图 2-11-28 所示。

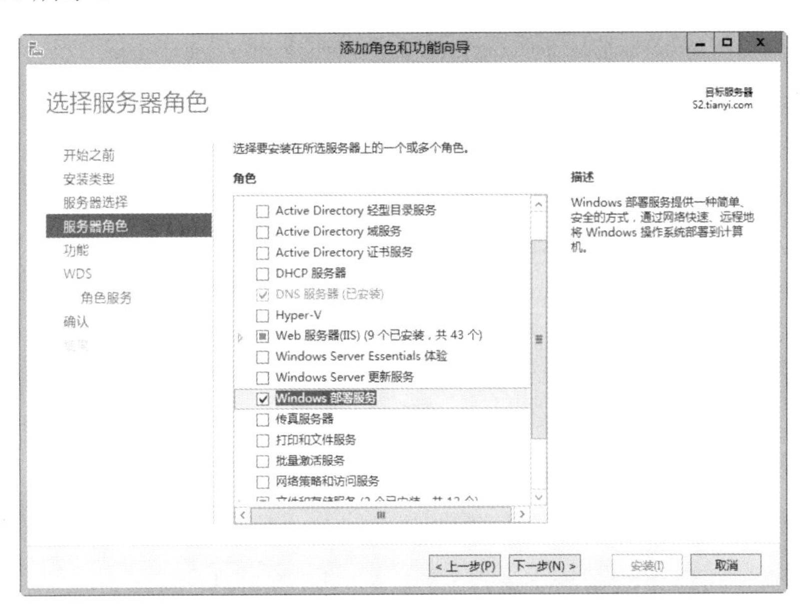

图 2-11-28　“服务器角色”选项

步骤 5：在“选择功能”选项和“WDS”选项，单击“下一步”按钮。

步骤 6：在“角色服务”选项（默认勾选“部署服务器”“传输服务器”复选框），单击“下一步”按钮，如图 2-11-29 所示。

步骤 7：在“确认”选项单击“安装”按钮，安装完毕后在“安装进度”选项中，选择“关闭”按钮。

图 2-11-29　“角色服务”选项

4. 以向导方式配置 WDS 服务

步骤 1：打开“服务器管理器”，在选项左侧选择“WDS”角色，在服务器列表中选择当前服务器“S2”，然后右击，在弹出的快捷菜单中，选择“Windows 部署服务管理控制台”命令，如图 2-11-30 所示。

图 2-11-30　“服务器管理器”选项

步骤 2：在“Windows 部署服务”选项中，展开“服务器”，右击“S2.tianyi.com”，在弹出的快捷菜单中，选择“配置服务器”命令，如图 2-11-31 所示。

步骤 3：在“Windows 部署服务配置向导”的“开始之前”对话框中，检查现有配置是否符合 WDS 要求，准备完毕后单击“下一步”按钮，如图 2-11-32 所示。

步骤 4：在“安装选项”对话框中，选择“与 Active Directory 集成”，单击“下一步”按钮，如图 2-11-33 所示。

步骤 5：在“远程安装文件夹的位置”对话框中，指定远程安装文件夹的路径，建议存放在一个存储容量较大的 NTFS 分区中，本任务中使用“D:\RemoteInstall”，然后单击“下一步”按钮，如图 2-11-34 所示。

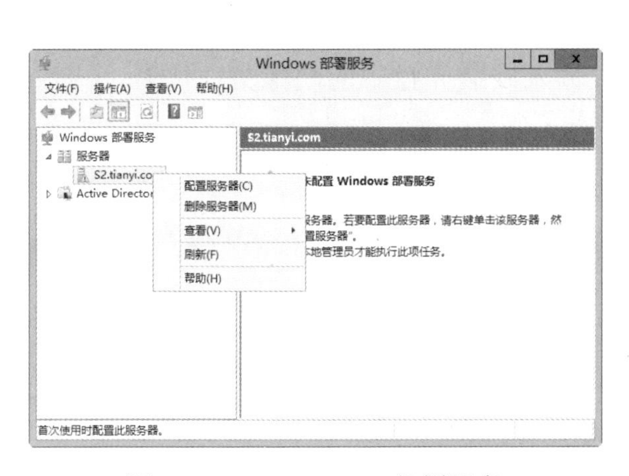

图 2-11-31　Windows 部署服务

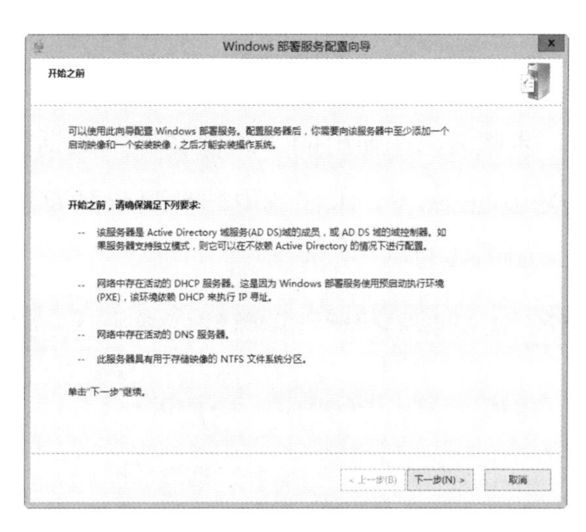

图 2-11-32　配置 WDS 的条件

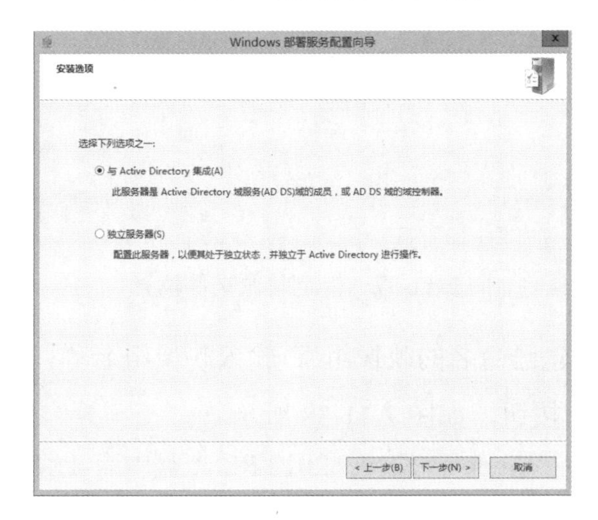

图 2-11-33　安装选项

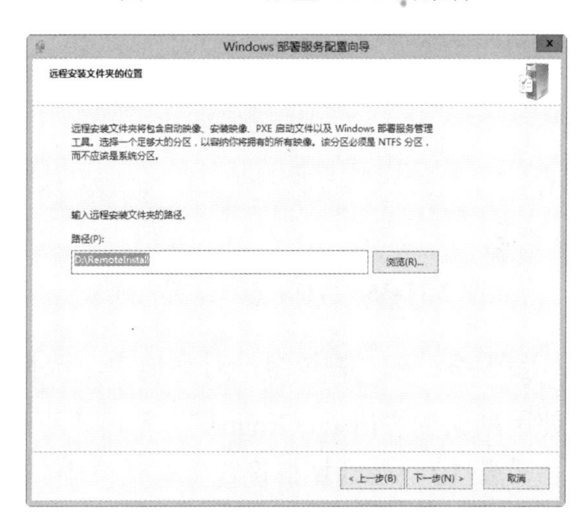

图 2-11-34　远程安装文件夹的位置

步骤 6：在“PXE 服务器初始设置”对话框中，选择“响应所有客户端计算机（已知和未知）”，单击“下一步”按钮，如图 2-11-35 所示。

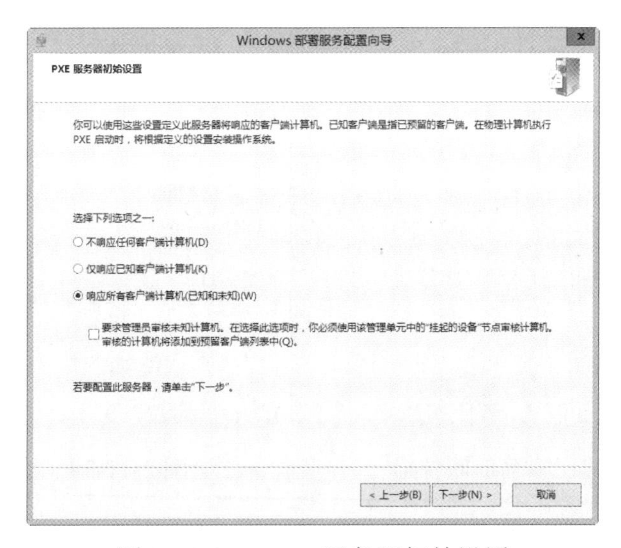

图 2-11-35　PXE 服务器初始设置

步骤 7：在“操作完成”对话框中，勾选“立即向服务器中添加映像”复选框，然后单击“完成”按钮，如图 2-11-36 所示。

步骤 8：在弹出的“映像文件”对话框中，输入安装光盘中的映像文件位置，一般位于 X:\sources 下，本任务中光盘驱动器为 E:盘，输入“E:\sources”，然后单击“下一步”按钮，如图 2-11-37 所示。

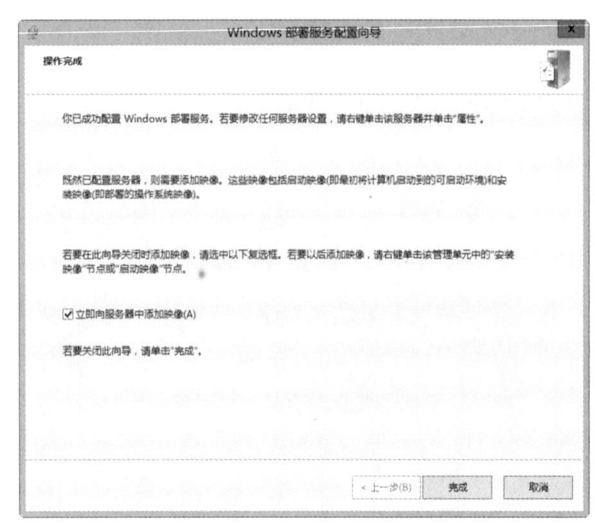

图 2-11-36 WDS 基本配置完成

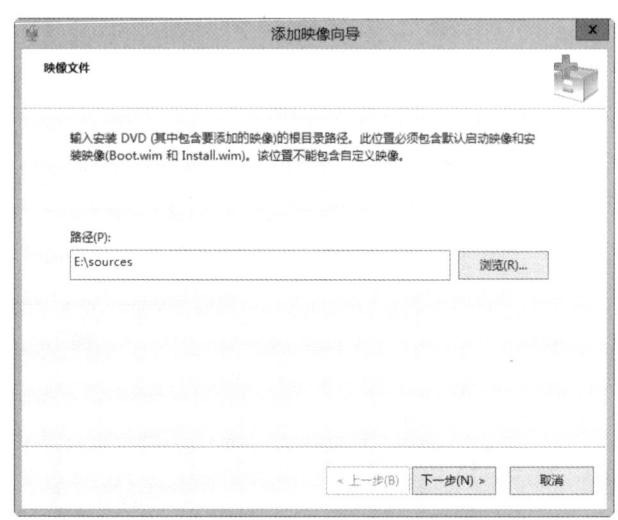

图 2-11-37 指定映像文件位置

步骤 9：在“映像组”对话框中，选择“创建已命名的映像组”，输入映像组名称，此处使用默认的“ImageGroup1”，单击“下一步”按钮，如图 2-11-38 所示。

步骤 10：在“复查设置”对话框中，可看到 Windows Server 2012 R2 光盘中有 1 个启动映像，4 个不同用户版本的安装映像（DataCenter 版、Standard 版等），确认设置无误后单击“下一步”按钮，如图 2-11-39 所示。

图 2-11-38 创建已命名的映像组

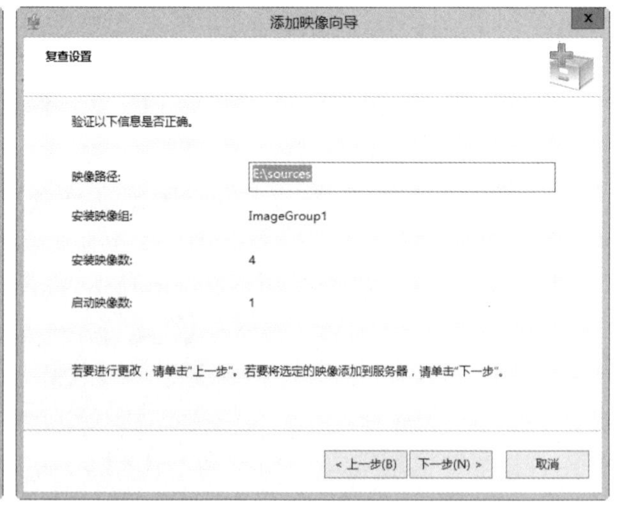

图 2-11-39 检测添加映像向导设置

步骤 11：在“任务进度”对话框中等到映像文件添加完成后，单击“完成”按钮，如图 2-11-40 所示。

步骤 12：返回“Windows 部署服务”选项后，可查看添加完成的安装映像，如图 2-11-41 所示。

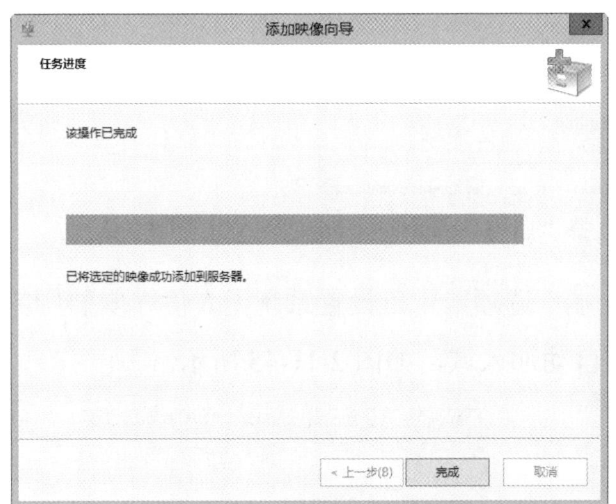

图 2-11-40　映像添加完成

图 2-11-41　查看添加完成的安装映像

步骤 13：返回“Windows 部署服务”选项后，可查看添加完成的启动映像，如图 2-11-42 所示。

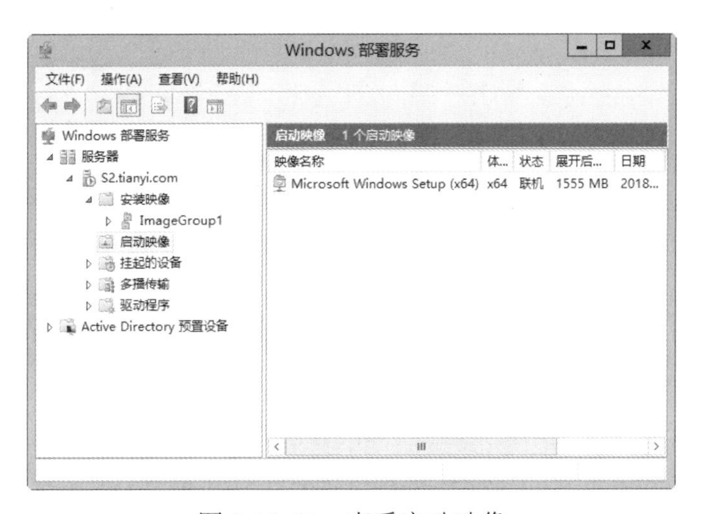

图 2-11-42　查看启动映像

5. 其他高级设置

步骤 1：在“Windows 部署服务”对话框中，右击服务器“S2.tianyi.com”，在弹出的快捷菜单中，选择“属性”命令，如图 2-11-43 所示。

步骤 2：修改 PXE 启动设置。在当前 WDS 服务器的“属性”选项的“启动”选项卡下可设置客户机在使用网络适配器启动时是否按 F12 键继续 PXE 启动，还可对不同硬件架构类型的计算机指定启动映像，如图 2-11-44 所示。

图 2-11-43　选择“属性”命令

步骤 3：修改 WDS 客户端设置。在“客户端”选项卡中可设置系统无人值守安装所需的文件，还可设置客户机网络安装完成后是否自动加入域，如图 2-11-45 所示。

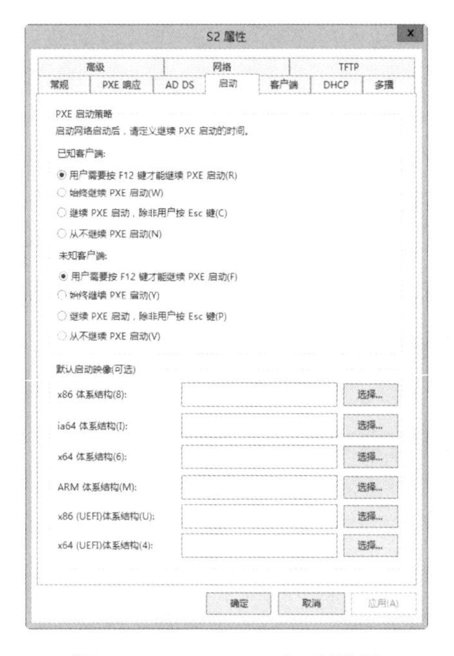

图 2-11-44　PXE 启动设置

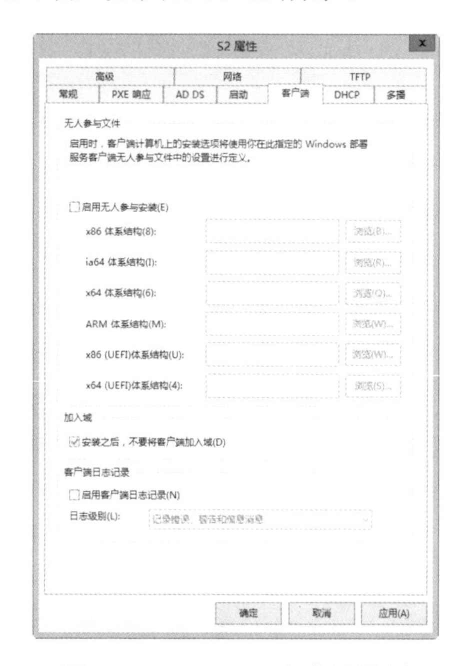

图 2-11-45　WDS 客户端设置

步骤 4：设置 WDS 服务器的 DHCP 侦听。此设置分为三种情况，如果此 WDS 服务器也配置了 Microsoft DHCP 服务，则勾选两个复选框，如果此 WDS 服务器启动了非 Microsoft DHCP，则勾选第一个复选框，如果此 WDS 服务器并未运行 DHCP 服务，则无须选择任何复选框，如图 2-11-46 所示。

步骤 5：加载网络适配器驱动。在实际应用中，有一些型号较新的网络适配器在启动时需要加载 Windows 下的驱动，可在 WDS 管理器的“驱动程序”设置项中添加外部驱动程序，如图 2-11-47 所示。

6. 设置网络适配器引导

在 BIOS 中设置启动项，以网络适配器方式引导，如图 2-11-48 所示。

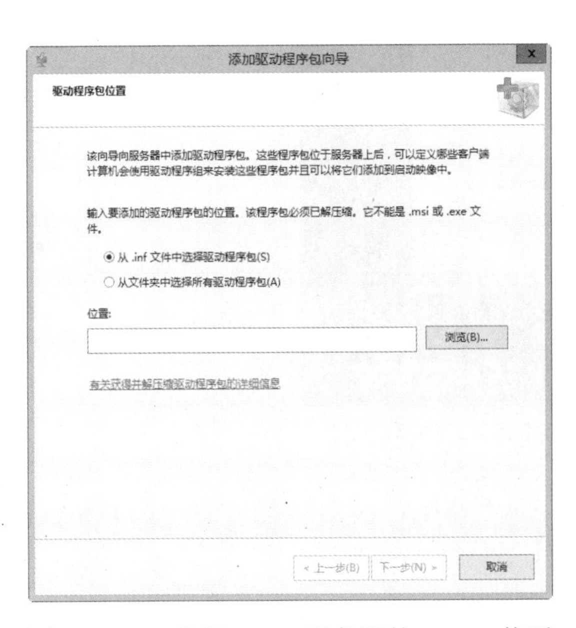

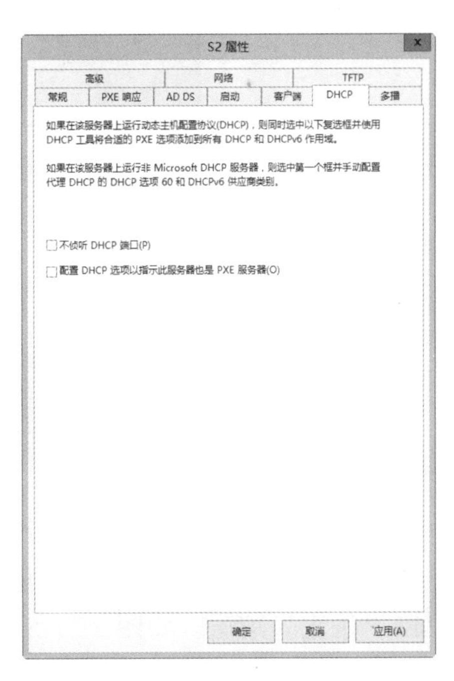

图 2-11-46　设置 WDS 服务器的 DHCP 侦听　　　图 2-11-47　设置 WDS 加载外部驱动程序

7. 使用 WDS 安装 Windows 系统

步骤 1：使用网络适配器引导方式启动客户机后，可看到获得的 IP 地址和 WDS 服务器的简要信息，如本任务中客户机 IP 地址为“10.10.10.96”，WDS 启动文件名为“WDSNBP”，启动服务器 IP 为“10.10.10.102”，按“F12”键启动网络引导，如图 2-11-49 所示。

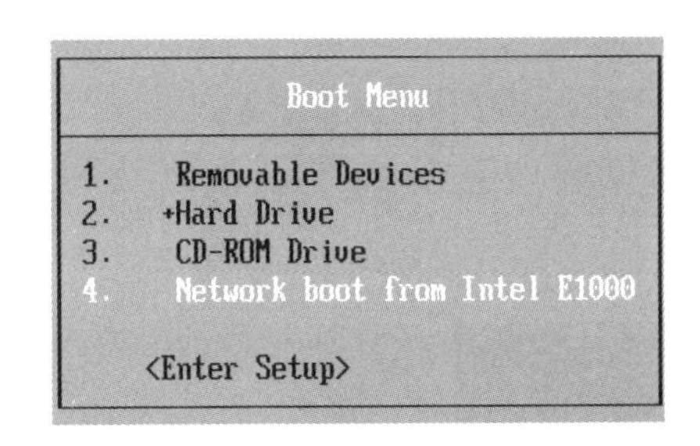

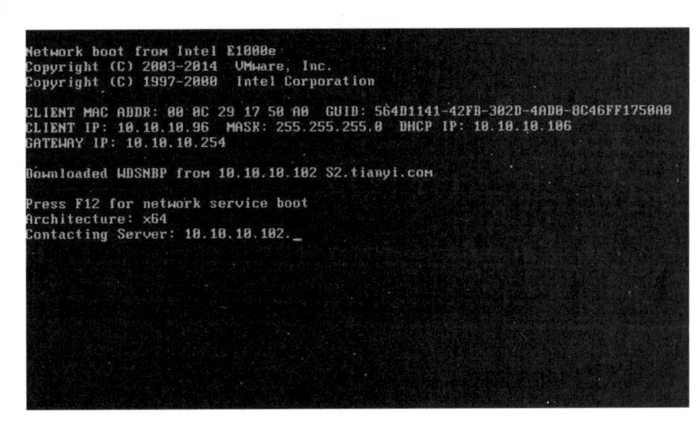

图 2-11-48　以网络适配器方式引导　　　图 2-11-49　网络启动

步骤 2：引导程序为加载启动映像文件，本任务中为“boot.wim”，如图 2-11-50 所示。

图 2-11-50　加载启动映像

步骤 3：在“Windows 部署服务”对话框中，单击“下一步”按钮，如图 2-11-51 所示。

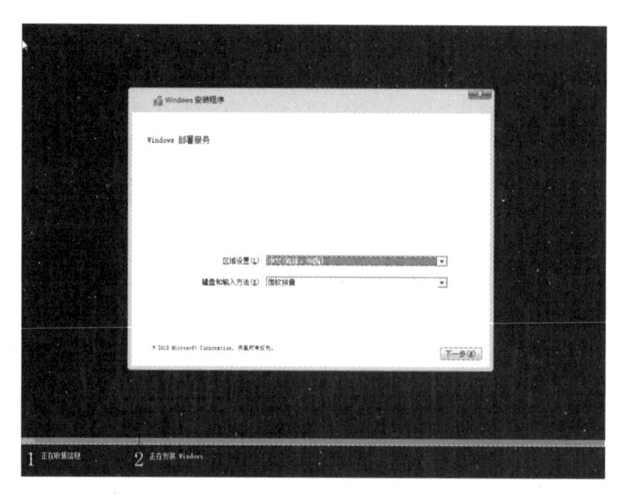

图 2-11-51　客户机调用 Windows 部署服务

步骤 4：在“连接到 WDS 服务器身份验证”对话框中，输入管理员的用户名和密码，然后单击“确定”按钮，如图 2-11-52 所示。

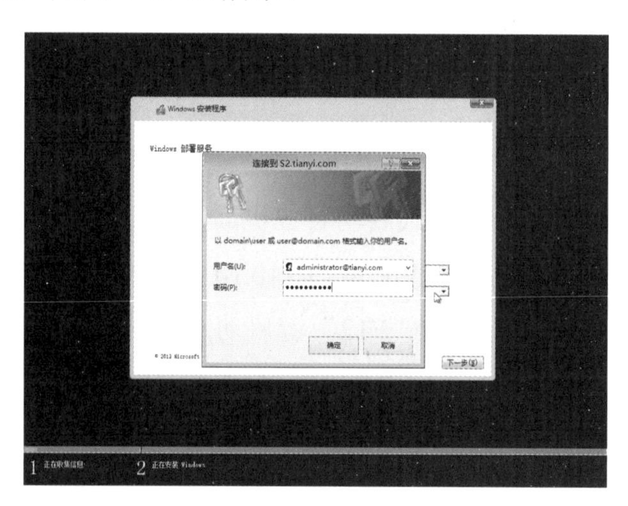

图 2-11-52　输入管理员的用户名、密码

步骤 5：在“选择要安装的操作系统”对话框中，选择要安装的系统版本，然后单击“下一步”按钮，如图 2-11-53 所示。

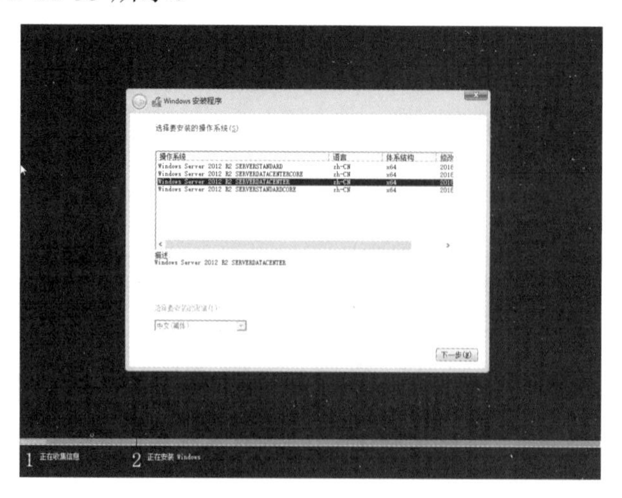

图 2-11-53　选择要安装的操作系统

步骤 6：剩余安装步骤与光盘安装相同，此处略。

赛点链接

（2017 年）安装 DHCP 服务，为服务器网段部分主机和内网行政部、营销部和技术部的用户主机动态分配 IPv4 地址，建立作用域，作用域的名称采用对应名称的全拼，其中服务器网段为 10.100.100.0/24，地址池为 10.100.100.195-199。超级作用域的名称为 DHCPSERVER，为用户分配网关、DNS 服务器及域名。

（2017 年）安装 WDS 服务，目的是在 Server4 中通过网络引导的方式来安装 Windows Server 2008R2 操作系统。

易错解析

WDS 服务是网络搭建及应用赛项新的考核点，与企业网络中的实际应用紧密结合。WDS 服务配置起来虽然相对简单，但需要注意一些关联配置，如果未设置正确也会影响 WDS 的验证，如：在 DHCP 服务器中开启对 BOOTP 的支持、依据实际情况设置 DHCP 侦听、PXE 响应所有客户端等，这是选手们容易出错的地方，选手可根据自身情况和策略决定备赛的重点。

第三部分　Linux 操作系统部分

实训 12　使用 BIND 部署域名解析服务

实训目的

1. 能理解 DNS 的原理和作用；
2. 能熟练完成 DNS 的实现过程；
3. 能对 DNS 的功能进行测试。

背景描述

达通集团为了便于公司员工及时了解公司内部的信息，搭建了一台 Web 服务器，但经理发现所有员工只能通过 IP 地址进行访问，无法通过域名来访问，为了满足此需求，经理找到网络管理员，让网络管理员来实现此功能，网络管理员认为可以通过在内部网络中配置一台 DNS 服务器来实现。

需求分析

员工想通过域名访问内部的 Web 服务器，网络管理员认为在公司内部架设一台 DNS 服务器即可实现，网络管理员的分析完全正确，DNS 服务器能解析本网络内的域名，要配置一台 DNS 服务器，就要创建 DNS 正、反向查找区域配置，并新建主机记录、别名记录等。服务器角色分配见表 2-12-1。

表 2-12-1　服务器角色分配

计算机名	角　色	IP 地址（/24）	所需设置
dns.jnds.net	DNS 服务器（默认防火墙和selinux 关闭、yum、IP 地址和 DNS 配置完毕）	10.10.100.201	安装 bind 服务 创建正向和反向区域 新建主机、别名记录 测试
www.jnds.net	Web 服务器	10.10.100.202	无须设置
ftp.jnds.net	ftp 服务器	10.10.100.203	无须设置
mail.jnds.net	邮件服务器	10.10.100.203	无须设置

实训原理

DNS 服务器类型：

1．主 DNS 服务器：客户端提供域名解析的主要区域，主 DNS 服务器宕机，会启用从 DNS 服务器提供服务。

2．从 DNS 服务器：主服务器 DNS 长期无应答，从服务器也会停止提供服务。

主从区域之间的同步采用周期性检查+通知的机制，从服务器周期性的检查主服务器上的记录情况，一旦发现修改就会同步，另外主服务器上如果有数据被修改了，会立即通知从服务器更新记录。

3．缓存服务器：服务器本身不提供解析区域，只提供非权威应答。

4．转发服务器：当 DNS 服务器的解析区域（包括缓存）中无法为当前的请求提供权威应答时，将请求转发至其他的 DNS 服务器，此时本地 DNS 服务器就是转发服务器。

现在使用最为广泛的 DNS 服务器软件是 BIND（Berkeley Internet Name Domain），最早由伯克利大学的一名学生编写，现在最新的版本是 9，由 ISC（Internet Systems Consortium）编写和维护。BIND 支持现今绝大多数的操作系统（Linux，UNIX，Mac，Windows），BIND 服务的名称称之为 named，DNS 默认使用 UDP、TCP 协议，使用端口为 53（domain）。BIND 配置文件保存在两个位置：

```
/etc/named.conf                        #BIND服务主配置文件
/var/named/                            #zone文件（域的dns信息）
```

如果安装了 bind-chroot（其中 chroot 是 change root 的缩写），BIND 会被封装到一个伪根目录内，配置文件的位置变为：

```
/var/named/chroot/etc/named.conf       #BIND服务主配置文件
/var/named/chroot/var/named/           #zone文件
```

chroot 是通过相关文件封装在一个伪根目录内，以达到安全防护的目的，一旦程序被攻破，将只能访问伪根目录内的内容，而不是真实的根目录。

实训步骤

步骤 1：安装 bind 服务和 bind-utils 软件包。使用配置好的 yum 源，来安装 bind 服务和 bind-utils 软件包，命令示例如下：

```
[root@dns ~]# yum install bind bind-utils -y
……
Installed:
bind.x86_64 32:9.8.2-0.17.rc1.el6_4.6
bind-utils.x86_64 32:9.8.2-0.17.rc1.el6_4.6

Complete!
```

步骤 2：修改主文件 named.conf。

Linux 中，默认仅在回环地址上打开 53 端口，如果希望在所有地址上都打开 53 端口，需要将“listen-on port 53”的参数修改为本机上指定网卡 IP 或“any”；DNS 服务器默认只允许 127.0.0.1 这个客户端（即本机）发起查询，若允许所有人查询，要将“allow-query”的参数修改为“any” ，命令示例如下：

```
[root@dns ~]#vi /etc/named.conf
options {
        listen-on port 53 { any; };
      ……
        allow-query     { any; };
       ……
};
```

步骤 3：修改配置文件/etc/named.rfc1912.zones。

打开/etc/named.rfc1912.zones 配置文件（修改前最好进行备份），在该文件后面增加一个正向一个反向区域。正向区域文件名为 jnds.net，反向区域文件名为 jnds.net.rev，命令示例如下：

```
……
zone "jnds.net" IN {
        type master;
        file "jnds.net.zone";
};
zone "100.10.10.in-addr.arpa" IN {
        type master;
        file "jnds.net.rev";
};
```

步骤 4：创建并修改正向区域文件。

一个区域内的所有数据必须存放在 DNS 服务器内，可以以本机正向解析文件为范例，使用 cp 命令，为了保证权限一致，注意使用“-p”参数，这样会节约时间，并避免错误。如果安装了 bind-chroot 也可保存于“/var/named/chroot/var/named”目录下，命令示例如下：

```
[root@dns ~]# cd /var/named
[root@dns named]# cp -p named.localhost jnds.net.zone
[root@dns named]# vi jnds.net.zone
$TTL 1D
@       IN SOA  @ rname.invalid. (
                                        0       ; serial
                                        1D      ; refresh
                                        1H      ; retry
                                        1W      ; expire
```

```
                                3H )    ; minimum
            NS      @
                    MX      10      mail. jnds.net.
            A               10.10.100.201
    www     A               10.10.100.202
    ftp         A           10.10.100.203
    mail        A           10.10.100.203
    smtp    CNAME           mail
    pop3    CNAME           mail
```

其中 ftp、www、mail 对应的是主机地址 A（Address）资源记录，smtp、pop3 对应的是别名记录，这些是最常用的记录，它定义了 DNS 域名对应 IP 地址的信息。如果要配置 mail 服务器还应添加 MX 记录，本例中为“@ MX 10 mail.jnds.net.”。

步骤 5：创建并修改反向区域文件。DNS 的反向解析文件，一般使用 named.loopback 作为模板复制产生，命令示例如下：

```
[root@dns named]# cp -p named.localhost jnds.net.rev
[root@dns named]# vi jnds.net.rev
$TTL 1D
@       IN SOA  @ rname.invalid. (
                                0       ; serial
                                1D      ; refresh
                                1H      ; retry
                                1W      ; expire
                                3H )    ; minimum
        NS          @
         MX   10    mail.jnds.net.
        A         10.10.100.201
202       PTR     www. jnds.net.
203       PTR     ftp. jnds.net.
203       PTR     mail. jnds.net.
203       PTR     smtp. jnds.net.
203       PTR     pop3. jnds.net.
```

示例中含有“PTR”的语句为 PTR（指针）资源记录，只能在反向解析区域文件中出现。PTR 资源记录和 A 资源记录正好相反，它能将 IP 地址解析成 DNS 域名。

步骤 6：启动、重启或停止 DNS 服务器。

（1）启动或重启 DNS 服务：

```
# service named restart
Stopping named: .                                   [  OK  ]
Generating /etc/rndc.key:                           [  OK  ]
Starting named:                                     [  OK  ]
```

（2）停止 DNS 服务：

```
# /etc/rc.d/init.d/named stop   或 service named stop
```

（3）设置 Linux 系统启动的时候让 DNS 服务自动启动，可以通过下面的设置实现：

```
# chkconfig named on
```

步骤 7：测试，使用 nslookup 命令测试 DNS 服务器。

（1）测试正向解析。

输入 nslookup 命令，在系统出现“>”符号后，就可以直接输入要查询的主机域名。以下的示例是请求服务器解析“www.jnds.net”的 IP 地址。上半部分别指出 DNS 服务器的 IP 地址及使用连接端口号 53；下半部分则是查询的结果。这就是先前在 /var/named/namd.localhost 文件中输入的 A 资源记录，命令示例如下：

```
#nslookup
> www.jnds.net
Server:         10.10.100.201
Address:        10.10.100.201#53

Name:   www.jnds.net
Address: 10.10.100.201
```

（2）测试反向解析。

前面已经建立一个 100.10.10.in-addr.arpa 反向解析区域，所以此服务器也可提供主机名称的反向解析服务。要执行反向解析的请求，只要输入指定区域（10.10.100.x）的 IP 地址，就会显示 IP 地址对应的域名信息，服务器成功地反向解析出 IP 地址 10.10.100.201 所对应的主机名称，命令示例如下：

```
> 10.10.100.201
Server:         10.10.100.201
Address:        10.10.101.201#53

201.10.10.10.in-addr.arpa      name = ftp.jnds.net.
```

赛点链接

（2016—2018 年）在此服务器中安装配置 bind 服务，负责区域“jnds.net”内主机解析，5 台主机分别为 mail.jnds.net、dns.jnds.net 、www.jnds.net、ftp.jnds.net、ntp.jnds.net，做好正反向 DNS 服务解析，禁止 192.168.10.0/24 网段的主机访问此 DNS 服务器。

易错解析

DNS 服务是网络搭建及应用赛项新的常规考点，与企业网络中的实际应用紧密结合。DNS 服务配置起来虽然相对简单，但需要注意的是 DNS 服务是其他服务的基础，像 Web

服务、邮件服务都和 DNS 有关，所以就要求选手必须配置正确，再就是在进行测试结果时一定要正确，否则无法得到分数，选手往往配置正确但测试不正确，或没有开启服务自动启动，这是选手们容易出错的地方，要引起注意。

实训 13　部署 NIS 与 NFS 服务

实训目的

1. 能理解 NIS 和 NFS 服务的原理和作用；
2. 能熟练完成 NIS 与 NFS 服务相结合的实现过程；
3. 能对 NIS 与 NFS 服务的功能进行测试。

背景描述

达通集团有多台 Linux 服务器的应用系统，网络管理员觉得对用户账号的维护非常麻烦。因为每台 Linux 可能有很多的账号，由于 Linux 服务器为同一个企业提供服务，因此每台服务器上的账号信息是相同的，需要在每台服务器中为用户建立同样的用户账号和初始口令，而且容易出错。为了解决此问题，经理找到网络管理员，让网络管理员来实现此功能，网络管理员认为可以通过 NIS 服务器来实现。

需求分析

NIS 的服务器集中维护用户的账号信息，当 NIS 客户机需要进行用户登录的信息验证时，就向 NIS 服务器发出查询请求。当系统中的一台 NIS 服务器为多台 NIS 客户机提供服务时，用户登录系统中的任何一台 NIS 客户机都会从 NIS 服务器进行登录验证，这样就实现了集中管理用户账号的功能。服务器角色分配见表 2-13-1。

表 2-13-1　服务器角色分配

计算机名	角色	IP 地址（/24）	所需设置
niss.jnds.net	NIS 服务器 NFS 服务器	10.10.100.204	安装、配置 NIS 和 NFS、建立数据库等
nisc.jnds.net	NIS 客户端	10.10.100.205	安装 NIS 客户端、指定 NIS 服务器，连接 NIS 服务器，解决客户端连接不正常的问题等

实训原理

NIS 服务的应用结构分为 NIS 服务器和 NIS 客户机两种角色，NIS 服务器集中维护用户的账号信息（数据库）供NIS客户机进行查询，用户登录任何一台NIS客户机都会从NIS服务器进行登录认证，可实现用户账号的集中管理。

NIS客户机可以使用NIS服务器上的账户登录到NIS服务器，但是，NIS客户机本地文件系统中没有在“/home”目录下建立用户宿主目录。这个和 Windows 域环境还略有差距，在Windows域环境中，当用户在任何一台加入域的主机上登录域，用户会使用域中的宿主目录，而且还会在本地创建一份属于自己的宿主目录。而在NIS客户机默认情况下，只会使用NIS服务器上的用户，在本地由于不存在这个用户，因此也不能在本地建立一个属于自己的宿主目录，那么如何才能让用户在本地拥有一个属于自己的宿主目录，而且每次登录都使用同样的目录呢？这就需要将NIS和NFS结合使用，将NIS服务器上的“/home”目录输出到每一个NIS客户机上。

实训步骤

1．在服务器端设置

步骤1：安装NIS服务软件包。使用配置好的yum源，来安装NIS服务软件包，命令示例如下：

```
[root@niss ~]# yum install yp* -y
Loaded plugins: fastestmirror
Loading mirror speeds from cached hostfile
Setting up Install Process
Resolving Dependencies
--> Running transaction check
Install       6 Package(s)

Installed:
yp-tools.x86_64 0:2.9-12.el6
ypbind.x86_64 3:1.20.4-30.el6            //NIS需要的软件包为ypbind
ypserv.x86_64 0:2.19-26.el6_4.2           //NIS需要的软件包为ypserv

Dependency Installed:
  libgssglue.x86_64 0:0.1-11.el6     libtirpc.x86_64 0:0.2.1-6.el6_4
  rpcbind.x86_64 0:0.2.0-11.el6

Complete!
```

步骤2：在服务器端niss上设置NIS域名，命令示例如下：

```
[root@niss ~]# vi /etc/sysconfig/network
NETWORKING=yes
HOSTNAME=niss
NISDOMAIN=jnds.net
```

步骤 3：指定客户端的查询权限，命令示例如下：

```
[root@niss ~]# vi /etc/ypserv.conf
10.10.100.0/24            : *        : *              : none
```

步骤 4：建立用户名和密码，命令示例如下：

```
[root@niss ~]#useradd  user1
[root@niss ~]#useradd  user2
[root@niss ~]#passwd  user1
[root@niss ~]#passwd  user2
```

步骤 5：建立 NIS 数据库，命令示例如下：

```
[root@niss ~]# /usr/lib64/yp/ypinit -m

At this point, we have to construct a list of the hosts which will run NIS
servers.  niss is in the list of NIS server hosts.  Please continue to add
the names for the other hosts, one per line.  When you are done with the
list, type a <control D>.
        next host to add:  niss
        next host to add:
The current list of NIS servers looks like this:

niss

Is this correct?  [y/n: y]  y
We need a few minutes to build the databases...
Building /var/yp/(none)/ypservers...
gethostbyname(): Resource temporarily unavailable
Running /var/yp/Makefile...
Domain name cannot be (none)

niss has been set up as a NIS master server.

Now you can run ypinit -s niss on all slave server.
```

步骤 6：启动 rpcbind 服务，确实和客户端可以通信，命令示例如下：

```
[root@niss ~]# service rpcbind restart
Stopping rpcbind:                                         [FAILED]
Starting rpcbind:                                         [  OK  ]
```

步骤 7：启动 yppasswdd 服务，命令示例如下：

```
[root@niss ~]# service yppasswdd restart
Stopping YP passwd service:                               [FAILED]
Starting YP passwd service:                               [  OK  ]
```

步骤 8：启动 NIS 服务，命令示例如下：

```
[root@niss ~]# service ypserv restart
```

```
Stopping YP server services:                              [FAILED]
Setting NIS domain name jnds.net:                         [  OK  ]
Starting YP server services:                              [  OK  ]
```

2. 在客户端设置

步骤 1：安装 NIS 客户端服务软件包。使用配置好的 yum 源，来安装 NIS 客户端服务软件包，命令示例如下：

```
[root@nisc ~]# yum install ypbind yp-tools -y
Loaded plugins: fastestmirror
c6-media                                    | 4.0 kB     00:00 ...
c6-media/primary_db                       | 4.4 MB     00:00 ...
Setting up Install Process

Installed:
yp-tools.x86_640:2.9-12.el6
ypbind.x86_64 3:1.20.4-30.el6

Dependency Installed:
libgssglue.x86_640:0.1-11.el6
libtirpc.x86_640:0.2.1-6.el6_4
rpcbind.x86_64 0:0.2.0-11.el6

Complete!
[root@nisc ~]#
```

步骤 2：在客户端 niss 上设置 NIS 域名，命令示例如下：

```
[root@nisc ~]# vi /etc/sysconfig/network
NETWORKING=yes
HOSTNAME=nisc
NISDOMAIN=jnds.net
```

步骤 3：指定 NIS 服务器，命令示例如下：

```
[root@nisc ~]# vi /etc/yp.conf
domain  jnds.net      server  10.10.100.204
```

步骤 4：修改 nsswitch.conf 文件中第 33～38 行的位置，指定认证顺序，命令示例如下：

```
[root@nisc ~]# vi /etc/nsswitch.conf
passwd:     files nis
shadow:     files nis
group:      files nis

#hosts:     db files nisplus nis dns
hosts:      files nis dns
```

步骤 5：启动 rpcbind 服务，确保可以和服务器端通信，命令示例如下：

```
[root@nisc ~]# service rpcbind restart
Stopping rpcbind:                                   [  OK  ]
Starting rpcbind:                                   [  OK  ]
```

步骤 6：启动客户端的 NIS 服务，命令示例如下：

```
[root@nisc ~]# service ypbind restart
Shutting down NIS service:                          [  OK  ]
Starting NIS service:                               [  OK  ]
Binding NIS service: .                              [  OK  ]
[root@nisc ~]#
```

3. 测试

步骤 1：在客户端 nisc 上通过用户 user1 进行登录，命令示例如下：

```
[root@nisc ~]#su user1
-bash-4.1$
```

4. 解决 user1 显示不正常的问题

（1）服务器的配置。

步骤 1：在服务器端安装 NFS 服务。使用配置好的 yum 源，来安装 NFS 服务软件包，命令示例如下：

```
[root@niss ~]# yum install nfs-utils -y
Loaded plugins: fastestmirror

Installed:
nfs-utils.x86_64 1:1.2.3-39.el6

Dependency Installed:
keyutils.x86_64 0:1.4-4.el6
libevent.x86_64 0:1.4.13-4.el6
nfs-utils-lib.x86_64 0:1.1.5-6.el6

Complete!
[root@niss ~]#
```

步骤 2：配置 NFS 服务，将 home 目录共享，命令示例如下：

```
[root@niss ~]# vi /etc/exports
/home   10.10.100.0/24(rw)      *(ro)
```

步骤 3：启动 rpcbind 服务，确保可以和客户端通信，命令示例如下：

```
[root@niss ~]# service rpcbind restart
Stopping rpcbind:                                   [  OK  ]
Starting rpcbind:                                   [  OK  ]
```

步骤 4：启动 NFS 服务，命令示例如下：

```
[root@niss ~]# service nfs restart
Shutting down NFS daemon:                              [FAILED]
Shutting down NFS mountd:                              [FAILED]
Shutting down RPC idmapd:                              [FAILED]
Starting NFS services:                                 [  OK  ]
Starting NFS mountd:                                   [  OK  ]
Starting NFS daemon:                                   [  OK  ]
Starting RPC idmapd:                                   [  OK  ]
[root@niss ~]#
```

（2）客户端的配置。

步骤 1：在客户端安装 NFS 服务。使用配置好的 yum 源安装 NFS 服务软件包，命令示例如下：

```
[root@nisc ~]# yum install nfs-utils -y
Loaded plugins: fastestmirror
Installed:
  nfs-utils.x86_64 1:1.2.3-39.el6

Dependency Installed:
keyutils.x86_640:1.4-4.el6
libevent.x86_640:1.4.13-4.el6
nfs-utils-lib.x86_64 0:1.1.5-6.el6

Complete!
[root@nisc ~]#
```

步骤 2：在客户端查看服务器的共享文件，命令示例如下：

```
[root@nisc ~]# showmount -e 10.10.100.204
Export list for 10.10.100.204:
/home (everyone)
[root@nisc ~]#
```

步骤 3：将服务器端的 home 目录，挂载到客户端，命令示例如下：

```
[root@nisc ~]# mount -t nfs 10.10.100.204:/home /home
[root@nisc ~]#
```

步骤 4：切换用户，验证 user1 用户显示是否正确，命令示例如下：

```
[root@nisc ~]# su user1
[user1@nisc root]$
```

步骤 5：将 home 目录写到 fstab 分区表中，命令示例如下：

```
[root@nisc ~]# vi /etc/fstab
#
# /etc/fstab
```

```
# Created by anaconda on Sun Dec 16 06:14:43 2018
#
# Accessible filesystems, by reference, are maintained under '/dev/disk'
# See man pages fstab(5), findfs(8), mount(8) and/or blkid(8) for more info
#
/dev/mapper/VolGroup-lv_root /            ext4   defaults     1 1
UUID=173591c2-789d-485d-8614-e983aff8dcda /boot   ext4  defaults  1 2
/dev/mapper/VolGroup-lv_swap swap         swap   defaults    0 0
tmpfs                   /dev/shm          tmpfs   defaults     0 0
devpts                  /dev/pts          devpts  gid=5,mode=620  0 0
sysfs                   /sys              sysfs   defaults     0 0
proc                    /proc             proc    defaults     0 0
10.10.100.204:/home /home                 nfs     defaults     0 0
```

步骤 6：重新挂载，命令示例如下：

```
[root@nisc ～]# mount -a
```

步骤 7：通过 df 命令查看挂载后的目录，命令示例如下：

```
[root@nisc ～]# df -Th
Filesystem                   Type     Size  Used Avail Use% Mounted on
/dev/mapper/VolGroup-lv_root ext4      19G  785M   17G   5% /
tmpfs                        tmpfs    238M     0  238M   0% /dev/shm
/dev/sda1                    ext4     485M   33M  427M   8% /boot
/dev/sr0                     iso9660  4.2G  4.2G     0 100% /mnt
10.10.100.204:/home          nfs       19G  788M   17G   5% /home
[root@nisc ～]#
```

赛点链接

（2018 年）安装 NIS 服务，设置 NIS 域名为 netdj.net，指定通过 NIS 进行身份认证。

（2018 年）使用 user1 登录后，发现无法找到用户主目录，通过使用 NFS 的功能将其实现，实现开机自启动。

易错解析

NIS 与 NFS 服务是网络搭建及应用赛项新的考核点，与企业网络中的实际应用紧密结合。两个服务单独配置起来是相对简单的，但结合在一起就需要选手注意了，尤其是题目中没有明确说明如何实现。所以选手想在比赛中拿到满分，就需要根据题目的要求配置正确，再就是在进行结果测试时一定要正确，否则无法得到分数，选手往往配置正确但测试不正确，或没有开启服务自动启动，这是选手们容易出错的地方，要引起注意。

实训 14　部署 FTPS 服务

实训目的

1．能理解 FTPS 的原理和作用；
2．能熟练完成 FTPS 的实现过程；
3．能通过软件对 FTPS 的功能进行测试。

背景描述

达通集团架设了 Linux 版本的 FTP 服务器，员工们使用起来非常方便，但网络管理员发现，FTP 服务器使用的明文方式密码在进行文件内容传输时，大大降低了信息传递的安全性，这是非常危险的。为了解决此问题，网络管理员准备提升 FTP 服务器的安全性，于是决定使用 SSL 加密的 FTP 服务器。

需求分析

由于 FTP 服务器在进行密码验证和内容传输时均使用的明文方式，所以并不安全，为了提升 FTP 服务器的传输安全性，可以使用 SSL 加密的 FTP 服务器。服务器角色分配见表 2-14-1。

表 2-14-1　服务器角色分配

计算机名	角　色	操作系统	IP 地址	所需设置
ftp.jnds.net	FTP 服务器、证书服务器	Linux	10.10.100.206	安装和配置证书 ftps、创建用户，使得用户都能通过 SSL 进行 FTP 服务器的访问
—	客户端	Windows	10.10.100.207	无须设置，测试用

实训原理

FTPS 也称作“FTP-SSL”和“FTP-over-SSL”，它是一种更安全的 FTP 传输服务。一种多传输协议，相当于加密版的 FTP。

FTP 传输并不是很安全，在 FTP 上所有的交流信息都是简单的文本，可以很容易被获取到，当你在 FTP 服务器上收发文件的时候，你面临两个风险。第一个风险是在上传文件时为文件加密。第二个风险是这些文件在你等待接收方下载时将停留在 FTP 服务器上，这时你如何保证这些文件的安全。你的第二个选择（创建一个支持 SSL 的 FTP 服务器）能够让你的主机使用一个 FTPS 连接上载这些文件。这包括使用一个在 FTP 协议下面的 SSL 层加密控制和数据通道。一种替代 FTPS 的协议是安全文件传输协议（SFTP）。这个协议使用 SSH 文件传输协议加密从客户机到服务器的 FTP 连接。

FTPS 是在安全套接层使用标准的 FTP 协议和指令的一种增强型 FTP 协议，为 FTP 协议和数据通道增加了 SSL 安全功能。SSL 是一个在客户机和具有 SSL 功能的服务器之间的安全连接中对数据进行加密和解密的协议。和 SFTP 连接方法类似，在 Windows 中可以使用 FileZilla 等传输软件来连接 FTPS 进行上传，下载文件，建立、删除目录等操作，在 FileZilla 连接时，有显式和隐式 TLS/SSL 连接之分，连接时也有指纹提示。

实训步骤

步骤 1：安装 vsftp 软件包。使用配置好的 yum 源安装 vsftp 软件包，命令示例如下：

```
[root@ftp ~]# yum install vsftpd -y
Loaded plugins: fastestmirror
Loading mirror speeds from cached hostfile
Setting up Install Process
Resolving Dependencies
--> Running transaction check
---> Package vsftpd.x86_64 0:2.2.2-11.el6_4.1 will be installed
--> Finished Dependency Resolution

Installed:
  vsftpd.x86_64 0:2.2.2-11.el6_4.1

Complete!
[root@ftp ~]#
```

步骤 2：进入 certs 文件夹，创建 FTP 服务器的 SSL 证书，命令示例如下：

```
[root@ftp ~]# cd /etc/ssl/certs
[root@ftp certs]# openssl genrsa>server.key
Generating RSA private key, 1024 bit long modulus
..++++++
.++++++
e is 65537 (0x10001)
[root@ftp certs]# openssl req -new -x509 -key server.key > server.crt
You are about to be asked to enter information that will be incorporated
into your certificate request.
What you are about to enter is what is called a Distinguished Name or a DN.
There are quite a few fields but you can leave some blank
For some fields there will be a default value,
If you enter '.', the field will be left blank.
```

```
-----
Country Name (2 letter code) [XX]:CN
State or Province Name (full name) []:guangdong
Locality Name (eg, city) [Default City]:zhuhai
Organization Name (eg, company) [Default Company Ltd]:jnds.net
Organizational Unit Name (eg, section) []:jnds.net
Common Name (eg, your name or your server's hostname) []:ftp.jnds.net
Email Address []:
[root@ftp certs]#
```

步骤 3：查看生成的证书的文件，命令示例如下：

```
[root@ftp certs]# ls
ca-bundle.crt       make-dummy-cert  renew-dummy-cert  server.key
ca-bundle.trust.crt  Makefile        server.crt
[root@ftp certs]#
```

步骤 4：修改 vsftpd 的主配置文件，使其支持 FTPS 访问，命令示例如下：

```
[root@ftp certs]#vi /etc/vsftpd/vsftpd.conf
ssl_enable=YES                          //在末尾处添加如下内容
ssl_tlsv1=YES
ssl_sslv2=YES
ssl_sslv3=YES
#ssl_ciphers=HIGH
force_local_data_ssl=YES
force_local_logins_ssl=YES
rsa_cert_file=/etc/ssl/certs/server.crt
"/etc/vsftpd/vsftpd.conf" 121L, 4688C
```

步骤 5：启动 vsftpd 服务，命令示例如下：

```
[root@ftp certs]# service vsftpd restart
Shutting down vsftpd:                                    [  OK  ]
Starting vsftpd for vsftpd:                              [  OK  ]
```

步骤 6：创建 FTP 用户账号和密码，命令示例如下：

```
[root@ftp ~]#useradd  user1
[root@ftp ~]#useradd  user2
[root@ftp ~]#passwd  user1
[root@ftp ~]#passwd  user2
```

步骤 7：使用软件 FileZilla 进行测试，如图 2-14-1 所示。

赛点链接

（2018 年）配置 FTP 服务，创设 FTP 服务站点，域名为 ftp.netdj.net，站点主目录为 /var/ftpsite，不允许匿名用户访问，开启 FTP 支持被动数据传输模式。

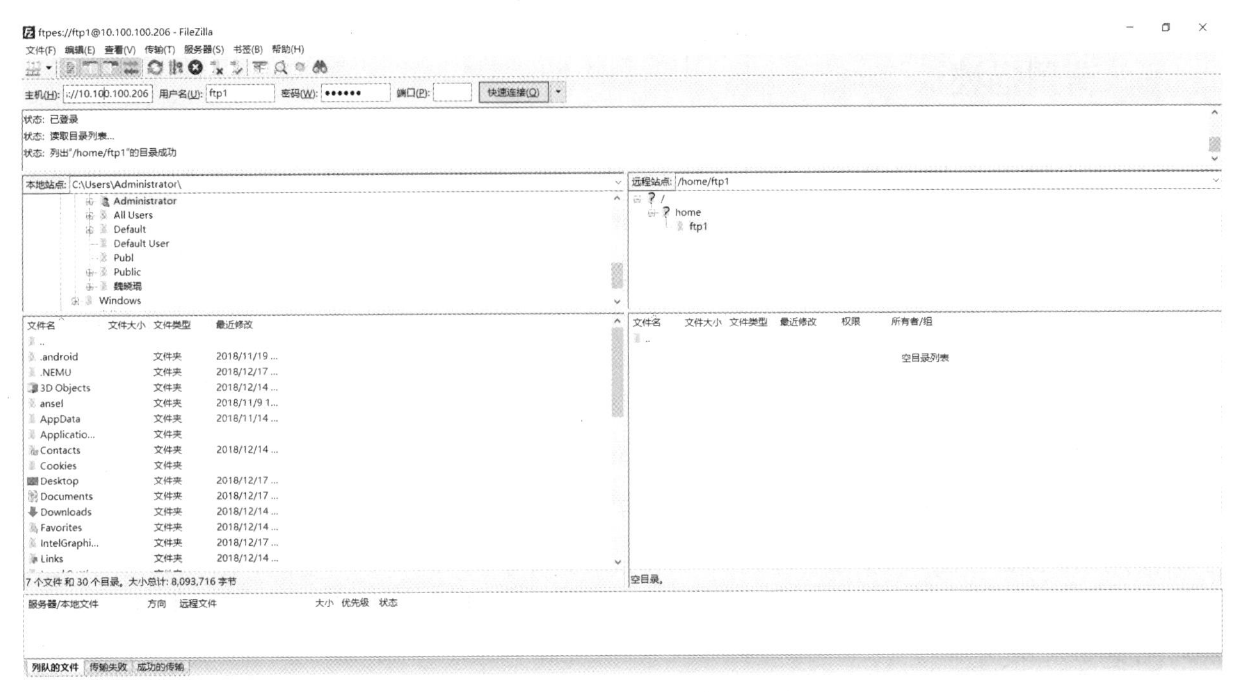

图 2-14-1　FileZilla 验证测试

（2018 年）建立虚拟用户 ftpuser1 及 ftpuser2，密码和用户账号相同，用户的宿主目录为/home/vsftpd，用户的权限配置文件目录为/etc/vsftpd_user_conf，实现 ftpuser1 和 ftpuser2 用户通过 SSL 进行安全的访问。

易错解析

SSL 加密的 FTP 服务器是网络搭建及应用赛项新的考核点，与企业网络中的实际应用紧密结合。普通的 FTP 服务器在进行密码验证和内容传输时均使用明文方式，所以并不安全，为提高 FTP 服务器的传输安全性，可使用 SSL 加密的 FTP 服务器。由于此知识点是 SSL 和 FTP 结合在一起的，所以选手想在比赛中拿到满分，就需要根据题目的要求配置正确，再就是在进行结果测试时一定要正确，否则无法得到分数。

实训 15　部署 Samba 服务

实训目的

1．能理解 Samba 的原理和作用；

2．能熟练完成 Samba 的实现过程；

3．能正确对 Samba 的功能进行测试。

背景描述

达通集团的电脑既有 Windows 系统，又有 Linux 系统，现在员工想实现他们之间的计算机相互访问，这样才方便 Linux 系统用户和 Windows 系统用户访问共享资源，于是请网络管理员帮忙解决，网络管理员认为：架构 Samba 服务器可解决这一问题。

需求分析

Samba 服务器可以实现 Windows 与 Linux 共享资源互访的功能，即在 Windows 下通过网上邻居可以访问 Linux 操作系统中的 Samba 服务器共享的文件夹，Linux 同样也可以使用 Samba 客户端访问软件访问 Windows 共享的文件夹，当然，Linux 系统之间同样可以使用 Samba 互相访问共享资源，所以网络管理员的决定是正确的。服务器角色分配见表 2-15-1。

表 2-15-1　服务器角色分配

计算机名	角　色	操作系统	IP 地　址	所需设置
smb.jnds.net	Samba 服务器	Linux	10.10.100.208	安装和配置 Samba、创建用户，使得用户都能访问 Samba 服务器
—	客户端	Windows	10.10.100.209	无须设置，测试用

实训原理

Samba 是在 Linux 和 UNIX 系统上实现 SMB 协议的一个免费软件，由服务器及客户端程序构成。SMB（Server Messages Block，信息服务块）是在局域网上共享文件和打印机的一种通信协议，它为局域网内的不同计算机之间提供文件及打印机等资源的共享服务。SMB 协议是客户机/服务器型协议，客户机通过该协议可以访问服务器上的共享文件系统、打印机及其他资源。通过设置“NetBIOS over TCP/IP”使 Samba 不但能与局域网络主机分享资源，还能与全世界的电脑分享资源。

1．Samba 软件结构：

```
/etc/samba/smb.conf       #Samba服务的主要配置文件
/etc/samba/lmhosts        #Samba服务的域名设定，主要设置IP地址对应的域名，
                          类似linux系统的/etc/hosts
/etc/samba/smbusers       #Samba服务设置Samba虚拟用户的配置文件
/var/log/samba            #Samab服务存放日志文件
/var/lib/samba/private/{passdb.tdb,secrets.tdb}
                          #存放Samba的用户账号和密码数据库文档
```

2．验证方式：

security = share #设置用户访问 samba 服务器的验证方式。

（1）share：用户访问 Samba Server 不需要提供用户名和口令，安全性能较低。

（2）user：Samba Server 共享目录只能被授权的用户访问，由 Samba Server 负责检查账号和密码的正确性。账号和密码要在本 Samba Server 中建立。

（3）Server：依靠其他 Windows NT/2000 或 Samba Server 来验证用户账号和密码，是一种代理验证。此种安全模式下，网络管理员可以把所有的 Windows 用户和口令集中到一个 NT 系统上，使用 Windows NT 进行 Samba 认证，远程服务器可以自动认证全部用户和口令，如果认证失败，Samba 将使用用户级安全模式作为替代的方式。

（4）domain：域安全级别，使用主域控制器（PDC）来完成认证。

实训步骤

步骤 1：安装 Samba 软件包。使用配置好的 yum 源安装 Samba 软件包，命令示例如下：

```
[root@smb ~]# yum install samba -y
Loaded plugins: fastestmirror
Loading mirror speeds from cached hostfile
Setting up Install Process
Resolving Dependencies

Installed:
samba.x86_64 0:3.6.9-164.el6
Dependency Installed:
avahi-libs.x86_64 0:0.6.25-12.el6
cups-libs.x86_64 1:1.4.2-50.el6_4.5
gnutls.x86_64 0:2.8.5-10.el6_4.2
libjpeg-turbo.x86_64 0:1.2.1-1.el6
libpng.x86_64 2:1.2.49-1.el6_2
libtalloc.x86_64 0:2.0.7-2.el6
libtdb.x86_64 0:1.2.10-1.el6
libtevent.x86_64 0:0.9.18-3.el6
libtiff.x86_64 0:3.9.4-9.el6_3
perl.x86_64 4:5.10.1-136.el6
perl-Module-Pluggable.x86_64 1:3.90-136.el6
perl-Pod-Escapes.x86_64 1:1.04-136.el6
perl-Pod-Simple.x86_64 1:3.13-136.el6
perl-libs.x86_64 4:5.10.1-136.el6
perl-version.x86_64 3:0.77-136.el6
samba-common.x86_64 0:3.6.9-164.el6
samba-winbind.x86_64 0:3.6.9-164.el6
```

```
samba-winbind-clients.x86_64 0:3.6.9-164.el6

Complete!
[root@smb ~]#
```

步骤 2：创建共享目录和添加权限，命令示例如下：

```
[root@smb ~]# vi /etc/samba/smb.conf
         [share]
         path = /opt/share
         write list = user1,user2
         public = yes
         writable = yes
```

步骤 3：创建目录和文件，以便于客户端验证，命令示例如下：

```
[root@smb ~]# mkdir /opt/share
[root@smb share]# touch 1.txt 2.txt 3.txt
[root@smb share]# ls
1.txt  2.txt  3.txt
```

步骤 4：创建用户 user1 和 user2，命令示例如下：

```
[root@smb ~]#useradd  user1
[root@smb ~]#useradd  user2
```

步骤 5：将 user1 和 user2 添加成 Samba 用户，并设置密码，命令示例如下：

```
[root@smb ~]# smbpasswd -a user1
New SMB password:
Retype new SMB password:
Added user user1.
[root@smb ~]# smbpasswd -a user2
New SMB password:
Retype new SMB password:
Added user user2.
[root@smb ~]#
```

步骤 6：配置完成后，启动 Samba 服务，命令示例如下：

```
[root@smb ~]# service smb restart
Shutting down SMB services:                          [FAILED]
Starting SMB services:                               [  OK  ]
[root@smb ~]#
```

步骤 7：关闭防火墙和 selinux，命令示例如下：

```
[root@smb ~]#service iptables stop
[root@smb ~]#setenforce 0
```

步骤 8：在客户端 Windows 7 系统上进行登录测试，如图 2-15-1 所示。

步骤 9：连接到 share 共享后，可以看到共享文件夹内的共享文件，如图 2-15-2 所示。

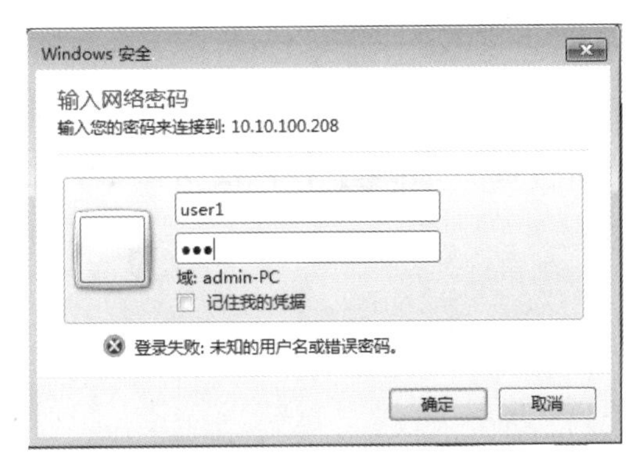

图 2-15-1　输入用户名和密码

图 2-15-2　共享文件夹中的文件

赛点链接

（2018 年）此服务器中安装配置 Samba 服务，创建 3 个用户 user4、user5、user6。

（2018 年）建立共享目录/opt/finance_share，要求共享名为 archive，使 user4、user5、user6 用户都能通过输入用户名和密码登录并上传文件。

易错解析

Samba 服务是网络搭建及应用赛项最近不常出现的考核点，但教练和选手们还是要引起注意。Samba 服务的考点就目前看还是比较简单的，但选手想在比赛中拿到满分，就需要根据题目的要求配置正确，尤其是权限的设置，再就是在进行结果测试时一定要正确，否则无法得到分数。

实训 16　部署 PXE 和 DHCP

实训目的

1. 能理解 PXE 的原理和作用；
2. 能熟练完成 PXE 的实现过程；
3. 能实现 PXE 的相关功能。

背景描述

达通集团由于业务发展的需要，新采购了一批计算机，现网络管理员要对这批新采购的计算机安装适合本公司员工使用的操作系统，可以配置一台服务器为客户机通过网络适配器引导的方式来安装操作系统，这样可以大大提高工作效率。

需求分析

针对为公司安装操作系统的需求，网络管理员可以采取统一部署的思路，通过配置一台 PEX 服务器，配置好 PXE、启动映像、安装映像等参数，然后以网络适配器引导方式启动计算机安装所需版本的 Linux 系统。服务器角色分配见表 2-16-1。

表 2-16-1　服务器角色分配

计算机名	角色	操作系统	IP 地址	所需设置
pxe.jnds.net	PXE、DHCP、TFTP、FTP 服务器	CentOS6.5	10.10.100.210	配置 PXE、DHCP、TFTP、FTP 服务器等
—	Client	CentOS6.5	—	网卡引导

实训原理

PXE（Pre-boot Execution Environment）是由 Intel 公司设计的协议，它可以使计算机通过网络启动。协议分为 Client 端和 Server 端。PXE Client 在网卡的 ROM 中，当计算机引导时，BIOS 把 PXE Client 调入内存执行，并显示出命令菜单，经用户选择后，PXE Client 将放置在远端的操作系统通过网络下载到本地运行。

1. PXE 协议的成功运行需要解决以下两个问题

（1）既然是通过网络传输，那么计算机在启动时，它的 IP 地址由谁来配置？

（2）通过什么协议下载 Linux 内核和根文件系统？

对于第一个问题，可以通过 DHCP Server 解决，由 DHCP Server 来给 PXE Client 分配一个 IP 地址，DHCP Server 是用来给 DHCP Client 动态分配 IP 地址的协议，不过由于这里是给 PXE Client 分配 IP 地址，所以在配置 DHCP Server 时，需要增加相应的 PXE 特有配置。

至于第二个问题，在 PXE Client 所在的 ROM 中，已经存在了 TFTP Client。PXE Client 使用 TFTP Client，通过 TFTP 协议到 TFTP Server 上下载所需的文件。

2. PXE 工作过程

PXE Client 是需要安装 Linux 的计算机，TFTP Server 和 DHCP Server 运行在另外一台 Linux Server 上。Bootstrap 文件、配置文件、Linux 内核以及 Linux 根文件系统都放置在 Linux Server 上 TFTP 服务器的根目录下。

PXE Client 在工作过程中，需要 3 个二进制文件：bootstrap、Linux 内核和 Linux 根文件系统。Bootstrap 文件是可执行程序，它向用户提供简单的控制界面，并根据用户的选择，下载合适的 Linux 内核以及 Linux 根文件系统。

实训步骤

1. PXE 服务器端的配置

步骤 1：安装 dhcp、tftp、syslinux 和 vsftpd 软件包。使用配置好的 yum 源安装软件包，命令示例如下：

```
[root@pxe ~]# yum install dhcp tftp vsftpd syslinux -y
Loaded plugins: fastestmirror
Loading mirror speeds from cached hostfile
Setting up Install Process
Package vsftpd-2.2.2-11.el6_4.1.x86_64 already installed and latest version

Dependencies Resolved

Running rpm_check_debug
Running Transaction Test
Transaction Test Succeeded
Running Transaction

Installed:
dhcp.x86_64 12:4.1.1-38.P1.el6.centos
syslinux.x86_64 0:4.02-8.el6
tftp.x86_64 0:0.49-7.el6

Dependency Installed:
```

```
mtools.x86_64 0:4.0.12-1.el6
portreserve.x86_64 0:0.0.4-9.el6

Complete!
[root@pxe ~]#
```

步骤 2：配置 DHCP 服务器。将模板文件复制并重命名后进行修改，命令示例如下：

```
[root@pxe ~ ]#cp  /usr/share/doc/dhcp-4.1.1/dhcpd.conf.sample/etc/dhcp/
dhcpd.conf
cp: overwrite '/etc/dhcp/dhcpd.conf'? y
[root@pxe ~]# vi /etc/dhcp/dhcpd.conf

option domain-name "jnds.net";
option domain-name-servers 10.10.100.201;

default-lease-time 600;
max-lease-time 7200;

subnet 10.10.100.0 netmask 255.255.255.0 {
       range dynamic-bootp 10.10.100.241 10.10.100.250;
       option broadcast-address 10.10.100.255;
       option routers 10.10.100.254;
       next-server 10.10.100.210;
       filename "pxelinux.0";
```

步骤 3：启动 DHCP 服务，命令示例如下：

```
[root@pxe ~]# service dhcpd restart
Shutting down dhcpd:                            [  OK  ]
Starting dhcpd:                                 [  OK  ]
[root@pxe ~]#
```

步骤 4：配置 TFTP 服务，将“disable=yes”改为“disable=no”，命令示例如下：

```
[root@pxe ~]# vi /etc/xinetd.d/tftp

service tftp
{
       socket_type          = dgram
       protocol             = udp
       wait                 = yes
       user                 = root
       server               = /usr/sbin/in.tftpd
       server_args          = -s /var/lib/tftpboot
       disable              = no
       per_source           = 11
       cps                  = 100 2
```

```
        flags                   = IPv4
}
```

步骤 5：启动 TFTP 服务，命令示例如下：

```
[root@pxe ~]# service xinetd restart
Stopping xinetd:                                    [FAILED]
Starting xinetd:                                    [  OK  ]
[root@pxe ~]#
```

步骤 6：复制主要文件到 TFTP 指定目录，并建立 pxelinux.cfg 文件夹和在其下建立 default 文件，并输入如下内容，命令示例如下：

```
[root@pxe ~]# cp /usr/share/syslinux/pxelinux.0 /var/lib/tftpboot/
[root@pxe ~]# mkdir /var/lib/tftpboot/pxelinux.cfg
[root@pxe ~]# touch /var/lib/tftpboot/pxelinux.cfg/default
[root@pxe ~]# vi /var/lib/tftpboot/pxelinux.cfg/default
DEFAULT install
PROMPT  1
LABEL install
KERNEL vmlinuz
APPEND  initrd=initrd.img  ks=ftp://10.10.100.210/ks.cfg
```

步骤 7：将系统镜像中的 initrd.img 和 vmlinuz 文件复制至 TFTP 的指定目录，命令示例如下：

```
[root@pxe ~]# cp /mnt/images/pxeboot/initrd.img /var/lib/tftpboot/
[root@pxe ~]# cp /mnt/images/pxeboot/vmlinuz /var/lib/tftpboot/
```

步骤 8：在 FTP 服务器的指定目录下，建立 linux 文件夹：命令示例如下：

```
[root@pxe ~]# mkdir /var/ftp/pub/linux
```

步骤 9：配置 FTP 服务器，打开匿名上传和 ASCII 的上传和下载功能，命令示例如下：

```
[root@pxe ~]#vi /etc/vsftpd/vsftpd.conf
anon_upload_enable=YES
ascii_upload_enable=YES
ascii_download_enable=YES
```

步骤 10：启动 vsftpd 服务，命令示例如下：

```
[root@pxe ~]# service vsftpd restart
Shutting down vsftpd:                                          [FAILED]
Starting vsftpd for vsftpd:                                    [  OK  ]
[root@pxe ~]#
```

步骤 11：关闭防火墙和 selinux，命令示例如下：

```
[root@pxe ~]# service iptables stop
iptables: Setting chains to policy ACCEPT: filter              [  OK  ]
iptables: Flushing firewall rules:                             [  OK  ]
iptables: Unloading modules:                                   [  OK  ]
[root@pxe ~]# setenforce 0
```

```
[root@pxe ~]# getenforce
Permissive
[root@pxe ~]#
```

步骤 12：取消 CDROM 挂载，将 CDROM 重新挂载到/var/ftp/pub/linux 文件夹上，命令示例如下：

```
[root@pxe ~]# umount /dev/cdrom
[root@pxe ~]# mount /dev/cdrom /var/ftp/pub/linux/
mount: block device /dev/sr0 is write-protected, mounting read-only
```

步骤 13：将/root 下的 anaconda-ks.cfg 文件移动到/var/ftp/pub 下，并重命名为 ks.cfg，命令示例如下：

```
[root@pxe ~]# mv /root/anaconda-ks.cfg /var/ftp/pub/ks.cfg
```

步骤 14：修改 ks.cfg 文件，命令示例如下：

```
[root@pxe ~]# vi /var/ftp/pub/ks.cfg
#version=DEVEL
install              //安装
text
lang en_US.UTF-8
keyboard us
network --onboot yes --device eth0 --bootproto dhcp --noipv6
rootpw 123456        //安装后的登录密码
$6$QqfXbNZO9hRcBZCs$/E98KiSbG/aegN.mPNWtxNQJKZTuDJnDMiodL3cmZxpW/7lm
ZBpmK8eb66cA01BzZiRGXS8QInGwC728cof/K1
firewall --disabled
authconfig --enableshadow --passalgo=sha512
selinux --disabled
timezone --utc America/New_York
bootloader --location=mbr --driveorder=sda --append="crashkernel=auto
rhgb quiet"
url --url="ftp://10.10.100.210/pub/linux"     //指定安装源
# The following is the partition information you requested
# Note that any partitions you deleted are not expressed
# here so unless you clear all partitions first, this is
# not guaranteed to work
# clearpart --linux --drives=sda
# volgroup VolGroup --pesize=4096 pv.008002
# logvol / --fstype=ext4 --name=lv_root --vgname=VolGroup --grow
--size=1024 --maxsize=51200
# logvol swap --name=lv_swap --vgname=VolGroup --grow --size=960
--maxsize=960
zerombr
part /boot --fstype=ext4 --size=1024
```

```
part swap  --fstype=swap --size=1024
part /     --fstype=ext4 --size=1024


repo --name="CentOS"  --baseurl=cdrom:sr0 --cost=100

%packages --nobase
@core
%end
```

2. 客户端的配置

步骤 1：将客户端的计算机修改成网卡启动，如图 2-16-1 所示。

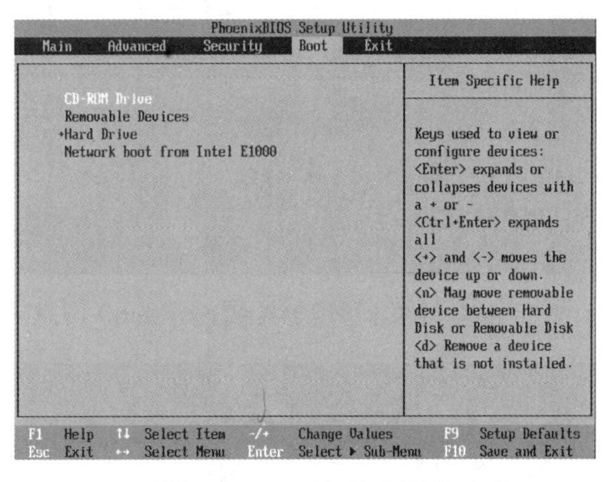

图 2-16-1　修改成网卡启动

步骤 2：客户端获取到服务器端的 IP 地址，并读取到 PXE 的相关信息，如图 2-16-2 所示。

```
Network boot from Intel E1000
Copyright (C) 2003-2014  VMware, Inc.
Copyright (C) 1997-2000  Intel Corporation

CLIENT MAC ADDR: 00 0C 29 45 66 81  GUID: 564DC599-DF04-B860-6C10-2F978C456601
CLIENT IP: 10.10.100.241  MASK: 255.255.255.0  DHCP IP: 10.10.100.210
GATEWAY IP: 10.10.100.254

PXELINUX 4.02 2010-07-21  Copyright (C) 1994-2010 H. Peter Anvin et al
!PXE entry point found (we hope) at 9DCE:0106 via plan A
UNDI code segment at 9DCE len 0BCE
UNDI data segment at 9838 len 5960
Getting cached packet  01 02 03
My IP address seems to be 0A0A64F1 10.10.100.241
ip=10.10.100.241:10.10.100.210:10.10.100.254:255.255.255.0
BOOTIF=01-00-0c-29-45-66-81
SYSUUID=564dc599-df04-b860-6c10-2f978c456601
TFTP prefix:
Trying to load: pxelinux.cfg/default                              ok
boot: _
```

图 2-16-2　读取到 PXE 的相关信息

步骤 3：客户端开始加载 PXE 的内容，如图 2-16-3 所示。

步骤 4：等待网络管理器配置网卡 eth0 信息，如图 2-16-4 所示。

步骤 5：解析 install.img 文件，如图 2-16-5 所示。

```
Network boot from Intel E1000
Copyright (C) 2003-2014  VMware, Inc.
Copyright (C) 1997-2000  Intel Corporation

CLIENT MAC ADDR: 00 0C 29 45 66 81  GUID: 564DC599-DF04-B860-6C10-2F978C456681
CLIENT IP: 10.10.100.241  MASK: 255.255.255.0  DHCP IP: 10.10.100.210
GATEWAY IP: 10.10.100.254

PXELINUX 4.02 2010-07-21  Copyright (C) 1994-2010 H. Peter Anvin et al
!PXE entry point found (we hope) at 9DCE:0106 via plan A
UNDI code segment at 9DCE len 0BCE
UNDI data segment at 9838 len 5960
Getting cached packet  01 02 03
My IP address seems to be 0A0A64F1 10.10.100.241
ip=10.10.100.241:10.10.100.210:10.10.100.254:255.255.255.0
BOOTIF=01-00-0c-29-45-66-81
SYSUUID=564dc599-df04-b860-6c10-2f978c456681
TFTP prefix:
Trying to load: pxelinux.cfg/default                                ok
boot:
Loading vmlinuz......
Loading initrd.img......................_
```

图 2-16-3　加载 PXE 内容

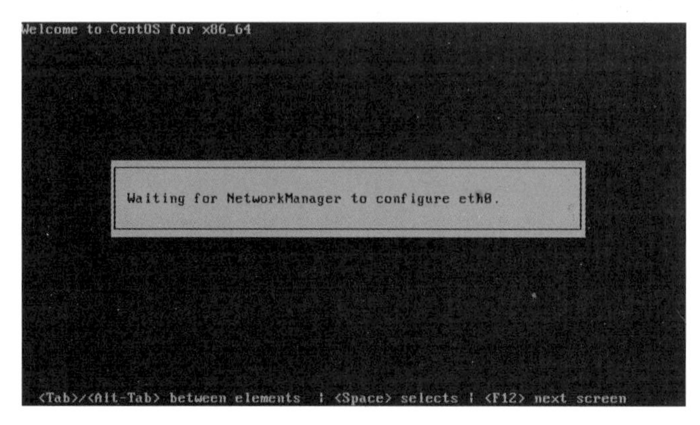

图 2-16-4　网络管理器配置网卡 eth0 信息

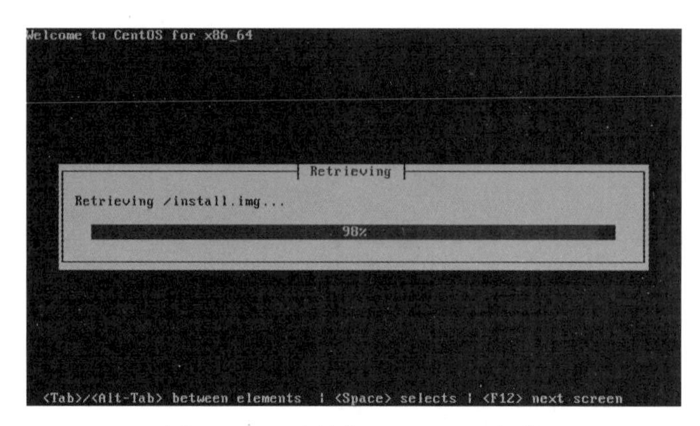

图 2-16-5　解析 install.img 文件

步骤 6：开始自动安装软件包，如图 2-16-6 所示。

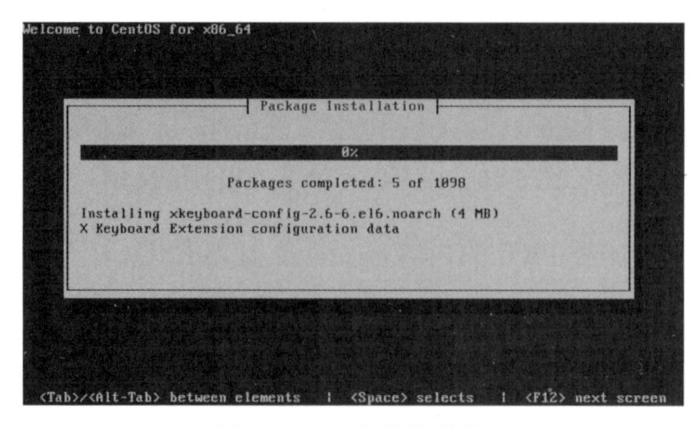

图 2-16-6　安装软件包

赛点链接

（2017—2018 年）配置 PXE 服务器，目的是通过网络引导的方式来安装 CentOS6.5 操作系统，安装完成后，停止 PXE 服务器的 DHCP 服务。

易错解析

PXE 服务是近年必考的知识点，而且最近两年考的知识点基本相同，都是通过网络引导的方式来安装客户端操作系统。其实题目本身配置起来并不复杂，就是步骤相对烦琐一些。选手需要注意掌握 DCHP 和 TFTP 服务器的配置，再就是无人值守安装文件是选手最容易出错的地方，要特别注意，否则就会安装不成功，也就无法得到相应的分数了。

实训 17　部署 Apache、MySQL 与 SSL 的结合

实训目的

1．能理解 Apache、MySQL 和 SSL 服务的原理和作用；
2．能熟练部署 Apache、MySQL 与 SSL 结合的实现过程；
3．能在客户端上正确进行功能测试。

背景描述

达通集团已经使用了 Windows 架构的 Web 服务器，但网络管理员发现其经常不稳定，而且不太安全，于是网络管理员决定采用 Linux 服务器来架构 Web 服务器，并且使用 SSL 与 MySQL 结合认证的方式，就可以保证在访问 Web 服务器时的安全性大大提升。

需求分析

Linux 服务器上的 Web 服务器凭借其功能强大、技术成熟、安全稳定，而且是自由软件，所以有很大的优势，进而使用 SSL 与 MySQL 联合认证的方式，可确保访问的安全性。服务器角色分配见表 2-17-1。

表 2-17-1　服务器角色分配

计算机名	角　色	IP 地址（/24）	所需设置
dns.jnds.net	DNS 服务器（默认防火墙和 selinux 关闭、yum、IP 地址和 DNS 配置完毕）	10.10.100.201	无须设置

续表

计算机名	角色	IP地址（/24）	所需设置
www.jnds.net	Web 服务器、证书服务器、数据库服务器	10.10.100.215	安装、配置 Apache、SSL 和 MySQL
	客户端	10.10.100.204	无须设置

实训原理

1．Apache Licence 是著名的非盈利开源组织 Apache 采用的协议。该协议和 BSD 类似，同样鼓励代码共享和尊重原作者的著作权，允许代码修改，再发布（作为开源或商业软件）。需要满足的条件也和 BSD 类似。

Apache 主要特点：

（1）开放源代码、跨平台应用；

（2）支持多种网页编程语言；

（3）模块化设计、运行稳定、良好的安全性。

Apache 基金会把 Apache 更名为 httpd，也更符合其 http server 的特性，在早期的 http server 就叫作 Apache，到了 http server 2.0 以后就改名为 httpd 了。

2．httpd 服务的主配置文件是“/etc/httpd/conf/httpd.conf”。常用的配置都是通过修改该文件的相关配置项完成的。

对于 Apache 服务器，配置统一在 httpd.conf 里进行。利用 httpd.conf 可以对 Apache 服务器进行全局配置、管理或预设服务器的参数定义、虚拟主机的设置等。httpd.conf 是一个文本文件，可以用 VI 编辑工具进行修改。

httpd.conf 文件主要分为如下三个部分：

Section 1: Global Environment（全局变量）。

Section 2: ‘Main’ server configuration（主服务器配置）。

Section 3: Virtual Hosts（虚拟主机配置）。

（1）主目录

默认 Apache 服务器存放网页的路径为“/var/www/html”，可以通过修改“DocumentRoot”选项来指定主目录。例如：

```
DocumentRoot /myweb
```

（2）默认起始页

指定站点的默认起始页名称，当输入网站地址或者网站域名时，即打开该页面，不需要输入页面名称。通过修改“DirectoryIndex”选项来指定起始页。

```
DirectoryIndex mypage.html
```

（3）指定访问端口

指定 Apache 服务器的监听端口，默认端口为 80。例如：

```
Listen 80                              #默认设置
Listen 192.168.0.100:8080              #监听192.168.0.100的8080端口
```

实训步骤

1. 安装软件包

步骤 1：安装 httpd、mysql、mod_ssl 和 mod_auth_mysql 软件包。使用配置好的 yum 源安装软件包，命令示例如下：

```
[root@www ~]# yum install httpd mod_ssl mod_auth_mysql mysql-server -y
Loaded plugins: fastestmirror
Loading mirror speeds from cached hostfile
c6-media                          | 4.0 kB     00:00 ...
Dependencies Resolved

Install      11 Package(s)

Total download size: 11 M
Installed size: 31 M

Installed:
httpd.x86_64 0:2.2.15-29.el6.centos
mod_auth_mysql.x86_64 1:3.0.0-11.el6_0.1
mod_ssl.x86_64 1:2.2.15-29.el6.centos
mysql-server.x86_64 0:5.1.71-1.el6

Dependency Installed:
apr.x86_64 0:1.3.9-5.el6_2
apr-util.x86_64 0:1.3.9-3.el6_0.1
apr-util-ldap.x86_64 0:1.3.9-3.el6_0.1
httpd-tools.x86_64 0:2.2.15-29.el6.centos
mailcap.noarch 0:2.1.31-2.el6
mysql.x86_64 0:5.1.71-1.el6
perl-DBD-MySQL.x86_64 0:4.013-3.el6

Complete!
[root@www ~]#
```

2. 配置 Apache 服务

步骤 1：检验 Apache 软件是否安装成功，命令示例如下：

```
[root@www ~]# rpm -qa|grep httpd
httpd-tools-2.2.15-29.el6.centos.x86_64
```

```
httpd-2.2.15-29.el6.centos.x86_64
```

步骤 2：测试 WWW 主机。在前面的实训中，配置了 DNS 服务器，这里测试即可，命令示例如下：

```
[root@www ~]# nslookup
> www.jnds.net
Server:        10.10.100.201
Address:       10.10.100.201#53

Name:   www.jnds.net
Address: 10.10.100.215
>
```

步骤 3：建立网站主页。建立一个简单的测试页面去测试服务的默认主页配置，命令示例如下：

```
[root@www ~]#echo "Hello,this is httpd server." >> /var/www/html/index.html //创建默认主页
```

步骤 4：修改 httpd 主配置文件。找到第 276 行，并去掉注释“#”，修改 ServerName 的值为 www.jnds.net:80，命令示例如下：

```
[root@www ~]# vi /etc/httpd/conf/httpd.conf
ServerName www.jnds.net:80
```

步骤 5：重新启动服务。重启 httpd 服务，命令示例如下：

```
[root@www ~]# service httpd restart
Stopping httpd:                                    [FAILED]
Starting httpd:                                    [  OK  ]
[root@www ~]#
```

步骤 6：关掉防火墙和 selinux，命令示例如下：

```
[root@www ~]# service iptables stop
iptables: Setting chains to policy ACCEPT: filter          [  OK  ]
iptables: Flushing firewall rules:                         [  OK  ]
iptables: Unloading modules:                               [  OK  ]
[root@www ~]# setenforce 0
[root@www ~]#
```

步骤 7：使用浏览器进行测试，结果如图 2-17-1 所示。

3. 配置 SSL 服务

步骤 1：检验 SSL 软件是否安装成功，命令示例如下：

```
[root@www ~]# rpm -qa|grep mod_ssl
mod_ssl-2.2.15-29.el6.centos.x86_64
[root@www ~]#
```

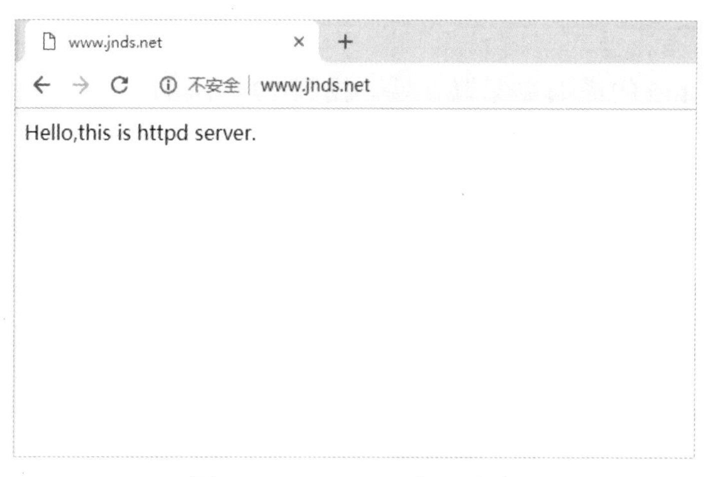

图 2-17-1　Web 服务器内容

步骤 2：生成 SSL 密钥认证。创建存储密钥的文件夹，来指定位置存储，后面 httpd 配置文件中需要用到，命令示例如下：

```
[root@www ~]# mkdir /etc/httpd/.ssl
[root@www ~]# cd /etc/httpd/.ssl/
[root@www .ssl]
```

步骤 3：创建密钥，生成一个 1024 位的加密私钥，命令示例如下：

```
[root@www .ssl]# openssl genrsa -out server.key 1024
Generating RSA private key, 1024 bit long modulus
.............++++++
..++++++
e is 65537 (0x10001)
[root@www .ssl]#
```

步骤 4：使用密钥创建 SSL 认证。使用命令生成一个自签名证书。这里需要填写很多信息比如国家、省市等，最重要的是 server's hostname 一定要记得填写，命令示例如下：

```
[root@www .ssl]# openssl req -new -x509 -key server.key -out server.crt
You are about to be asked to enter information that will be incorporated
into your certificate request.
What you are about to enter is what is called a Distinguished Name or a DN.
There are quite a few fields but you can leave some blank
For some fields there will be a default value,
If you enter '.', the field will be left blank.
-----
Country Name (2 letter code) [XX]:cn
State or Province Name (full name) []:guangdong
Locality Name (eg, city) [Default City]:zhuhai
Organization Name (eg, company) [Default Company Ltd]:zh
Organizational Unit Name (eg, section) []:JSJ
Common Name (eg, your name or your server's hostname) []:www.jnds.net
Email Address []:
```

```
[root@www .ssl]#
```

步骤 5：配置 httpd 的证书主配置文件。找到 77～79 行、106 行和 113 行，命令示例如下：

```
[root@www ~]# vi /etc/httpd/conf.d/ssl.conf
77行： DocumentRoot "/var/www/html"
78行： ServerName www.jnds.net:443
79行： DirectoryIndex index.html
106行：SSLCertificateFile /etc/httpd/.ssl/server.crt
113行：SSLCertificateKeyFile /etc/httpd/.ssl/server.key
```

步骤 6：重启 httpd 服务。命令示例如下：

```
[root@www ~]# service httpd restart
Stopping httpd:                                            [  OK  ]
Starting httpd:                                            [  OK  ]
[root@www ~]#
```

步骤 7：测试。打开浏览器，输入 https://www.jnds.net，如图 2-17-2 所示。

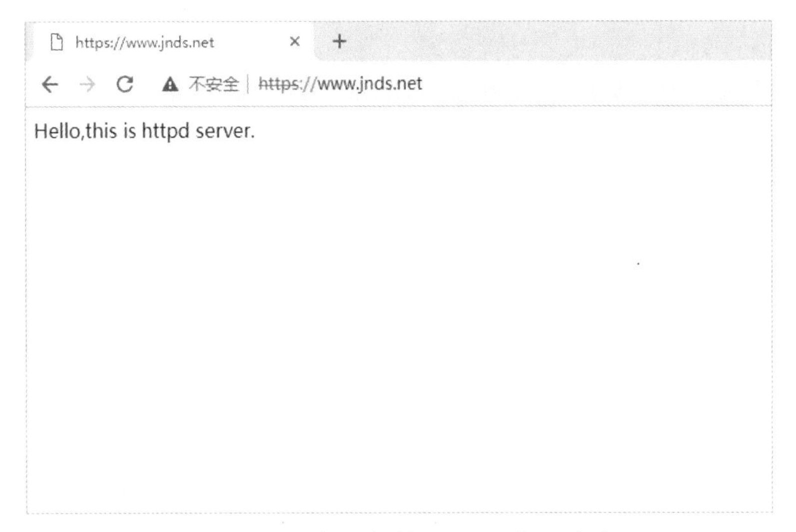

图 2-17-2　带证书的 Web 服务器内容

4. 配置 MySQL 数据库

步骤 1：检验 MySQL 软件是否安装成功，命令示例如下：

```
[root@www ~]# rpm -qa|grep mysql
mysql-5.1.71-1.el6.x86_64
mysql-server-5.1.71-1.el6.x86_64
mod_auth_mysql-3.0.0-11.el6_0.1.x86_64
mysql-libs-5.1.71-1.el6.x86_64
[root@www ~]#
```

步骤 2：启动 MySQL 服务，命令示例如下：

```
[root@www ~]# service mysqld restart
Stopping mysqld:  [  OK  ]
Initializing MySQL database:  WARNING: The host 'www' could not be looked
```

```
up with resolveip.
    This probably means that your libc libraries are not 100 % compatible
    with this binary MySQL version. The MySQL daemon, mysqld, should work
    normally with the exception that host name resolving will not work.
    This means that you should use IP addresses instead of hostnames
    when specifying MySQL privileges !
    Installing MySQL system tables...
    OK
    Filling help tables...
    OK

    To start mysqld at boot time you have to copy
    support-files/mysql.server to the right place for your system

    PLEASE REMEMBER TO SET A PASSWORD FOR THE MySQL root USER !
    To do so, start the server, then issue the following commands:

    /usr/bin/mysqladmin -u root password 'new-password'
    /usr/bin/mysqladmin -u root -h www password 'new-password'

    Alternatively you can run:
    /usr/bin/mysql_secure_installation

    which will also give you the option of removing the test
    databases and anonymous user created by default.  This is
    strongly recommended for production servers.

    See the manual for more instructions.

    You can start the MySQL daemon with:
    cd /usr; /usr/bin/mysqld_safe &

    You can test the MySQL daemon with mysql-test-run.pl
    cd /usr/mysql-test; perl mysql-test-run.pl

    Please report any problems with the /usr/bin/mysqlbug script!

    [  OK  ]
    Starting mysqld:  [  OK  ]
    [root@www ~]#
```

步骤 3：登录 MySQL，用户名为 root，密码为空，命令示例如下：

```
[root@www ~]# mysql -uroot -p
Enter password:
```

```
Welcome to the MySQL monitor.  Commands end with ; or \g.
Your MySQL connection id is 2
Server version: 5.1.71 Source distribution

Copyright (c) 2000, 2013, Oracle and/or its affiliates. All rights reserved.

Oracle is a registered trademark of Oracle Corporation and/or its
affiliates. Other names may be trademarks of their respective
owners.

Type 'help;' or '\h' for help. Type '\c' to clear the current input statement.

mysql>
```

步骤 4：创建数据库 userdatabase，命令示例如下：

```
mysql> CREATE DATABASE userdatabase;
Query OK, 1 row affected (0.00 sec)
```

步骤 5：进入数据库 userdatabase，命令示例如下：

```
mysql> use userdatabase
Database changed
```

步骤 6：创建表格 username，命令示例如下：

```
mysql> CREATE TABLE username (
    -> ID int PRIMARY KEY AUTO_INCREMENT ,
    -> Name VARCHAR(10),
    -> Birthday DATETIME,
    -> Sex CHAR(2),
    -> Password CHAR(64));
Query OK, 0 rows affected (0.07 sec)
```

步骤 7：使用 insert 命令向 username 表中添加记录，命令示例如下：

```
mysql> insert into username(Name,Birthday,Sex,Password) values ('myuser1','1999-01-01','M',ENCRYPT('myuser1'));
Query OK, 1 row affected (0.01 sec)
mysql> insert into username(Name,Birthday,Sex,Password) values('myuser2','1998-10-01','F',ENCRYPT('myuser2'));
Query OK, 1 row affected (0.00 sec)
mysql>
```

步骤 8：查询 usernmae 表中的内容，命令示例如下：

```
mysql> select * from username;
+----+---------+---------------------+------+--------------+
| ID | Name    | Birthday            | Sex  | Password     |
```

```
+----+---------+---------------------+------+---------------+
|  1 | myuser1 | 1999-01-01 00:00:00 | M    | vHr.kPgicO2cY |
|  2 | myuser2 | 1998-10-01 00:00:00 | F    | rJR8ObSyJedI6 |
+----+---------+---------------------+------+---------------+
2 rows in set (0.00 sec)

mysql>
```

步骤 9：设置登录 MySQL 数据库的密码为“2018Netw@rk”，命令示例如下：

```
mysql> set password=password("2018Netw@rk");
Query OK, 0 rows affected (0.00 sec)
mysql>
```

5. 配置 Web 服务器的 MySQL 身份认证

步骤 1：检验 mod_auth_mysql 软件包是否安装成功，命令示例如下：

```
[root@www ~]rpm -qa|grep mod_auth_mysql
mod_auth_mysql-3.0.0-11.el6_0.1.x86_64
[root@www ~]
```

步骤 2：进入/etc/httpd/conf.d/auth_mysql.conf 文件中，配置“/var/www/html”目录的 MySQL 身份认证，命令示例如下：

```
[root@www ~]# vi /etc/httpd/conf.d/auth_mysql.conf
<Directory /var/www/html>
   AuthName "MySQL authenticated zone"
   AuthType Basic

   AuthMYSQLEnable on
   AuthMySQLUser root                          MySQL用户
   AuthMySQLPassword 2016Netw@rk               MySQL密码
   AuthMySQLDB userdatabase                    数据库名
   AuthMySQLUserTable username                 表名
   AuthMySQLNameField name                     用户名
   AuthMySQLPasswordField Password             密码
   require valid-user                          允许认证用户
</Directory>
```

步骤 3：进入/etc/httpd/conf/httpd.conf 文件中，注释掉第 136 行和第 276 行，只支持 SSL 访问，命令示例如下：

```
[root@www ~]#vi /etc/httpd/conf/httpd.conf
#Listen 80      136行
#ServerName www.jnds.net:80   276行
```

步骤 4：重新启动 MySQL 和 http 服务，命令示例如下：

```
[root@www ~]# service mysqld restart
Stopping mysqld:                               [  OK  ]
```

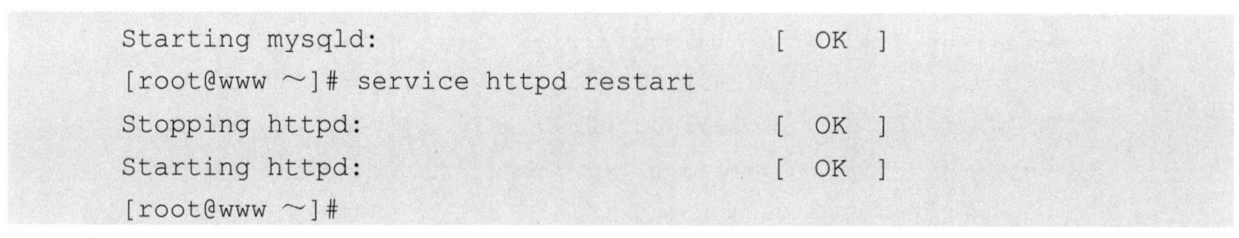

```
Starting mysqld:                                    [  OK  ]
[root@www ~]# service httpd restart
Stopping httpd:                                     [  OK  ]
Starting httpd:                                     [  OK  ]
[root@www ~]#
```

步骤 5：打开浏览器，输入 https://www.jnds.net 网址，弹出登录对话框，如图 2-17-3 所示。

步骤 6：在登录对话框中，输入用户名为“myuser1”，密码为“myuser1”，单击“登录”按钮，如图 2-17-4 所示。

图 2-17-3　登录对话框

图 2-17-4　认证对话框

步骤 7：可看到通过认证成功后的网站内容，如图 2-17-5 所示。

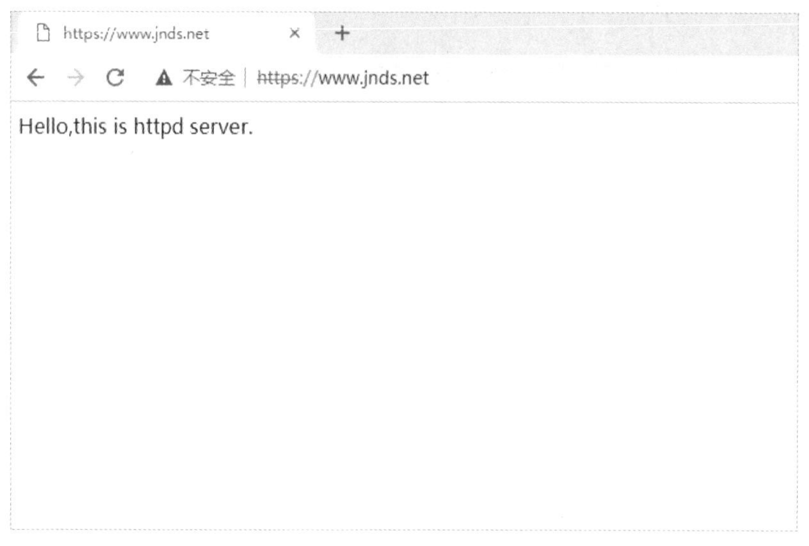

图 2-17-5　认证成功后的网站内容

赛点链接

（2017—2018 年）在此服务器中安装 httpd 服务，建立虚拟主机站点 www.netdj.net，其网站主目录为/www/netdj，主页名字为 netdj.html，首页内容为“Welcome netdj's website”。

易错解析

Apache、MySQL 与 SSL 相结合是近些年 Linux 中出现频率非常高的考核点，其实题目本身配置起来并不复杂，主要是因为选手们不知道到底如何实现，所以也就忽略了此综合知识点的实现。选手在配置时，可以先逐个知识点实现，最后再综合起来即可，注意 MySQL 的身份认证不太好实现，尤其是涉及密文认证和明文认证实现起来都是不一样的。

实训 18　部署邮件服务

实训目的

1. 能理解邮件服务器 Postfix 的原理和作用；
2. 能熟练完成邮件服务器 Postfix 的实现过程；
3. 能正确使用 Outlook 对 Postfix 进行功能测试。

背景描述

达通集团为了满足业务发展的需要，方便员工们之间的文件传递，想通过架设邮件服务器来实现。同时，为了杜绝垃圾邮件，保障邮件准确、及时地送到收件人信箱，以及随时按需发送，保障交流畅通，提升企事业或公司的竞争力，对邮件服务器做了优化。

需求分析

电子邮件是网络上最早使用也是最常使用的通信交流和信息共享方式，很多企业用户都经常使用付费或免费电子邮件系统，所以网络管理员的决定是正确的。Linux 系统中，Postfix 逐步发展使得它渐渐具有了配置和扩展灵活、快速、稳定、简单但强大的特点。所以网络管理员决定使用 Postfix 服务来配置邮件服务器。服务器角色分配见表 2-18-1。

表 2-18-1　服务器角色分配

计算机名	角色	IP 地址（/24）	所需设置
dns.jnds.net	DNS 服务器（默认防火墙和 selinux 关闭、yum、IP 地址和 DNS 配置完毕）	10.10.100.201	无须设置
mail.jnds.net	邮件服务器	10.10.100.203	邮件服务器 Postfix、Dovecot 等
—	客户端	10.10.100.204	安装、配置 Outlook，收发邮件

实训原理

1．电子邮件服务（Email 服务）是指通过网络传送信件、单据、资料等电子信息的通信方法，它是根据传统的邮政服务模型建立起来的，当我们发送电子邮件时，这份邮件是由邮件发送服务器发出，并根据收件人的地址判断对方的邮件接收器而将这封信发送到该服务器上，收件人要收取邮件也只能访问这个服务器才能完成。

Email 服务是目前最常见、应用最广泛的一种互联网服务。通过电子邮件，可以与 Internet 上的任何人交换信息。电子邮件由于快速、高效、方便及价廉，越来越得到了广泛的应用，目前只要是网民就肯定用过电子邮件这种服务。目前，全球平均每天约有几千万份电子邮件在网上传输。

邮件传递流程具体如下：

（1）使用邮件用户代理（MUA）创建一封电子邮件，邮件创建后被送到了该用户的本地邮件服务器的邮件传输代理（MTA），传送过程使用的是 SMTP 协议。此邮件被加入本地 MTA 服务器的队列中。

（2）MTA 检查收件人是否为本地邮件服务器的用户，如果收件人是本机的用户，服务器将邮件存入本机的 MailBox。

（3）如果邮件收件人并非本机用户，MTA 检查该邮件的收信人，向 DNS 服务器查询接收方 MTA 对应的域名，然后将邮件发送至接收方的 MTA，使用的仍然是 SMTP 协议，这时，邮件已经从本地的用户工作站发送到了收件人 ISP 的邮件服务器，并且转发到了远程的域中。

（4）远程邮件服务器比对收到的邮件，如果邮件地址是本服务器地址，则将邮件保存在 MailBox 中，否则继续转发到目标邮件服务器。

（5）远端用户连接到远程邮件服务器的 POP3（110 端口）或者 IMAP（143 端口）接口上，通过账号密码获得使用授权。

（6）邮件服务器将远端用户账号下的邮件取出并发送给收件人 MUA。

2．电子邮件服务涉及几个重要的 TCP/IP 协议，主要有以下几个协议：

（1）SMTP 协议

简单邮件传送协议（SMTP）是电子邮件系统中的一个重要协议，它负责将邮件从一个“邮局”传送给另一个“邮局”。SMTP 不规定邮件的接收程序如何存储邮件，也不规定邮件发送程序多长时间发送一次邮件，它只规定发送程序和接收程序之间的命令和应答。SMTP 邮件传输采用客户端/服务器模式，邮件的接收程序作为 SMTP 服务器在 TCP 的 25 端口守候，邮件的发送程序作为 SMTP 客户在发送前需要请求一系列 SMTP 服务器的连接。一旦连接成功，收发双方就可以响应命令、传递邮件内容。

（2）POP3 协议

当邮件到来后，首先存储在邮件服务器的电子信箱中。如果用户希望查看和管理这些邮件，可以通过 POP3 协议将这些邮件下载到用户所在的主机。POP3 本身采用客户端/服务器模式，其客户程序运行在接收邮件的用户计算机上，POP3 服务器程序运行在其 ISP 的邮件服务器上。

（3）IAMP 协议

因特网报文存取协议（IAMP）现在较新的版本是 IAMP4，它同样采用客户端/服务器模式。IAMP 是一个联机协议。当用户计算机上的 IAMP 客户程序打开 IAMP 服务器的邮箱时，用户就可以看到邮件的首部。若用户需要打开某个邮件，则该邮件才传到用户的计算机上。

实训步骤

步骤 1：检查 Sendmail 服务是否已经安装。

Postfix 与 Sendmail 都是邮件服务系统，同时存在会造成冲突，所以在安装之前，先检查系统是否已经安装了 Sendmail 服务，如果没有安装最好，如果安装了就关闭服务或卸载，命令示例如下：

```
[root@mail ~]# rpm -qa|grep sendmail
[root@mail ~]#
```

步骤 2：安装 Postfix 服务前，先检查 Postfix 是否安装，命令示例如下：

```
[root@mail ~]# rpm -qa|grep postfix      //已经安装，实际上系统默认安装
postfix-2.6.6-2.2.el6_1.x86_64
[root@mail ~]#
```

步骤 3：如果系统没有安装，使用“yum install postfix -y”命令安装 Postfix 邮件服务器，命令示例如下：

```
[root@mail ~]# mount /dev/cdrom /mnt     //挂载光驱
mount: block device /dev/sr0 is write-protected, mounting read-only
[root@mail ~]# yum install postfix -y
Loaded plugins: fastestmirror, security
Loading mirror speeds from cached hostfile
 * c6-media:
……
Installed:
  postfix.x86_64 2:2.6.6-2.2.el6_1

Complete!
```

步骤 4：安装 dovecot 服务，命令示例如下：

```
[root@mail ~]# yum install dovecot -y
```

```
Loaded plugins: fastestmirror
Loading mirror speeds from cached hostfile
Setting up Install Process
Resolving Dependencies
--> Running transaction check
--> Package dovecot.x86_64 1:2.0.9-7.el6 will be installed
--> Finished Dependency Resolution

Installed:
  dovecot.x86_64 1:2.0.9-7.el6
Complete!
```

步骤 5：修改主配置文件 main.cf，在/etc/postfix/main.cf 文件中找到第 75 和第 83 行，把前面的注释去掉，更改参数 myhostname 的值为 mail.jnds.net，mydomain 的值为 jnds.net，命令示例如下：

```
[root@mail ~]#vi /etc/postfix/main.cf
……
myhostname = mail.jnds.net                          //设置主机名称
#myhostname = virtual.domain.tld

# #The mydomain parameter specifies the local internet domainname.
# #The default is to use $myhostname minus the first component.
# #$mydomain is used as a default value for many other configuration
# #parameters.
mydomain = jnds.net                                 //设置本地域名
```

步骤 6：找到/etc/postfix/main.cf 中的第 113 行，把注释去掉让 Postfix 监听所有网络接口；找到 116 行，在前面加上注释，命令示例如下：

```
inet_interfaces = all                               //监听所有网络接口
#inet_interfaces = $myhostname
#inet_interfaces = $myhostname, localhost
#inet_interfaces = localhost
```

步骤 7：找到/etc/postfix/main.cf 中的第 164 行、第 165 行，把注释去掉，命令示例如下：

```
#mydestination = $myhostname, localhost.$mydomain, localhost
mydestination = $myhostname, localhost.$mydomain, localhost, $mydomain
```

步骤 8：找到/etc/postfix/main.cf 中的第 264 行，将其注释去掉，并添加可信任的主机范围，命令示例如下：

```
mynetworks = 10.10.100.0/24, 127.0.0.0/8
```

步骤 9：找到/etc/postfix/main.cf 中的第 419 行，将其注释去掉，命令示例如下：

```
home_mailbox = Maildir/
```

步骤 10：在/etc/postfix/main.cf 中，配置邮件大小和邮箱大小，命令示例如下：

```
message_size_limit = 10485760                    //设置一封邮件大小10MB
mailbox_size_limit = 1073741824                  //设置用户邮箱的大小1GB
```

步骤 11：在/etc/postfix/main.cf 中，添加 smtp 的 sasl 认证，命令示例如下：

```
smtpd_sasl_auth_enable = yes
broken_sasl_auth_clients = yes
smtpd_sasl_local_domain = $myhostname
```

步骤 12：在配置文件 main.cf 修改完成后，要使修改生效，需要重新启动 Postfix 服务器，命令示例如下：

```
[root@mail ~]# service postfix restart
Shutting down postfix:                           [  OK  ]
Starting postfix:                                [  OK  ]
```

步骤 13：配置客户端 dovecot。修改配置文件/etc/dovecot/dovecot.conf，将第 20 和第 26 行注释去掉，命令示例如下：

```
[root@mail ~]# vi /etc/dovecot/dovecot.conf
protocols = imap pop3 lmtp
listen = *
```

步骤 14：配置邮件接收目录，将第 24 行注释去掉，命令示例如下：

```
[root@mail ~]# vi /etc/dovecot/conf.d/10-mail.conf
mail_location = maildir:~/Maildir
```

步骤 15：建立邮箱用户，命令示例如下：

```
[root@mail ~]#useradd -g mail -s /sbin/nologin mail1
[root@mail ~]#useradd -g mail -s /sbin/nologin mail2
[root@mail ~]#passwd mail1
[root@mail ~]#passwd mail2
```

步骤 16：启动 dovecot 服务，命令示例如下：

```
[root@mail ~]# service dovecot restart
Stopping Dovecot Imap:                           [FAILED]
Starting Dovecot Imap:                           [  OK  ]
```

步骤 17：安装客户端 Outlook，出现 Outlook 启动界面，单击“下一步”按钮，如图 2-18-1 所示。

步骤 18：询问电子邮件账户可以配置 Outlook 以连接到 Internet 电子邮件、Microsoft Exchange 或其他电子邮件服务器，选择默认“是”，单击“下一步”按钮，如图 2-18-2 所示。

步骤 19：出现“自动账户设置”界面，选择“手动配置服务器设置或其他服务器类型（M）”，单击“下一步”按钮，如图 2-18-3 所示。

步骤 20：出现“选择服务”界面，选择“Internet 电子邮件（I）”，单击“下一步”按钮，如图 2-18-4 所示。

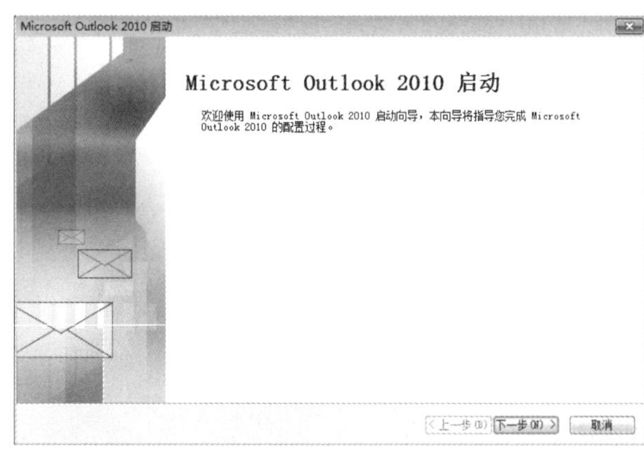

图 2-18-1　启动 Outlook

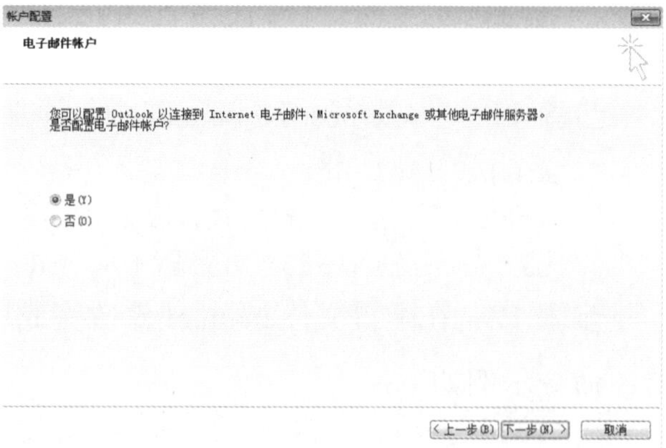

图 2-18-2　账户连接到其他邮件服务器

图 2-18-3　手动设置账户

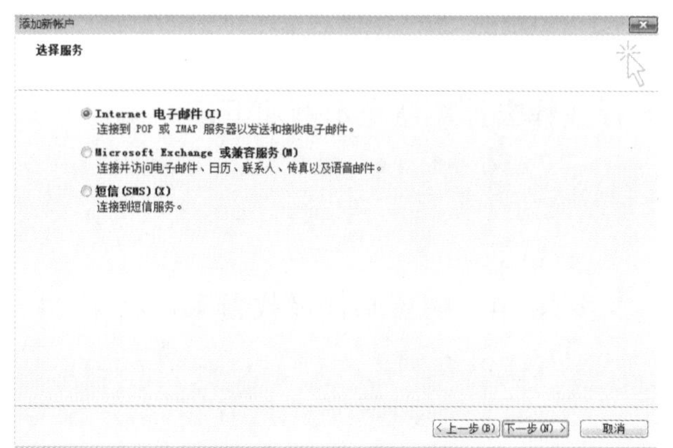

图 2-18-4　选择服务

步骤 21：出现“Internet 电子邮件设置”界面，配置“用户信息”“服务器信息”和“登录信息”，单击“下一步”按钮，如图 2-18-5 所示。

步骤 22：在“Internet 电子邮件设置”界面中的“发送服务器”栏，选择“我的发送服务器（SMTP）要求验证（O）”和“使用与接收邮件服务器相同的设置（U）”，单击“确定”按钮，如图 2-18-6 所示。

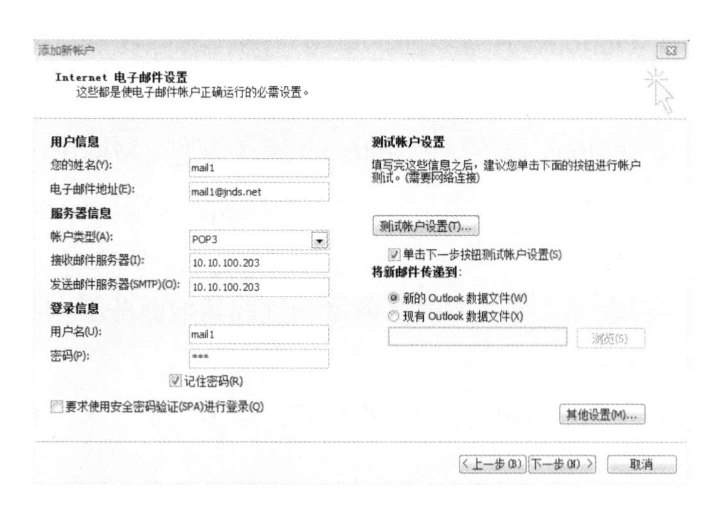

图 2-18-5　配置 Internet 电子邮件设置

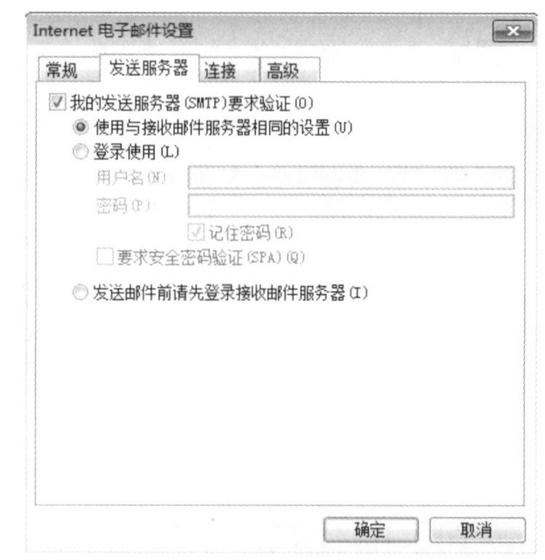

图 2-18-6　设置发送邮件服务器

步骤 23：出现“测试账户设置”界面，等“任务”都变成已完成后，单击“关闭”按钮，如图 2-18-7 所示。

步骤 24：用户 mail1 给用户 mail2 发送一封测试邮件，如图 2-18-8 所示。

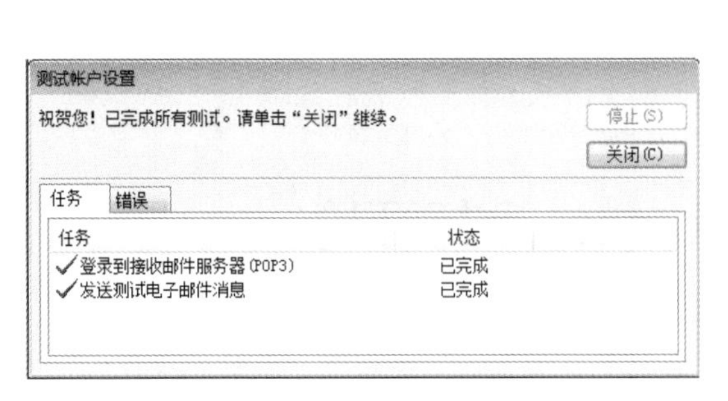

图 2-18-7　测试账户设置

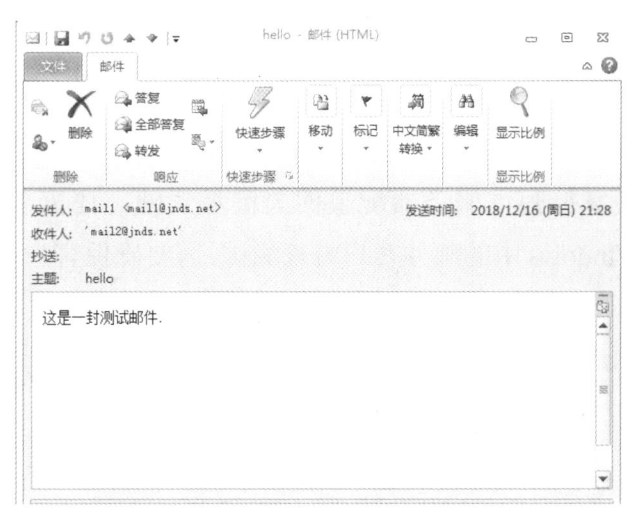

图 2-18-8　用户 mail1 成功发送邮件

步骤 25：用户 mail2 收到测试邮件，说明邮件服务器设置成功，如图 2-18-9 所示。

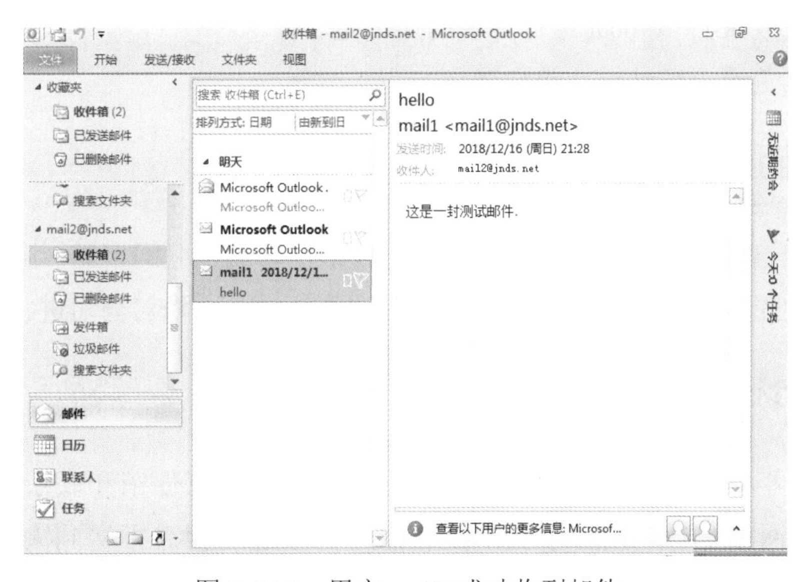

图 2-18-9　用户 mail2 成功收到邮件

赛点链接

（2018 年）在此服务器上安装配置 Postfix 邮件服务，创建两个用户 mail1、用户 mail2；每个用户的邮箱空间为 20MB，限定用户发邮件时，单封邮件最大为 5MB。

（2018 年）为 mail1 和 mail2 两员工创建邮箱账户，实现不同用户之间的正常通信，用户密码为 321，邮件服务器的域名后缀为 netdj.net；邮件服务器要在所有 IP 地址上进行侦听。

（2018 年）开启 SMTP 的 SASL 验证，允许通过身份验证的用户转发邮件。

（2018 年）在云主机 7 上安装 Office Outlook 2013 软件发送邮件；用户 mail1 发给用户 mail2，主题为“你好”，内容为“欢迎大家”。

易错解析

邮件服务器是近些年 Linux 中出现频率非常高的考核点，Sendmail 逐渐被 Postfix 所替代。其实题目本身配置起来并不复杂，DNS 解析和 SASL 认证是选手容易出错的地方；选手除需要掌握邮件服务器配置的关键步骤外，还需要掌握测试邮件服务器的方法，尤其是使用 Windows 中的邮件客户端来测试，需要确保客户端所在的计算机能够解析到邮件的 MX 记录。

实训 19　部署 JSP+Tomcat 运行环境

实训目的

1．能理解 JSP+Tomcat 运行环境的原理和作用；
2．能熟练完成 JSP+Tomcat 运行环境的实现过程；
3．能使用浏览器正确进行功能测试。

背景描述

达通集团由于业务发展的需要，为适应高速发展的移动物联网市场，满足人们对网站的浏览体验和交互性能要求，网络管理员想通过架设微网站的方法对公司进行扩大性的宣传。

需求分析

微网站是企业将商家信息、产品介绍、服务内容、优惠促销和联系方式等内容通过智能手机分享到网站上，利用微信微博公众账号的功能将消息推送到人们面前。微网站可兼容 iOS、Android 等多种智能手机操作系统，可便捷地与微信、微博等网络互动咨询平台链接，简而言之，微官网就是适应移动客户端浏览体验与交互性能要求的新一代网站，见表 2-19-1。所以，网络管理员的决定是正确的。

表 2-19-1　服务器角色分配

计算机名	角　色	IP 地址（/24）	所需设置
dns.jnds.net	DNS 服务器（默认防火墙和 selinux 关闭、yum、IP 地址和 DNS 配置完毕）	10.10.100.201	配置 mweb.jnds.net 与 10.10.100.210 的 A 记录

续表

计 算 机 名	角　　色	IP 地址（/24）	所 需 设 置
mweb.jnds.net	微网站	10.10.100.210	安装 JDK 和 Tomcat 配置 JDK 环境变量
—	客户端	10.10.100.204	谷歌浏览器测试微网站

实训原理

Tomcat 是一种 Web 服务器，是 Apache 软件基金会的 Jakarta 项目中的一个核心项目。由 Apache、Sun 和其他一些公司及个人共同开发而成。由于有了 Sun 公司的参与和支持，最新的 Servlet 和 JSP 规范总能在 Tomcat 中得到体现。

Tomcat 很受广大程序员的喜欢，因为它运行时占用的系统资源小、扩展性好，支持负载均衡与邮件服务器等开发应用系统常用的功能；而且它还在不断地改进和完善中，任何一个感兴趣的程序员都可以更改它或在其中加入新的功能，因而深受 Java 爱好者的喜欢，并得到了部分软件开发商的认可，成为目前比较流行的 Web 应用服务器。

JSP（Java server pages）是由 Sun Microsystems 公司倡导，许多公司参与一起建立的一种动态网页技术标准。JSP 是在 HTML 标记中嵌入 Java 语言程序，并保存为以 jsp 为后缀名的网页文件，这种网页的实现需要专门的 JSP 服务器的支持。

JSP 与 Java 用上去很相似，但两者有区别，Java 是一种高级编程语言，与 C 语言有些类似，而 JSP 是基于 Java 的动态网页技术，是用 Java 语言规范来编写的网页代码，它要编译成 Servlet，然后编译成服务器端可接受的字节码。

JDK（Java Development Kit，Java 开发工具包）是 Sun Microsystems 公司针对 Java 开发人员设计的产品，是一个写 Java 应用程序开发环境。它提供了编译、调试和运行 Java 语言编写应用程序所需的工具集，是 JSP 开发最重要的基础工具。

实训步骤

步骤 1：创建本地用户 a 和用户 a 的密码，命令示例如下：

```
[root@mweb ~]# useradd a
[root@mweb ~]# passwd a
Changing password for user a.
New password:
BAD PASSWORD: it is too simplistic/systematic
BAD PASSWORD: is too simple
Retype new password:
passwd: all authentication tokens updated successfully.
```

步骤 2：搭建 FTP 服务器，主要用于上传 jdk、tomcat 和微网站文件，启动 FTP 服务，命令示例如下：

```
[root@mweb ~]# service vsftpd restart
Shutting down vsftpd:                                  [FAILED]
Starting vsftpd for vsftpd:                            [  OK  ]
```

步骤 3：关闭防火墙和 selinux，命令示例如下：

```
[root@mweb ~]# service iptables stop
[root@mweb ~]# setenforce 0
```

步骤 4：将 JDK、Tomcat 和微网站文件上传，此处略。

步骤 5：进入用户主目录，并解压文件，命令示例如下：

```
[root@mweb ~]# cd /home/a/
[root@mweb a]# ls
apache-tomcat-7.0.27.tar.gz  jdk7u79linuxx64.tar.gz  jndsjs
[root@mweb a]# tar -xvf apache-tomcat-7.0.27.tar.gz
[root@mweb a]# tar -xvf jdk7u79linuxx64.tar.gz
```

步骤 6：移动压缩后的 JDK 文件到/usr/java 文件夹，命令示例如下：

```
[root@mweb a]# mkdir -p /usr/java
[root@mweb a]# mv jdk1.7.0_79/ /usr/java
[root@mweb a]#
```

步骤 7：在/etc/profiles 下配置 Java 环境变量，命令示例如下：

```
[root@mweb a]#vi /etc/profiles
export JAVA_HOME=/usr/java/jdk1.7.0_79/
export PATH=$JAVA_HOME/bin:$PATH
```

步骤 8：检查 Java 环境变量配置是否正确，命令示例如下：

```
[root@mweb a]# source /etc/profile
[root@mweb a]# java --version
java version "1.7.0_79"
Java(TM) SE Runtime Environment (build 1.7.0_79-b15)
Java HotSpot(TM) 64-Bit Server VM (build 24.79-b02, mixed mode)
[root@mweb a]#
```

步骤 9：给予 Apache-Tomcat-7.0.27/bin 的 777 权限，命令示例如下：

```
[root@mweb a]# chmod 777 apache-tomcat-7.0.27/bin/*
[root@mweb a]# cd apache-tomcat-7.0.27/bin/
```

步骤 10：启动 Tomcat 脚本，命令示例如下：

```
[root@mweb bin]# sh startup.sh
Using CATALINA_BASE:   /home/a/apache-tomcat-7.0.27
Using CATALINA_HOME:   /home/a/apache-tomcat-7.0.27
Using CATALINA_TMPDIR: /home/a/apache-tomcat-7.0.27/temp
Using JRE_HOME:        /usr/java/jdk1.7.0_79/
Using CLASSPATH:       /home/a/apache-tomcat-7.0.27/bin/
```

```
bootstrap.jar:/ home/a/apache-tomcat-7.0.27/bin/tomcat-juli.jar
    [root@mweb bin]#
```

步骤 11：使用浏览器访问 http://10.100.100.210:8080，如图 2-19-1 所示。

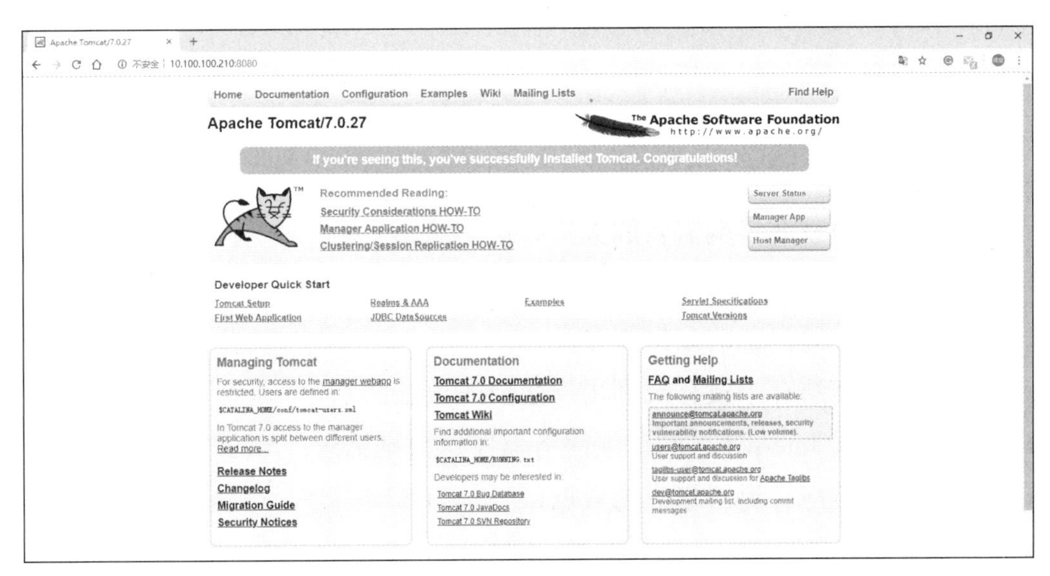

图 2-19-1　显示 Tomcat 主页

步骤 12：将微网站文件复制到指定目录，命令示例如下：

```
[root@localhost bin]# rm -rf
                      /home/a/apache-tomcat-7.0.27/webapps/ ROOT/*
[root@localhost bin]# cd /home/a/jndsjs/
[root@localhost jndsjs]# mv *
                      /home/a/apache-tomcat-7.0.27/webapps/ ROOT/
[root@localhost jndsjs]#
```

步骤 13：将 server.xml 中第 70 行和第 76 行的 8080 端口修改为 80 端口，命令示例如下：

```
[root@localhost jndsjs]# vim
                      /home/a/apache-tomcat-7.0.27/conf/server.xml
-->
 70    <Connector port="80" protocol="HTTP/1.1"
 71    connectionTimeout="20000"
 72    redirectPort="8443" />
 73    <!-- A "Connector" using the shared thread pool-->
 74    <!--
 75    <Connector executor="tomcatThreadPool"
 76    port="80" protocol="HTTP/1.1"
 77    connectionTimeout="20000"
 78    redirectPort="8443" />
```

步骤 14：在 DNS 服务器中配置 A 记录和重启 bind 服务，命令示例如下：

```
[root@dns named]# vi jnds.net.zone
$TTL 1D
@  IN SOA  @   行过滤控制
```

Squid 的工作流程

当代理服务器中有客户端需要的数据时：
（1）客户端向代理服务器发送数据请求；
（2）代理服务器检查自己的数据缓存；
（3）代理服务器在缓存中找到了用户想要的数据，取出数据；
（4）代理服务器将从缓存中取得的数据返回给客户端。
当代理服务器中没有客户端需要的数据时：
（1）客户端向代理服务器发送数据请求；
（2）代理服务器检查自己的数据缓存；
（3）代理服务器在缓存中没有找到用户想要的数据；
（4）代理服务器向 Internet 上的远端服务器发送数据请求；
（5）远端服务器响应，返回相应的数据；
（6）代理服务器取得远端服务器的数据返回给客户端，并保留一份到自己的数据缓存中。

Squid 常用配置选项

在主配置文件/etc/squid/squid.conf 中：

```
    http_port 3128  (还可以只监听一个IP http_port 192.168.0.1:3128)
    cache_mem 64MB                                  #缓存占内存大小
    maximum_object_size 4096KB                      #最大缓存块
    reply_body_max_size  1024000 allow all          #限定下载文件大小
    access_log /var/log/squid/access.log            #访问日志存放的地方
    cache_log                          #选项定义了记录缓存的相关信息日志文件的路径
    visible_hostname    proxy.test.xom              #可见的主机名
    cache_dir ufs /var/spool/squid  100 16 256
    #ufs:缓存数据的存储格式
    #/var/spool/squid    缓存目录
    #100：缓存目录占磁盘空间大小（MB）
    #16：缓存空间一级子目录个数
    #256：缓存空间二级子目录个数
    cache_mgr webmaster@test.com：定义管理员邮箱当访问发生错误时，该选项的值会显
示在错误提示网页中
    http_access deny all                            #访问控制
```

实训步骤

步骤 1：安装 squid 服务。使用配置好的 yum 源安装 squid 软件包，命令示例如下：

```
[root@squid ~]# yum install squid -y
Loaded plugins: fastestmirror
Loading mirror speeds from cached hostfile
```

```
Setting up Install Process
Resolving Dependencies
Install       3 Package(s)

Installed:
  squid.x86_64 7:3.1.10-19.el6_4
Dependency Installed:
  libtool-ltdl.x86_64 0:2.2.6-15.5.el6
  perl-DBI.x86_64 0:1.609-4.el6
Complete!
[root@mail ~]#
```

步骤 2：配置 squid 监听的 IP 地址和端口号。进入主配置文件 squid.conf，修改第 62 行，命令示例如下：

```
[root@squid ~]# vi /etc/squid/squid.conf
http_port 10.10.100.212:8089
```

步骤 3：设置内存缓冲大小。cache_mem 选项指定了使用多少物理内存作为高速缓存，进入主配置文件 squid.conf，添加内存缓存大小为 512MB，命令示例如下：

```
cache_mem 512M                          //内存缓存大小为512MB
```

步骤 4：设置硬盘缓冲的大小。cache_dir 选项指定了硬盘缓冲区的大小，进入主配置文件 squid.conf，修改第 68 行，命令示例如下：

```
cache_dir ufs /var/spool/squid 100 16 256
```

步骤 5：定义 DNS 服务器的地址。为了使 squid 能解析域名，需告诉 squid 有效的 DNS 服务器，进入主配置文件 squid.conf，添加 DNS 服务器地址，命令示例如下：

```
dns_nameservers 10.10.100.201
```

步骤 6：设置访问日志文件。cache_access_log 选项定义了访问记录日志文件的路径，该日志文件记录了用户访问 Internet 的详细信息，通过访问日志文件可以查看每台客户机的上网记录，进入主配置文件 squid.conf，添加日志文件，命令示例如下：

```
cache_access_log /var/log/squid/access.log
```

步骤 7：设置缓存日志文件。进入主配置文件 squid.conf，添加缓存日志文件，命令示例如下：

```
cache_log /var/log/squid/cache.log
```

步骤 8：设置网页缓存日志文件。进入主配置文件 squid.conf，添加网页缓存日志文件，命令示例如下：

```
cache_store_log /var/log/squid/store.log
```

步骤 9：设置运行 squid 的主机名称。进入主配置文件 squid.conf，添加主机名称，命令示例如下：

```
visible_hostname 10.10.100.212
```

步骤 10：设置管理员的 E-mail 地址。进入主配置文件 squid.conf，添加管理员邮件地址，命令示例如下：

```
cache_mgr root@jnds.net
```

步骤 11：重新启动代理服务，命令示例如下：

```
[root@squid ~]#service squid restart
Stopping squid:                                           [FAILED]
Starting squid: .                                         [  OK  ]
```

赛点链接

（2017—2018 年）安装并完成代理服务器 squid 的初始配置，使用 8090 作为代理服务端口，指定 DNS 服务器 IP 地址信息，使得 squid 服务器能够解析域名。

（2017—2018 年）设置 squid 代理服务器采用 ufs 缓存机制，缓存目录设置为/cache，目录容量为 5GB，L1 及 L2 级目录数量分别为 16 及 256，定义高速缓存值为 512MB，并将缓存日志存放于/var/squid/cache.log 中。

（2017—2018 年）设置需要身份认证的代理方式，认证方式为基础认证，认证程序的进程为 5 个，账户为 proxy_user，账户存储在/squid/squid_user，密码为 user_proxy。

易错解析

代理服务器 squid 是近年必考的知识点，只是每年都会有所变化，难度会适当增加。其实题目本身配置起来并不复杂，选手需要注意各参数的配置是否正确，再就是服务是否成功启动，如果服务无法启动，可以考虑停掉服务或进程，再进行开启就可以了。

实训 20　部署 iptables 防火墙

实训目的

1. 能理解 iptables 防火墙的原理和作用；
2. 能熟悉 iptables 防火墙的开启规则；
3. 能在 Linux 系统上正确配置 iptables 防火墙。

背景描述

达通集团购买了服务器，并安装了 Linux 系统准备投入正常工作中，但网络管理员发现服务器的防火墙没有开启，也没有对服务器中的相关服务进行开启，这是很危险的，于是网络管理员决定开启服务器的防火墙，并对服务器中的相关服务进行开启，来保证公司服务器的安全性。

需求分析

公司通过防火墙，可以保护易受攻击的服务，控制内外网之间网络系统的访问，并针对某些网站和服务设定限制，提高网络的保密性和私有性，网络管理员可通过 Linux 系统下的 iptables 防火墙来解决此问题。服务器角色分配见表 2-20-1。

表 2-20-1　服务器角色分配

计算机名	角　色	IP 地址（/24）	所需设置
fw.jnds.net	防火墙服务器	10.10.100.220	配置 DNS、DHCP 、WWW、FTP、SSH、MySQL 服务通过，其他服务拒绝

实训原理

1．防火墙，就是用于实现 Linux 下访问控制的功能，它分为硬件的和软件的防火墙两种。无论是在哪个网络中，防火墙工作的地方一定是在网络的边缘。而我们的任务就是定义到底防火墙如何工作，以达到让它对出入网络的 IP、数据进行检测的目的。

2．iptables 的前身叫 ipfirewall（内核 1.x 时代），这是一个编者从 freeBSD 上移植过来的，能够工作在内核当中的，对数据包进行检测的一款简易访问控制工具。但是 ipfirewall 工作功能极其有限。当内核发展到 2.x 系列的时候，软件更名为 ipchains，它可以定义多条规则，将它们串起来共同发挥作用，而现在，它叫作 iptables，可以将规则组成一个列表，实现绝对详细的访问控制功能。

iptables/netfilter 是工作在用户空间的，它可以让规则进行生效，其本身不是一种服务。iptables 现在被做成了一个服务，可以进行启动、停止。启动，则将规则直接生效；停止，则将规则撤销。

iptables 还支持自己定义链。但是自己定义链必须是跟某种特定的链关联起来的。在一个关卡设定，指定当有数据时专门去找某个特定的链来处理，当那个链处理完之后，再返回。接着在特定的链中继续检查。

3．防火墙的策略

防火墙策略一般分为两种，一种叫“通”策略，另一种叫“堵”策略。通策略，默认门是关着的，必须要定义谁能进。堵策略则是，大门是洞开的，但是你必须有身份认证，否则不能进入。所以我们要定义，让进来的进来，让出去的出去，所以通，是要全通，而堵，则是要选择。当我们定义策略的时候，要分别定义多条功能，其中：定义数据包中允许或者不允许的策略，filter 过滤的功能，而定义地址转换的功能则是 nat 选项。为了让这些功能交替工作，制定出了“表”这个定义，来定义、区分各种不同的工作功能和处理方式。

现在使用较多的功能有 3 个：

（1）filter：定义允许或者不允许的。filter 一般只能做在 3 个链上：INPUT、FORWARD、OUTPUT。

（2）nat：定义地址转换的。nat 一般也只能做在 3 个链上：PREROUTING、OUTPUT、POSTROUTING。

（3）mangle：修改报文原数。mangle 则是 5 个链都可以做：PREROUTING、INPUT、FORWARD、OUTPUT、POSTROUTING。

实际修改报文原数据就是来修改 TTL 的。能够实现将数据包的元数据拆开，在里面做标记/修改内容的。而防火墙标记，其实就是靠 mangle 来实现的。

4．规则的写法

规则的顺序非常关键，谁的规则越严格，就应该排在越靠前，而检查规则的时候，是按照从上往下的方式进行检查的。

iptables 定义规则的方式：

```
格式：iptables [-t table] COMMAND chain CRETIRIA -j ACTION
-t table：3个filter nat mangle
COMMAND：定义如何对规则进行管理
chain：指定你接下来的规则到底是在哪个链上操作的，当定义策略的时候，是可以省略的
CRETIRIA:指定匹配标准
-j ACTION :指定如何进行处理
比如：
不允许172.16.0.0/24的进行访问：
iptables -t filter -A INPUT -s 172.16.0.0/16 -p udp --dport 53 -j DROP
如果想拒绝得更彻底：
iptables -t filter -R INPUT 1 -s 172.16.0.0/16 -p udp --dport 53 -j REJECT
iptables -L -n -v        #查看定义规则的详细信息
```

5．详解 COMMAND

（1）链管理命令：

```
iptables -P INPUT (DROP|ACCEPT)  默认是关的/默认是开的
比如：
iptables -P INPUT DROP 这就把默认规则给拒绝了。并且没有定义哪个动作，所以关于外界连接的所有规则包括Xshell连接之类的，远程连接都被拒绝了。
-F: FLASH，清空规则链(注意每个链的管理权限)
iptables -t nat -F PREROUTING
iptables -t nat -F 清空nat表的所有链
-N:NEW 支持用户新建一个链
iptables -N inbound_tcp_web 表示附在tcp表上用于检查Web的。
-X:用于删除用户自定义的空链，使用方法跟-N相同，但是在删除之前必须要将里面的链清空
-E：主要用来给用户自定义的链重命名
-Z：清空链及链中默认规则的计数器的（有两个计数器，被匹配到多少个数据包，多少个字节）
```

（2）规则管理命令：

```
-A：追加，在当前链的最后新增一个规则
-I num：插入，把当前规则插入为第几条。格式：-I 3 :插入为第三条
-R num：替换/修改第几条规则。格式：iptables -R 3 ……
-D num：删除，明确指定删除第几条规则
```

实训步骤

步骤 1：开启防火墙 iptables 的路由转发功能，命令示例如下：

```
[root@fw ~]# echo "1" > /proc/sys/net/ipv4/ip_forward    //临时生效：
或：
[root@fw ~]# vi /etc/sysctl.conf
net.ipv4.ip_forward = 1                          //永久生效
[root@fw ~]# sysctl -p
net.ipv4.ip_forward = 1                          //执行sysctl -p马上生效
```

步骤 2：清除预设表 filter 中的所有规则链的规则，并查看规则是否清空，命令示例如下：

```
[root@fw ~]# iptables -F
[root@fw ~]# iptables -L
Chain INPUT (policy ACCEPT)
target     prot opt source               destination

Chain FORWARD (policy ACCEPT)
target     prot opt source               destination

Chain OUTPUT (policy ACCEPT)
target     prot opt source               destination
[root@fw ~]#
```

步骤 3：设置默认链策略，默认的链策略是 ACCEPT，可以将 INPUT 链设置成 DROP，命令示例如下：

```
[root@fw ~]#iptables -P INPUT DROP
[root@fw ~]# iptables -L
Chain INPUT (policy DROP)
target     prot opt source               destination

Chain FORWARD (policy ACCEPT)
target     prot opt source               destination

Chain OUTPUT (policy ACCEPT)
target     prot opt source               destination
[root@fw ~]#
```

步骤 4：在 INPUT 链上，开启 80 端口，允许其 WWW 服务通过，命令示例如下：

```
[root@fw ~]# iptables -A INPUT -p tcp --dport 80 -j ACCEPT
```

步骤 5：在 INPUT 链上，开启 25 端口和 110 端口，允许其 SMTP 和 POP3 服务通过，命令示例如下：

```
[root@fw ~]# iptables -A INPUT -p tcp --dport 25 -j ACCEPT
[root@fw ~]# iptables -A INPUT -p tcp --dport 110 -j ACCEPT
```

步骤 6：在 INPUT 链上，开启 20 端口和 21 端口，允许其 FTP 服务通过，命令示例如下：

```
[root@fw ~]# iptables -A INPUT -p tcp --dport 20 -j ACCEPT
[root@fw ~]# iptables -A INPUT -p tcp --dport 21 -j ACCEPT
```

步骤 7：在 INPUT 链上，开启 53 端口，允许其 DNS 服务通过，命令示例如下：

```
[root@fw ~]# iptables -A INPUT -p tcp --dport 53 -j ACCEPT
[root@fw ~]# iptables -A INPUT -p udp --dport 53 -j ACCEPT
```

步骤 8：在 INPUT 链上，开启 67 端口和 68 端口，允许其 DHCP 服务通过，命令示例如下：

```
[root@fw ~]# iptables -A INPUT -p udp --dport 67 -j ACCEPT
[root@fw ~]# iptables -A INPUT -p udp --dport 68 -j ACCEPT
```

步骤 9：在 INPUT 链上，开启 3306 端口，允许其 MySQL 服务通过，命令示例如下：

```
[root@fw ~]# iptables -A INPUT -p tcp --dport 3306 -j ACCEPT
```

步骤 10：在 INPUT 链上，允许 ICMP 协议服务通过，允许 ping，命令示例如下：

```
[root@fw ~]# iptables -A INPUT -p icmp -j ACCEPT
```

步骤 11：保存 iptables 的配置，命令示例如下：

```
[root@fw ~]# iptables-save
```

步骤 12：查看配置后的 iptables 规则，命令示例如下：

```
[root@fw ~]# iptables -L
Chain INPUT (policy DROP)
target     prot opt source         destination
           all  --  anywhere       anywhere
ACCEPT     tcp  --  anywhere       anywhere          tcp dpt:ssh
ACCEPT     tcp  --  anywhere       anywhere          tcp dpt:http
ACCEPT     tcp  --  anywhere       anywhere          tcp dpt:pop3
ACCEPT     tcp  --  anywhere       anywhere          tcp dpt:smtp
ACCEPT     tcp  --  anywhere       anywhere          tcp dpt:ftp
ACCEPT     tcp  --  anywhere       anywhere          tcp dpt:ftp-data
ACCEPT     tcp  --  anywhere       anywhere          tcp dpt:domain
ACCEPT     udp  --  anywhere       anywhere          udp dpt:domain
ACCEPT     udp  --  anywhere       anywhere          udp dpt:bootps
ACCEPT     udp  --  anywhere       anywhere          udp dpt:bootpc
ACCEPT     tcp  --  anywhere       anywhere          tcp dpt:mysql
ACCEPT     icmp --  anywhere       anywhere
```

```
Chain FORWARD (policy ACCEPT)
target     prot opt source          destination

Chain OUTPUT (policy ACCEPT)
target     prot opt source          destination
[root@fw ~]#
```

赛点链接

（2017—2018 年）开启服务器的路由转发功能。

（2017—2018 年）配置系统防火墙，关闭除提供系统服务以外的端口，并使用命令将其保存到/etc/iptables 文件中。

易错解析

防火墙 iptables 是近年必考的知识点，而且最近两年考的知识点基本相同，都是关闭除提供系统服务以外的端口。其实题目本身配置起来并不复杂，选手需要注意先掌握各服务是使用 TCP 协议还是 UDP 协议，再就是对应的端口号是多少，最后就是关于开启策略的配置了，选手可以对配置的结果进行测试，这样在比赛的时候就不会丢分，否则可能无法得到分数。

反侵权盗版声明